Günter Reinemann

CAD mit ACAD-BAU

Günter Reinemann

CAD mit ACAD-BAU

Rechnergestützte Bauprojektierung unter AutoCAD

Mit 225 Abbildungen und 16 Tabellen

Die Deutsche Bibliothek – CIP-Einheitsaufnahme

Reinemann, Günter:
CAD mit ACAD-BAU: rechnergestützte Bauprojektierung
unter AutoCAD; mit 16 Tabellen / Günter Reinemann. –
Braunschweig; Wiesbaden: Vieweg, 1995
  ISBN-13: 978-3-528-06605-5

ISBN-13: 978-3-528-06605-5   e-ISBN-13: 978-3-322-83119-4
DOI: 10.1007/978-3-322-83119-4

Vorwort

Rechnergestützte Bauprojektierung mit ACAD-BAU – wenn Ihnen dieses Buch im Bücherregal aufgefallen ist, sind Sie sehr wahrscheinlich selbst als Bauingenieur oder als Architekt tätig, vielleicht sind Sie aber auch Student an einer Technischen Universität oder Fachhochschule, aber auf jeden Fall einer der potentiellen Leser, für die dieses Buch geschrieben wurde.

Wir, die Autoren, sind selbst Ingenieure, verfügen über langjährige Erfahrungen in der Nutzung von CAD-Systemen sowie in der Schulung und dem Support von AutoCAD und ACAD-BAU. In diesem Buch vermitteln wir Ihnen neben grundlegenden Darstellungen zur Einordnung von CAD-Systemen für das Bauwesen und den (rechnergestützten) Grundlagen des Bauzeichnens insbesondere die Funktionalität, Nutzung und Anwendung von ACAD-BAU 5 (Software-Entwickler: *Computertechnik Buchholz*; Vertrieb: *Mensch und Maschine, Weßling* und *alle autorisierten AutoCAD-Fachhändler*).

Es ist das Anliegen dieses Buches, eine systematische Einführung in die rechnergestützte Bauprojektierung mit ACAD-BAU zu geben. Deshalb wurde das Buch als Arbeitsbuch konzipiert und auch so realisiert, damit es Ihnen als Leitfaden zur Verfügung steht. Es liegt uns sehr am Herzen, das Softwareprodukt „ACAD-BAU 5" in seinen Strukturen transparent zu machen und an einfachen und komplexen Beispielen seine Leistungsfähigkeit zu verdeutlichen.

Wir wenden uns mit diesem Buch an die Bauingenieure und Architekten in der Praxis, die sich häufig im Selbststudium diese Kenntnisse aneignen müssen. Außerdem ist das Buch so konzipiert und realisiert, daß es als Schulungsgrundlage in vielfältiger Art und Weise eingesetzt werden kann, nämlich für Firmenschulungen, freie Seminare und Schulungen sowie auch für AfG-Schulungen und AfG-Umschulungen.

Eine wichtige Zielgruppe, die mit diesem Buch angesprochen werden soll, sind Studenten der Fakultäten Architektur und Bauwesen von Technischen Universitäten und Fachhochschulen, die in diesem Buch eine praxisnahe Ergänzung der im Studium vermittelten Methoden und Verfahren finden. Deshalb ist das Buch so aufgebaut, daß der Umgang und die Handhabung mit AutoCAD Schritt für Schritt erlernt werden kann.

Im *ersten* Kapitel werden die Anforderungen und die Klassifizierung von CAD-Systemen für das Bauwesen erörtert. In diesem Kapitel werden produktunabhängige Ergebnisse und Schlußfolgerungen dargelegt.

Das *zweite* Kapitel beinhaltet Architektur, Schnittstellen, Methoden und Arbeitstechniken von CAD-Systemen. Sie informieren sich über die Architektur von CAD-Systemen und deren Schnittstellen sowie die den CAD-Systemen immanenten Methoden und Arbeitstechniken.

Im *dritten* Kapitel wird allgemein die Einordnung und Entwicklung des Produktes **ACAD - BAU** behandelt.

In Ihrer Arbeit ist der Bezug zu Technischen Regeln in Form von Normen unentbehrlich. Deshalb verweisen wir im *vierten* Kapitel (Grundlagen des Bauzeichnens) auf die geltenden DIN-Normen, die wir als Referenznorm betrachten. Dazu finden Sie auch ausführliche Angaben im Literaturverzeichnis.

Das *fünfte* Kapitel ist das Kernstück des Buches. In diesem Kapitel wird die Funktionalität von ACAD-BAU und zwar **ACAD BAU 5 in der neuesten Version 5.1** ausführlich behandelt und mit vielen grundlegenden und übersichtlichen Beispielen unterlegt.

Im *sechsten* Kapitel werden komplexe und praxisrelevante Beispiele dargestellt. Schritt für Schritt werden Sie in die rechnergestützte Bauprojektierung mit ACAD-BAU 5 eingewiesen.

Im Kapitel *sieben* erhalten Sie Hinweise zur Installation und Konfiguration von ACAD-BAU 5 unter AutoCAD.

Im Anhang finden Sie eine Übersicht der in ACAD-BAU 5 verwendeten Befehle.

Das Autorenkollektiv

- Dr.-Ing. habil. Günter Reinemann, Abteilungsleiter der Gesellschaft für Organisation und Informationsverarbeitung Sachsen-Anhalt, Halle (Saale); Leiter des Autorenkollektivs und verantwortlich für die Gesamtredaktion sowie die Kapitel 1, 2, 3 und 6,

- Dipl.-Ing. Uwe Galow, freiberuflicher Ingenieur für den Support und für Schulungen von AutoCAD, ACAD-BAU sowie bauspezifischer Anwendungen; Bearbeiter der Kapitel 4, 5 und 7,

- Dipl.-Ing. Holger Düvel, freiberuflicher Ingenieur für den Support und für Schulungen von AutoCAD, ACAD-BAU sowie bauspezifischer Anwendungen; Bearbeiter des Kapitels 5,

- Dipl.-Ing. Thomas Enke, freiberuflicher Ingenieur für den Support und für Schulungen von AutoCAD, ACAD-BAU sowie weiterer Softwareprodukte; Bearbeiter der Kapitel 5 und 6 sowie

- Betriebswirt Gunter Schmidt, freiberuflicher Ingenieur für den Support von AutoCAD, ACAD-BAU sowie bauspezifischer Anwendungen; Bearbeiter der Kapitel 6 und 7,

bedankt sich sehr herzlich bei

- Herrn Ewald Schmitt vom Vieweg-Verlag für die Anregung zum Schreiben dieses Buches sowie bei den

- Herren Gehrmann und König von Computertechnik Buchholz für wertvolle Hinweise, die kritische Durchsicht des Manuskriptes und die uneingeschränkte Unterstützung bei der Realisierung des Buchprojektes.

Halle (Saale), im März 1995   Das Autorenkollektiv

Inhaltsverzeichnis

1 Anforderungen und Klassifizierung von CAD-Systemen für das Bauwesen

In den letzten Jahren hat der CAD-Arbeitsplatz, ausgestattet mit unterschiedlichen CAD-Systemen, in den Büros von Architekten und Bauingenieuren zunehmend Einzug gehalten. Es ist nicht mehr die Frage, ob die altvertrauten Zeichenmittel, wie Reißbrett, Blei- oder Tuschestift, Lineal, Radiergummi und Rasierklinge, durch CAD-Systeme zu ergänzen bzw. zu ersetzen sind, sondern die Frage ist für die Einsteiger in dieses Metier, welches CAD-System nehme ich denn nun.

In diesem Kapitel sollen dazu Antworten gegeben werden. Diese Antworten können natürlich nur Aspekte für die Systemauswahl enthalten. In jedem Fall ist vor dem Kauf eines solchen Systems durch den potentiellen Anwender dazu eine gründliche Analyse der eigenen Anforderungen an das CAD-System vorzunehmen und im Gegenzug dazu sind die CAD-Systeme auf ihre Leistungsparameter hin zu untersuchen. Bevor diese Fragen erörtert werden, wollen wir Sie aber kurz mit einigen Grundlagen des Inhaltes und der Entwicklung grafikorientierter, rechnergestützter Systeme vertraut machen.

Prinzipiell ist es heute problemlos, der informationsverarbeitenden Technik eines Rechnersystems Informationen in grafischer Form mitzuteilen bzw. von dieser die Ergebnisse in grafischer Form, z. B. als Zeichnung einer Zeichenmaschine oder eines Plotters zu erhalten. Dabei gilt, wie generell bei allen Anwendungen der Informatik, daß die Qualität der Endergebnisse, die der Nutzer vom Computer erwartet, entscheidend davon abhängt, mit welchem Aufwand und in welcher Qualität die Eingangswerte in den Computer gebracht werden. Diese Problematik soll an Hand der Bilder 1-1 und 1-2 vertieft werden.

Bild 1-1:
Teilgebiete der Computergrafik

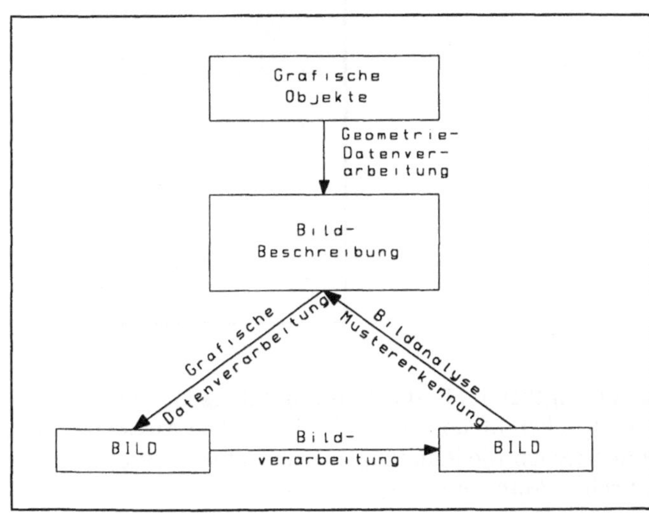

Im Bild 1-1 wird der Zusammenhang zwischen den Teilgebieten der Computergrafik, nämlich

- der Geometriedatenverarbeitung,
- der Grafischen Datenverarbeitung,
- der Bildverarbeitung und der
- Bildanalyse

verdeutlicht.

Alle Verfahren und Methoden zur Modellierung und rechnerinternen Darstellung von Objekten auf geometrischer Basis sind danach Gegenstand der **Geometriedatenverarbeitung**. Die Gewinnung, Speicherung und Verwaltung der geometrischen Daten nimmt dabei eine zentrale Stellung ein. Der Ausgangspunkt der Geometriedatenverarbeitung sind geometrische Objekte (z. B. Häuser, Wände, Türen oder Treppen), die in einem mehrstufigen Modellierungs- und Abbildungsprozeß in eine Bildbeschreibung als sogenannte Rechnerinterne Darstellung (RID) überführt werden.

Gegenstand der **Grafischen Datenverarbeitung** sind die Verfahren und Methoden zur bildhaften Aufbereitung und Darstellung rechnerinterner Bildbeschreibungen, z. B. für die Ausgabe auf den Bildschirm bzw. Plotter.

Diese beiden Teilgebiete der Computergrafik sind auch entscheidend für die Arbeitsweise von CAD-Systemen für das Bauwesen.

Bild 1-2:
Klassifizierung geometrischer
Modellierungssysteme

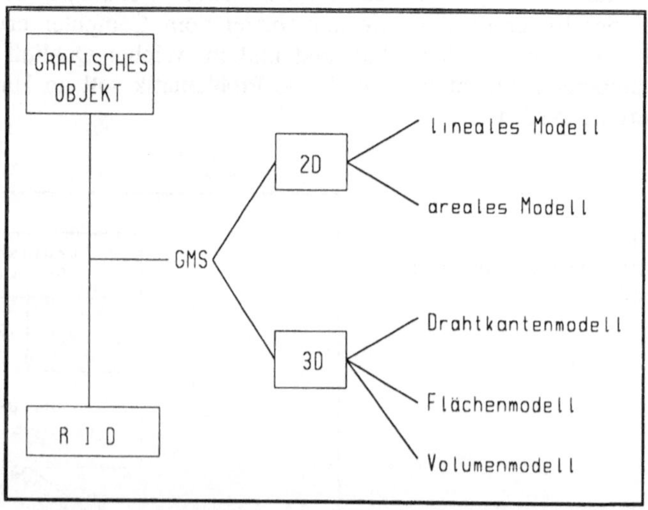

Ausschlaggebend für die Leistungsfähigkeit eines CAD-Systems ist der Prozeß der geometrischen Modellierung (Bild 1-2). Die Auswahl und Festlegung der Methoden zur geometrischen Modellierung entscheidet wesentlich darüber, welche Ergebnisse mit der grafischen Aufbereitung zu erreichen sind.

Man unterscheidet drei Grundtypen von geometrischen Modellierungssystemen (GMS):
– linienorientierte GMS,
– flächenorientierte GMS und
– volumenorientierte GMS.

Weiterhin wird danach unterschieden, ob die realen technischen Objekte zwei- oder dreidimensional modelliert wurden.

Die unterschiedlichen Möglichkeiten der Geometrieerzeugung führen auch zu unterschiedlichen Datenmodellen. Praktisch verfügen die CAD-Systeme über die Fähigkeiten der 2D-Modellierung, der 2 ½D-Modellierung und der 3D-Modellierung:

2D-Modell: Mit einem GMS dieser Leistungsklasse können nur zweidimensionale Daten verarbeitet werden. Die Draufsicht, der Grundriß, Ansichten, Schnitte und Perspektiven können entsprechend der herkömmlichen Arbeitsweise gezeichnet und konstruiert werden. Jeder Teil der Zeichnung besteht aber für sich. Der Schnitt wird also nicht aus dem Modell abgeleitet, da es keinen Körper gibt.

2 ½D-Modell: In einem GMS dieser Leistungsklasse werden den zweidimensionalen x/y-Koordinaten gruppenweise z- oder Höhenkoordinaten zugeordnet. Zum Beispiel kann einem Kreis eine Objekthöhe in z-Richtung zugeordnet werden, und aus dem Kreis wird damit ein Zylinder. Mit der 2 ½D-Modellierung sind also einfache 3D-Darstellungen möglich.

3D-Modell: Geometrische Modellierungssysteme auf dieser Basis verarbeiten dreidimensionale x/y/z-Koordinaten. Bei der Eingabe wird das räumliche Modell z. B. eines Bauwerks gebildet. Das linienorientierte Modell (oft auch Drahtmodell bezeichnet) generiert das Bauwerk dabei durch freie Positionierung von Linien, Kurven und Punkten im Raum. Da dem Computer weder Informationen über die den Körper umgebenden Flächen noch über das Volumen bekannt sind, lassen sich nur einfache Operationen mit diesem Modell durchführen. Z. B. lassen sich keine verdeckten Linien bzw. Flächen erkennen und entfernen.

Flächenorientierte Modellierungssysteme erzeugen das 3D-Modell durch die den Körper umgebenden Oberflächen. Durch entsprechende Segmentierung der Flächen lassen sich alle Körper darstellen. Verdeckte Linien bzw. Flächen werden erkannt und entfernt.

Die besten Ergebnisse erhält man, wenn der Modellierer des CAD-Systems über die Fähigkeit der 3D-Volumenkörpermodellierung verfügt. Die erzeugten Körper besitzen „Masse". Durch Vorgabe von Materialeigenschaften werden neben der zeichnerischen und konstruktiven Ausgestaltung die verschiedensten Auswertungen des 3D-Objekts möglich. Das bedeutet für die Ressourcen des Rechners, daß er hinsichtlich Rechenzeit und Speicherplatzbedarf maximal gefordert wird. Beim gegenwärtigen Entwicklungsstand der CAD-Systeme für das Bauwesen ist allerdings einzuschätzen, daß dort noch 3D-Flächenmodellierer dominant sind.

Mit Sicherheit kann aber festgehalten werden, daß Großprojekte im Bauwesen nicht mehr ohne CAD zu realisieren sind und daß inzwischen auch wirtschaftliche Plattformen für kleinere Projekte zur Auswahl stehen. Wenn also große Männer wie Frank Lloyd Wright, Mies van der Rohe und Le Corbusier ohne Computer auskamen, ist dies in den 90er Jahren nicht mehr möglich. Der geniale Entwurf eines Architekten macht höchstens 10 bis 15% des Gesamtprojektes aus – der Rest ist harte Arbeit und in der heutigen Zeit nicht mehr ohne Computer zu bearbeiten.

Die Entwicklung zum rechnergestützten Entwurf in der Bauprojektierung ist nicht mehr aufzuhalten. Eine neuere Analyse /1-1/ weist nach, daß bereits zwei Drittel der erbrachten Leistung eines Architekten durch EDV unterstützt werden kann (Tendenz steigend), während ein Drittel manuellen Tätigkeiten vorbehalten bleibt (Tabelle 1-1).

Tab. 1-1: HOAI-Leistungsanalyse

HOAI-Anteile der Leistungen eines Architekten (in %) /1-1/			
	EDV-AVA	**CAD-Planung**	**Manuelle Planung**	**Gesamter Anteil**
1. Grundlagenermittlung	-	-	3,0	3,0
2. Vorplanung	1,5	1,8	3,7	7,0
3. Entwurfsplanung	2,0	6,2	2,8	11,0
4. Genehmigungsplanung	0,7	4,2	1,1	6,0
5. Ausführungsplanung	3,0	20,0	2,0	25,0
6. Vorbereiten der Vergabe	9,0	1,0	-	10,0
7. Mitwirken bei der Vergabe	3,0	-	1,0	4,0
8. Objektüberwachung	13,0	-	18,0	31,0
9. Objektbetreuung und Dokumentation	1,2	0,2	1,6	3,0
Volle Leistung	**33,4**	**29,8**	**31,2**	**100,0**

Die Tabelle 1-1 zeigt auch auf, daß schon für den Bauplaner bei organisationsintensiven Aufgaben wie der AVA der Computer zum unentbehrlichen Arbeitsmittel wird. Der Einstieg in die **3D-Modellierung** von CAD-Systemen bringt nicht nur in der rechnergestützten Planung viele Vorteile für den Architekten und Bauingenieur, sondern liefert eine Reihe weiterer Resultate wie die automatische Massenermittlung, frühzeitige Möglichkeiten der Visualisierung und Animationen. Frühe dreidimensionale Präsentationen des späteren Baus für den Bauherrn bringen letztendlich auch Wettbewerbsvorteile!

Einen Widerspruch beim „für und wider" für ein CAD-System sehen Architekten darin, daß in der Phase des Entwurfs ein CAD-System wenig Unterstützung bietet. In dieser Phase analysiert der Architekt mental verschiedene Ansätze und arbeitet vorwiegend intuitiv. Es werden unterschiedliche Ideen verfolgt und schließlich Alternativen in Form von Skizzen zu Papier gebracht. Dabei dominiert Kreativität vor Exaktheit und Unschärfe vor Präzision. Die Übertragung einer derartigen Arbeitsweise auf den Computer ist gegenwärtig unmöglich und für die nächsten Jahre ausgeschlossen.

Die Tendenzen der Entwicklung von CAD-Systemen für das Bauwesen gehen in Richtung der Dreidimensionalität, d. h. daß Volumenkörpermodellierer im Prozeß der Geometriedatenverarbeitung eingesetzt werden und daß die Arbeitsweise dieser Modellierer zunehmend objektorientiert ausgestaltet wird. Diese objektorientierte Arbeitsweise ist dadurch gekennzeichnet, daß die einzelnen Bauteile durch die Einbindung in eine feste Hierarchie von Ober- und Unterobjekten in einer logischen Beziehung zueinander stehen. Praktisch bedeutet das, beim Verschieben einer Wand werden auch die darin befindlichen Türen und Fenster mit verschoben.

Welche konkreten Schlußfolgerungen ergeben sich aus diesen grundlegenden Darstellungen zur Klassifizierung von CAD-Systemen für Ihre Vorgehensweise bei der Auswahl eines entsprechenden Systems? Gehen Sie z. B. so vor /1-2/:

Machen Sie sich mit einer Marktübersicht einer „neutralen" Institution vertraut. Dazu werden in Fachzeitschriften fast jährlich Übersichten veröffentlicht, die eine Wertung der führenden Systeme an Hand von Leistungskriterien vornehmen. Solche Kriterien für die Auswahl eines CAD-Systems für das Bauwesen sind:

- die Anwendungsgebiete (z. B. Hochbau, Tiefbau, Innenarchitektur, Flächennutzungsplan, Landschaftsplanung, ...), die das jeweilige CAD-System unterstützt,

- die Leistungsfähigkeit des Modellierers (2D, 2½D, 3D-Drahtmodell, 3D-Flächenmodell, 3D-Volumenmodell),

- die Installationsvarianten unter verschiedenen (Netz-) Betriebssystemen,

- die Visualisierungsmöglichkeiten (intern und extern),

- das Vorhandensein von Standardelementen, Zusatzbibliotheken und Makros,

- die Integration von AVA,

- das Vorhandensein von Schnittstellen zur Weitergabe von Mengen- und Grafikdaten,

- die darstellbaren und druckbaren Schriften und natürlich

- die Fragen der Kosten, des Supports und der Schulungsmöglichkeiten.

Neben der notwendigen Marktübersicht müssen Sie auf jeden Fall wissen, was Sie wollen. Führen Sie mit Ihren Anforderungen eine Produktdefinition durch und fixieren Sie Ihr Budget! Danach können Sie eine Vorauswahl von vier bis sechs Anbietern vornehmen. Vereinbaren Sie mit diesen Firmen eine (kostenlose) Präsentation und lassen Sie sich Referenzkunden nennen.

Ein wichtiger Punkt für die Systemauswahl ist die vorhandene Gerätetechnik. Die ausgewählte Software muß auf der verfügbaren Hardware lauffähig sein, es sei denn, Sie investieren für Hard- und Software neu. Generell kann man dabei davon ausgehen, daß im Gesamtbudget die Kosten für die Software, die Einführung und die spätere Betreuung gegenüber den Kosten für die Hardware extrem dominant sind. Auf Grund der hohen Innovationsrate der Gerätetechnik empfiehlt es sich, bei der Auswahl der Gerätetechnik vom Entwicklungsstand der Technik auszugehen. Zur Auswahl der Hardware eines CAD-Arbeitsplatzes geben wir Ihnen unter Kapitel 2 einige Hinweise.

2 Architektur, Schnittstellen, Methoden und Arbeitstechniken von CAD-Systemen

Die Architektur eines CAD-Systems ist durch folgende Komponenten gekennzeichnet (Bild 2-1):

- Eingabebaustein,
- Algorithmenteil,
- Ausgabebaustein und
- Datenbasis.

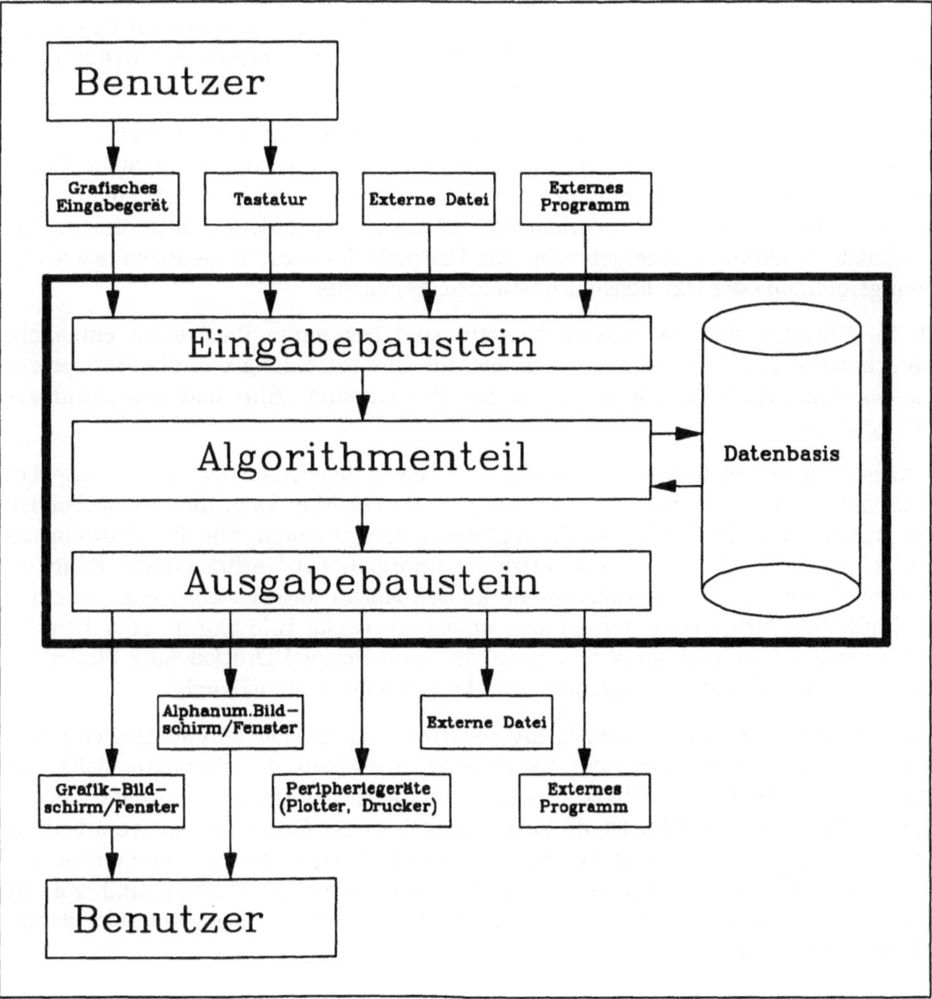

Bild 2-1: Architektur eines CAD-Systems

Der **Eingabebaustein** dient dem Empfang und der Interpretierung der von außen kommenden Anweisungen und aktiviert nötige Prozeduren. Die Anweisungen können direkt vom Nutzer kommen, welcher interaktiv über ein grafisches Eingabegerät oder über die alphanumerische Tastatur mit dem CAD-System kommuniziert. Weiterhin ist es möglich, aus externen Dateien und von anderen Programmen oder Programmsystemen Daten bzw. Anweisungen zu empfangen.

Die interaktive Arbeitsweise ist eine Form der Nutzung rechnergestützter Systeme, bei der der Mensch und das System im Dialog gemeinsam eine Aufgabe bearbeiten. Voraussetzungen für die interaktive Arbeitsweise ist die Fähigkeit des Betriebssystems zur Verarbeitung von Unterbrechungen des Programmablaufes sowie hinreichend leistungsfähige Hard- und Software für die Durchführung einzelner Interaktionen oder des gesamten Dialogs. Benötigte Peripheriegeräte für die interaktive Arbeitsweise beim CAD-Einsatz sind grafische Eingabegeräte wie Maus oder Grafik-Tablett und grafische Ausgabegeräte (Grafikbildschirme). Die ständig mögliche Beeinflussung der auf dem Bildschirm dargestellten Objekte entspricht der Arbeitsweise von Versuch und Irrtum (trial and error) und ermöglicht eine Kontrolle und Korrektur.

Im **Algorithmenteil** sind die zur Durchführung der Aufgaben des CAD-Systems nötigen Methoden und Arbeitstechniken (die sogenannten Basisprozeduren) enthalten. Diese Prozeduren dienen zum Beispiel dem Eintragen neuer Elemente in die Datenbasis und dem Manipulieren oder Löschen vorhandener Elemente. Außerdem sind in diesem Teil noch globale Funktionen untergebracht. Als Beispiele für diese Funktionen seien Berechnungsroutinen oder Datenbasis-Konsistenztests genannt.

Auch im Eingabe- und im Ausgabebaustein sind bestimmte Prozeduren enthalten. Entsprechend ihrem Verwendungszweck und zur Unterscheidung von den Basisprozeduren des Algorithmenteils wird für sie die Bezeichnung „Ein- und Ausgabeprozeduren" gewählt.

Der **Ausgabebaustein** bereitet die in der Datenbasis abgelegten Daten für Ausgabezwecke und -medien auf und führt die Ausgabe durch. Man kann die auszugebenden Daten grundsätzlich in Grafik- und Textinformationen einteilen. Für die Textinformationen ist auch der Begriff „alphanumerische Informationen" gebräuchlich. Beim interaktiven Dialog werden die Daten direkt an den Nutzer ausgegeben, Ausgabemedien sind Grafikbildschirme oder -fenster und alphanumerische Bildschirme oder Fenster. Die Datenausgabe ist auch an periphere Geräte, zum Beispiel Drucker oder Plotter, an externe Dateien und andere Programme oder Programmsysteme möglich.

Die **Datenbasis** bildet den Kern eines CAD-Softwaresystems. Die dort abgelegten Daten ergeben den für das CAD-System verfügbaren Ausschnitt des Produktmodells, die **Rechnerinterne Darstellung** (RID). Eine RID ist die in der Datenbasis digital gespeicherte Beschreibung des Wissens, die sich als Ergebnis der Geometriedatenverarbeitung ergibt (Bild 1-2). Der Inhalt und die Struktur der Datenbasis bestimmen die Leistungsfähigkeit des CAD-Softwaresystems, denn die Funktionen des Systems sind auf die Möglichkeiten beschränkt, welche durch die in der Datenbasis abgelegten oder daraus ableitbaren Daten vorgegeben werden.

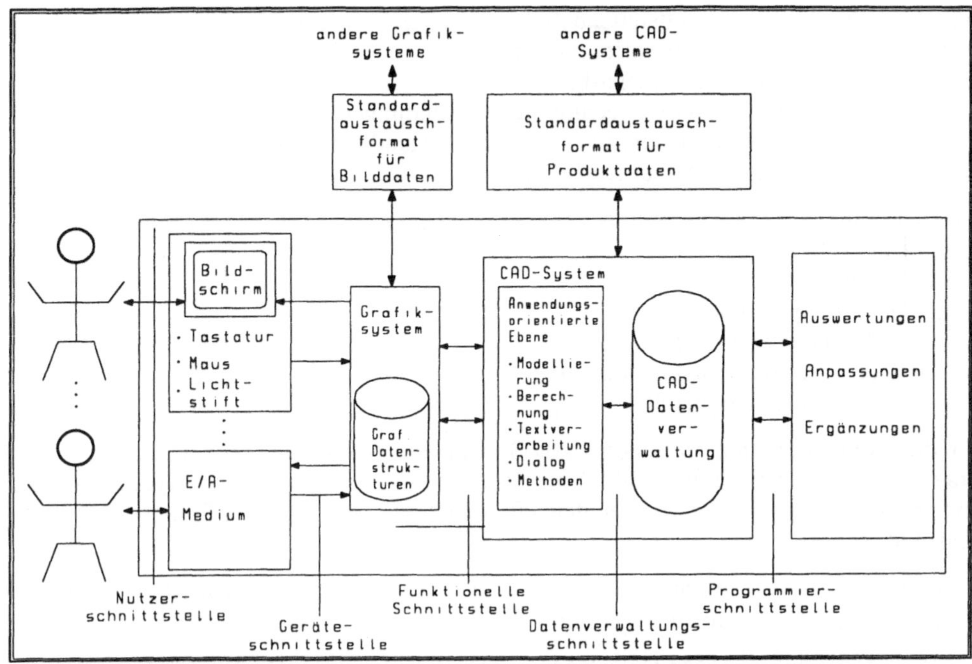

Bild 2-2: Schnittstellen von CAD-Systemen

Von besonderer Bedeutung für die Leistungsfähigkeit eines CAD-Systems sind seine externen und internen Schnittstellen. In der gegenwärtigen Entwicklungsetappe des Einsatzes von CAD-Systemen ist dieser Faktor neben der Sicherung der Durchgängigkeit der rechnergestützten Bearbeitung sowie der Schaffung organisatorischer und technologischer Voraussetzungen von ausschlaggebender Bedeutung für effiziente Anwendungen.

Bild 2-3:

Ablauf der Mensch-Maschine-Kommunikation in CAD-Systemen

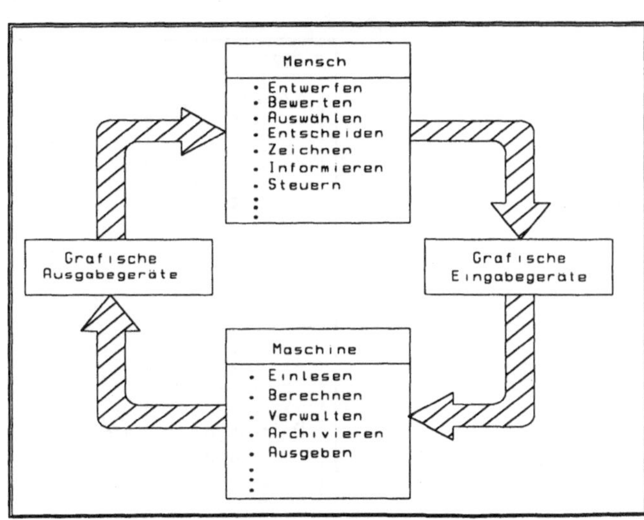

Die Zielstellungen der Schnittstellendefinitionen aller Ebenen sind dabei
– die Vermeidung von Informationsverlusten,
– die Vermeidung von Mehrfacharbeit,
– die Beherrschung komplexer technischer Anwendungen,
– die Gewährleistung der Konsistenz der Datenbestände und
– die Reduzierung redundanter Datenhaltung.

Die Hierarchie existierender Schnittstellennormen der CAD-Systeme ist gekennzeichnet durch (Bild 2-2)
– die Nutzerschnittstelle
– die Geräteschnittstelle,
– die funktionelle Schnittstelle,
– die Datenverwaltungsschnittstelle und
– die Programmierschnittstelle.

Für die Kommunikation zwischen CAD-System und Nutzer hat sich der grafisch-interaktive Dialog durchgesetzt (Bild 2-3). Dabei nimmt der Nutzer überwiegend visuelle Informationen auf und verwendet den effizientesten menschlichen Sinneskanal, den Sehkanal.

Nach /2-1/ ist die Weitergabe und der Austausch von Daten zwischen EDV-Systemen mit einem der drei folgenden Verfahren möglich:

— Weitergabe auf analogen Datenträgern, auch als konventionelle Lösung bezeichnet,

— Weitergabe auf digitalen Datenträgern über Schnittstellen, die gekoppelte Lösung und

— Weitergabe auf digitalen Datenträgern auf der Basis einheitlicher Datenmodelle, die integrierte Lösung.

Für eine durchgängig rechnergestützte Informationsverarbeitung kommen selbstverständlich nur die gekoppelte und die integrierte Lösung in Frage.

Bild 2-4:
Direkte Datenkonvertierung

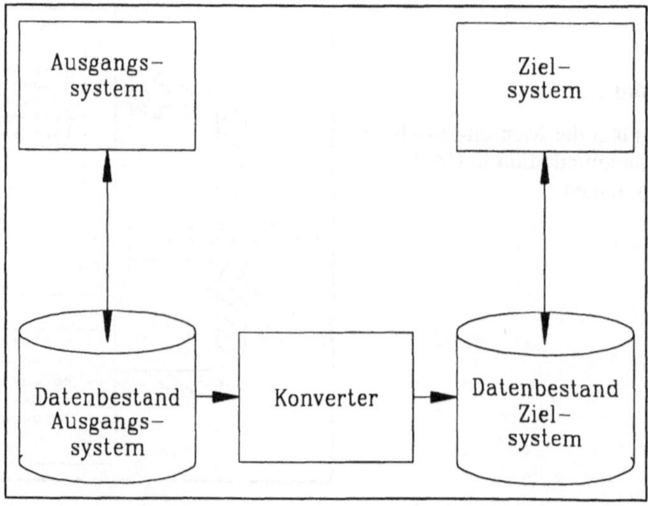

Bei der Weitergabe von Daten über Schnittstellen läßt sich die Kopplung von EDV-Systemen auf mehreren Wegen erreichen /2-2/:

— direkte Konvertierung der Daten des Ausgangssystems in die Daten des Zielsystems (Bild 2-4) und

— Erzeugung systemneutraler Datenformate, welche das Empfängersystem wieder einlesen und interpretieren kann (Bild 2-5).

Der Vorteil der direkten Konvertierung liegt darin, daß ein Konverter auf die beteiligten Systeme sehr genau abgestimmt werden kann. Dadurch läßt sich ein Maximum an Informationen übertragen. Nachteilig ist, daß für den Datenaustausch zwischen n Systemen in beiden Richtungen 2·n·(n-1) unidirektionale Konverter benötigt werden.

Bild 2-5:
Datenaustausch über ein
neutrales Datenformat

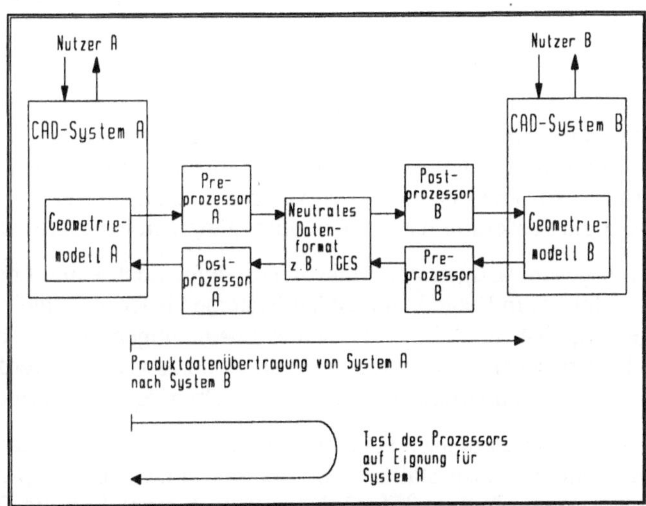

Bei der Verwendung eines neutralen Datenformates für den Datenaustausch zwischen n Systemen sind dagegen nur 2n unidirektionale Pre- und Postprozessoren erforderlich. Der Nachteil dieser Lösung liegt darin, daß sich der Umfang der zwischen allen Systemen austauschbaren Informationen am schwächsten System orientieren muß. Weiterhin müssen standardisierte Datenformate definiert werden.

Um ein ausgewogenes Aufwand/Nutzen-Verhältnis zu erreichen, wird das neutrale Datenformat als Bindeglied zwischen den verschiedenen Systemen favorisiert. Die bisher vorliegenden Standards und Normungsvorschläge für solche neutralen Formate berücksichtigen allerdings im wesentlichen nur die Geometriesicht auf das Produkt. Von praktischer Relevanz sind dabei gegenwärtig die Austauschformate IGES (Initial Graphics Exchange Specification) und DXF (Drawing Exchange Format). Letzteres Format ist durch die Einbindung in AutoCAD gewissermaßen zum Quasi-Standard geworden.

Integrierte Systeme unterstützen verschiedene anwendungsabhängige Subsysteme und stellen anwendungsspezifische Verarbeitungsprogramme sowie die Kommunikation für die Datenweitergabe und den Datenaustausch zur Verfügung.

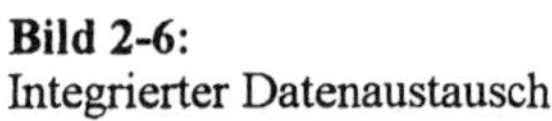

Bild 2-6:
Integrierter Datenaustausch

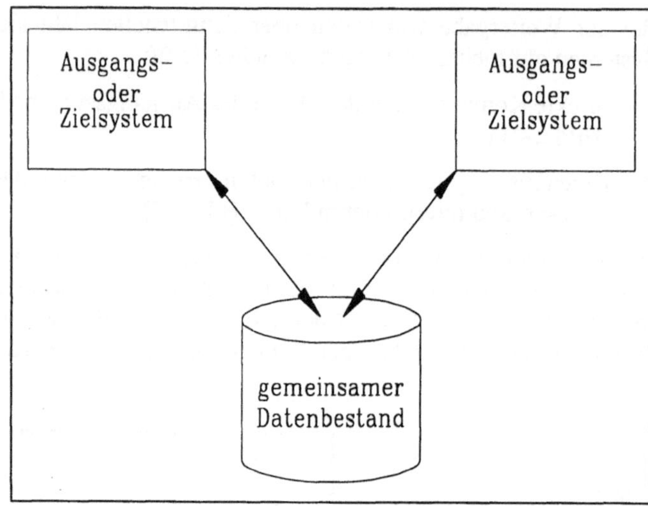

Die Integration verlangt eine allgemeingültige Informationsrepräsentation in einem gemeinsamen Datenbestand, welcher unabhängig von den speziellen Anwendungen ist (Bild 2-6). Die Nachteile der vorigen Lösungen werden dabei vermieden. Weiterhin wird die Forderung nach einem durchgängigen Produktmodell erfüllt.

Zum gegenwärtigen Zeitpunkt liegen dafür noch keine Lösungen vor, da sich die Entwickler der in Frage kommenden Systeme bisher nicht auf ein einheitliches Datenformat geeinigt haben. Zukunftsweisende Bestrebungen sind in den Normungsaktivitäten zu STEP zu sehen /2-3/. Mit STEP soll erstmals versucht werden, vollständige Produktmodelle nach einheitlichen Kriterien zu archivieren und auszutauschen.

Welche Konsequenzen haben die Betrachtung zu Architektur und Schnittstellen nun für die konkrete Ausgestaltung der Gerätetechnik eines CAD-Arbeitsplatzes für ein Architektur- bzw. Baubüro? Zunächst soll noch einmal an die Betrachtungen des Kapitels 1 erinnert werden, daß die Auswahl des Systems durch die Software und die weiteren Nebenkosten bestimmt wird.

Mit der Software muß das Büro lange leben. Ein Umstieg in ein anderes System würde unter anderem bedeuten, daß die bisherigen Daten mit hohem Aufwand und entsprechenden Kosten zu konvertieren wären und daß das erarbeitete Know-how verloren gehen würde. Von den Kosten her gesehen ist die Hardware zweitrangig. Ihr Preis verfällt rasant weiter, wie sie sich auf der anderen Seite enorm weiterentwickelt.

Für die Auswahl der Hardware gelten zwei Faustregeln: je schneller und je mehr Arbeitsspeicher (RAM), umso besser. In /2-4/ wurden vier Levels definiert, auf die in Tabelle 2-1 Bezug genommen wurde:

– Das Einsteigersystem
– Das Einzelplatzsystem
– Das kleine Netzwerksystem
– Das echte Netzwerksystem

Das Einsteigersystem ist auch für Einsteiger gedacht. Die einfache Konfiguration, bestehend aus einem 486er PC, kann schon mit einem Windows-CAD-Programm (z. B. AutoCAD und ACAD-BAU) konfiguriert und genutzt werden. Mit dieser Konfiguration sind allerdings nur einfache Bau-Anwendungen bearbeitbar.

Das Einzelplatzsystem ist ein professionelles Single-User-System. Mit dieser Konfiguration lassen sich auch komplexe Bau-Anwendungen bearbeiten. Betriebssystemseitig geht dabei eindeutig der Trend zu Windows-Applikationen.

Das kleine Netzwerksystem besteht im Unterschied zum Einzelplatzsystem aus deutlich leistungsfähigerer Hardware, sehr oft (noch) mit Unix und dem Trend zu Windows NT als Betriebssystem und einem komfortablen Ausgabegerät.

Das echte Netzwerksystem erlaubt professionelles Arbeiten im Netzwerk. Mehrere Anwender können gleichzeitig auf die Daten eines Projektes zugreifen. Die Kosten für die beiden letztgenannten Systeme relativieren sich im Netzwerk. Die einzelnen Arbeitsplätze kommen mit kleineren Festplatten aus, dafür benötigt der Server entsprechend viel Speicherplatz.

	Einsteiger-system	**Einzelplatz-system**	**Kleines Netz-werksystem**	**Echtes Netz-werksystem**
Anwendungsziel	Einzelplatz- u. Einstiegssystem	Einzelplatz- u. Profisystem	Netzwerk-User; keine simultanen Zugriffe auf Projekte	Netzwerk-User; simultane Zugriffe auf Projekte
Computer	486DX2-66	486DX2-66	Pentium 90 MHz	Workstation HP 9000
Arbeitsspeicher	16 MByte	32 MByte	32 MByte	64 MByte
Festplatte	500 MByte	1 GByte	1 GByte	1 GByte
Betriebssystem	DOS/Windows	DOS/Windows	Unix/Windows NT	Unix/Windows NT
Grafikkarte	VGA	VESA/SVGA/PCI	VESA/SVGA/PCI	VESA/SVGA/PCI
Monitor	17 Zoll	19 Zoll	20 Zoll	21 Zoll
Digitalisierta-blett	Digitalisiertablett mit Aufleger		A0-Digitizer als eigenständiger Arbeitsplatz	
Ausgabegeräte	DIN A4 Laser	DIN A3 Laser	DIN A0 Plotter	DIN A0 Plotter
Gesamtpreis	**ca. DM 10.000**	**ca. DM 20.000**	**ab DM 60.000**	**ab DM 80.000**

Tabelle 2-1: Hardware-Eigenschaften und -Kosten unterschiedlicher CAD-Systeme

Sehr oft wird noch ein Streamer zur Datensicherung gebraucht. Diese Datensicherung wird sehr oft nicht ernst genommen, ist aber im Grunde für alle vier dargestellten Varianten ein „muß".

Im weiteren wollen wir darauf eingehen, welche wichtigen Methoden und Arbeitstechniken den CAD-Systemen immanent sind. In /2-3/ wurde dazu eine Bewertungsstrategie entwickelt, die zunächst generell die Verfahren und Techniken der CAD-Technologien erfaßt, sie systematisiert und klassifiziert. Ergebnis dieser Betrachtungen ist ein Bewertungskatalog, mit dem Sie beliebige CAD-Technologien und CAD-Systeme einer Bewertung unterziehen können. Diese Methodik wollen wir für ausgewählte Gewerke des Bauwesens transparent machen.

Ausgehend von diesen grundlegenden Methoden und Arbeitstechniken wurde eine Wichtung für die zu unterstützenden Aufgabenbereiche vorgenommen. Die Wichtung erfolgt mit einer Zahl zwischen 0 und 1 für ein ideales CAD-System, welches den Aufgabenbereich optimal unterstützt und damit für konkrete CAD-Systeme eine obere Grenze darstellt. Die Summation der Wichtungsfaktoren erlaubt eine grobe Globaleinschätzung zum Idealsystem sowie zu anderen Systemen.

Eine Klassifikation der Fähigkeiten von CAD-Systemen erlaubt eine Grobeinteilung in
– Arbeitstechniken,
– Dialogtechniken und
– Datenaustauschtechniken.

Arbeitstechniken sind:

– einfache Techniken, wie
  * 2D-Modellierungstechniken,
  * 3D-Modellierungstechniken,
  * 3D-Modellabbildungstechniken und
  * 3D-Modellrekonstruktionstechniken

– Rationalisierungstechniken, wie
  * Blocktechnik,
  * Symboltechnik,
  * Parametrisierungstechnik,
  * Ebenentechnik,
  * Routertechnik,
  * Vermaßungstechnik und
  * Prototyptechnik;

– Verwaltungstechniken, wie
  * Bibliothekstechnik und
  * Datenbanktechnik.

Dialogtechniken sind

– einfache Techniken, wie
  * Menü-/Maskentechnik,

* Kommandotechnik,
* Zoomtechnik und
* Raster-/Skalentechnik;

– Rationalisierungstechniken, wie
  * Makrotechnik,
  * Teach-in-Technik,
  * Hilfetechnik und
  * Arbeitsfenstertechnik.

Datenaustauschtechniken sind

– einfache Techniken, wie
  * Digitalisierungstechnik,
  * Scan-Technik und
  * Fotogrammetrie;

– Rationalisierungstechniken, wie
  * Dateitechnik und
  * Prozessortechnik.

Welche Eigenschaften sich hinter diesen Termini „verbergen", wird in /2-3/ im einzelnen ausführlich dargelegt und erörtert.

Wir wollen nun eine quantifizierte Bewertung der einzelnen Techniken vornehmen. Diese Quantifizierung soll zum einen für ein „ideales CAD-System" und zum anderen für die Anwendungsbereiche

– **Hochbau/Innenarchitektur** und

– **Flächennutzungsplan/Landschaftsplanung**

erfolgen.

In der nachfolgenden Tabelle wurden die Werte 0., 0.25, 0.5, 0.75 und 1.0 zur Wichtung der Eigenschaften verwendet. Diese Tabellenwerte sind für das fiktive angenommene „ideale CAD-System" und den jeweiligen Anwendungsbereich folgendermaßen zu interpretieren:

– 0.0 : Eigenschaft nicht von Bedeutung
– 0.25: Eigenschaft stellt zusätzliche Ergänzung dar, auf die aber auch verzichtet werden kann
– 0.5 : Eigenschaft sollte verfügbar sein; ihre Ausprägung ist aber uninteressant.
– 0.75: Eigenschaft von Bedeutung. Volle Ausprägung aber nicht unbedingt erforderlich
– 1.0 : Eigenschaft von prinzipieller Bedeutung und voll ausgeprägt

CAD-Methoden und Arbeitstechniken		Hochbau und Innenarchitektur		Flächennutzungsplan u. Landschaftsplanung	
		Ideal	ACAD-BAU	Ideal	ACAD-BAU
1	Arbeitstechniken				
1.1	Einfache Techniken				
1.1.1	2D-Modellierungstechnik	1.0	1.0	1.0	1.0
1.1.2	3D-Modellierungstechnik	1.0	1.0	0.5	0.5
1.1.3	3D-Modellabbildungstechnik	0.75	0.5	0.0	0.0
1.1.4	3D-Modellrekonstruktionstechnik	0.75	0.5	0.0	0.0
1.2	Rationalisierungstechniken				
1.2.1	Blocktechnik	1.0	1.0	1.0	1.0
1.2.2	Symboltechnik	1.0	1.0	1.0	1.0
1.2.3	Parametrisierungstechnik	1.0	1.0	1.0	1.0
1.2.4	Ebenentechnik	1.0	1.0	1.0	1.0
1.2.5	Routertechnik	0.0	0.0	0.0	0.0
1.2.6	Vermaßungstechnik	1.0	1.0	0.75	0.75
1.2.7	Prototyptechnik	1.0	1.0	1.0	1.0
1.3	Verwaltungstechniken				
1.3.1	Bibliothekstechnik	1.0	0.75	0.5	0.0
1.3.2	Datenbanktechnik	1.0	1.0	1.0	1.0
2	Dialogtechniken				
2.1	Einfache Techniken				
2.1.1	Menü-/Maskentechnik	0.5	0.5	0.5	0.5
2.1.2	Kommandotechnik	1.0	0.75	1.0	0.75
2.1.3	Zoomtechnik	1.0	1.0	1.0	1.0
2.1.4	Raster-/Skalentechnik	0.5	0.5	0.5	0.5
2.2	Rationalisierungstechniken				
2.2.1	Makrotechnik	1.0	0.75	0.25	0.25
2.2.2	Teach-in-Technik	0.5	0.0	0.5	0.0
2.2.3	Hilfetechnik	1.0	0.75	1.0	0.75
2.2.4	Arbeitsfenstertechnik	1.0	1.0	1.0	1.0
3	Datenaustauschtechniken				
3.1	Einfache Techniken				
3.1.1	Digitalisierungstechnik	0.75	0.75	1.0	1.0
3.1.2	Scan-Technik	0.75	0.75	1.0	1.0
3.1.3	Fotogrammetrie	0.75	0.75	1.0	1.0
3.2	Rationalisierungstechniken				
3.2.1	Dateitechnik	1.0	1.0	1.0	1.0
3.2.2	Prozessortechnik	1.0	1.0	1.0	1.0
	Summe	**22.25**	**20.25**	**19.5**	**18.0**

Tabelle 2-2: Bewertung von Methoden und Arbeitstechniken von CAD-Systemen

Die Katalogwerte für die realen CAD-Systeme, im konkreten für **ACAD-BAU 5**, und das entsprechende Anwendungsgebiet geben dann immer an, inwieweit die Idealwerte erreicht werden bzw. aus der Differenz wird ersichtlich, welche Fähigkeiten noch unvollständig sind.

Die Bewertungen in der Tabelle soll Ihnen als konkrete inhaltliche Entscheidungshilfe bei der Einschätzung und Auswahl von CAD-Systemen dienen. Sie stellen Erfahrungswerte der Autoren dar und sind somit eine subjektive Einschätzung. Die Werte im einzelnen bzw. auch die summarischen Werte sind auf keinen Fall ein generelles Werturteil für oder gegen ein CAD-System. Sie können in erster Näherung bei der Auswahl unter inhaltlichen Gesichtspunkten herangezogen werden. Neben vielen weiteren Faktoren ist aus inhaltlicher Sicht besonders zu prüfen, ob und in welchem Umfange die Gesamtheit der dargestellten Techniken für die konkreten Anwendungen notwendig ist. Eine solche Prüfung wird i.d.R. meist eine Reduzierung der Gesamtheit der angeführten Techniken ergeben.

Die vorliegende Tabelle 2-2 zeigt eine Bewertung von ACAD-BAU 5 im Vergleich mit einem angenommenen idealen CAD-System. Die Bewertung erfolgte für im Bauwesen typische Aufgabenstellungen wie Hochbau/Innenarchitektur und Flächennutzungsplan/-Landschaftsplanung. Bewertet wurden verschiedene im einzelnen genannte und in /2-3/ erklärte Verfahren und Techniken der CAD-Technologien. Für beide Anwendungsrichtungen kommt ACAD-BAU 5 fast an die Idealwerte heran.

Diese Vorgehensweise zeigt, daß ein direkter Vergleich von CAD-Systemen immer von den verfügbaren Verfahren und Techniken sowie den entsprechenden Anwendungen ausgehen muß und nicht trivial ist. Die Bearbeitung der Gebiete Hochbau/Innenarchitektur und Flächennutzungsplan/Landschaftsplanung sind von den grundlegenden Arbeitsweisen miteinander verwandt. Das CAD-Zielsystem ACAD-BAU ist dabei eine Applikation von AutoCAD, das zu Beginn der 80er Jahre als 2D-CAD-System für die rechnergestützte Zeichnungsproduktion konzipiert und eingesetzt wurde und später durch entsprechende 3D-Bausteine erweitert wurde. Dementsprechend ist der 2D-Anteil beider Systeme AutoCAD und ACAD-BAU der ausgeprägtere. Die 3D-Methoden und -Arbeitstechniken haben bei beiden Systemen inzwischen aber ein hohes Niveau erreicht.

Generell gilt deshalb: Solange die Erstellung von Zeichnungen und Bau-Konstruktionen mit Hilfe von 2D-Techniken realisiert werden kann, sind die meisten kommerziell verfügbaren CAD-Systeme voll anwendbar. Die Bauprojektierung erfordert in vielem jedoch weitergehende Voraussetzungen. Eine reine Zeichnungserstellung ist in diesem Aufgabenbereich nicht unbedingt ausreichend. Zeichnungen sind als Repräsentation einer bestimmten Sicht auf den Baukörper anzusehen. Neben der Zeichnung muß noch eine Vielzahl anderer Informationen gehalten und verwaltet werden, weswegen vor allem die Ansprüche an die Datenbanktechnik hoch anzusetzen sind. Auch deshalb sind ein leistungsfähiger 3D-Modellierer und Schnittstellen zu anderen Systemen notwendig. In der Kombination AutoCAD und ACAD-BAU 5 werden diese Anforderungen hervorragend erfüllt.

3 ACAD-BAU – Einordnung und Entwicklung

ACAD-BAU ist als Branchen-Applikation unter AutoCAD für Architekten und Bauingenieure von der Firma Computertechnik Buchholz konzipiert und implementiert worden. Das Produkt erschien mit der Vorstellung auf der ACS in Wiesbaden Ende 1991 erstmalig auf dem Markt und hat seitdem eine bemerkenswerte Verbreitung unter Architekten und Bauingenieuren gefunden. Mit Stand 1/1995 wurden in diesen drei Jahren mehr als 4000 Pakete (ohne Updates) verkauft.

Die Programmphilosophie war seit der ersten Version durchgängig 3D-orientiert und trat mit dem Anspruch an, neben Grundrissen auch Ansichten und Schnitte aus den Zeichnungen ableiten zu können. Zum damaligen Zeitpunkt war diese Zielsetzung eine enorme Herausforderung an die eigenen Entwickler. Gleichzeitig wurden die konkurrierenden Mitbewerber mit ihren 2D-Konzepten in die Schranken verwiesen. Dieser Erfolg wurde durch eine kompromißlose Ergänzung fehlender AutoCAD-Funktionalität mit ausgefeilten Programmalgorithmen, damals in AutoLISP und heute in C geschrieben, erreicht. Letztendlich führte dieser Weg in kürzester Zeit zur Marktführerschaft auf diesem Gebiet.

Wichtig für den Erfolg dieses Produktes war und ist auch die Tatsache, daß ACAD-BAU seit dem Erscheinen Ende 1991 in sehr kurzen Zeiträumen permanent qualitativ weiterentwickelt wurde und daß sowohl der Entwickler (Computertechnik Buchholz) als auch der Distributor (Mensch und Maschine, Weßling) ausgezeichnete Anwender- und Händlerseminare sowie einen hervorragenden Support anbieten. ACAD-BAU 5 setzt heute den Maßstab für eine moderne 3D-CAD-Software für Architekten, Planer und Bauingenieure. Die Argumentation, daß die Leistungsfähigkeit der Personalcomputer die 3D-Bearbeitung noch nicht zuläßt, ist schon lange nicht mehr relevant.

Die Umsetzung des 3D-Konzeptes ist in ACAD-BAU übrigens so gelöst, daß in vielen Funktionen die 3D-Funktionalität im Hintergrund erzeugt wird, während der Nutzer eine Wand zeichnet, eine Gaube generiert, mehrere Dächer miteinander verschneiden läßt oder Kubatorblöcke im Dachgeschoß erstellen läßt. In der Mehrzahl der Fälle wird in 2D gezeichnet oder ein „Schalter" betätigt, und das Ergebnis kann aus verschiedenen Blickrichtungen oder als Projektion mit ausgeblendeten Kanten und Flächen betrachtet werden.

Wie ist nun die Entwicklung von ACAD-BAU prägnant zu charakterisieren? In der Version 2.0 enthielt ACAD-BAU schon Konstruktionsbefehle von ungewöhnlicher Komplexität, und in der Version 3.0 war das Produkt in den Editierbefehlen schon fast komplett.

Unter der AutoCAD-Version 12 wurde die gesamte Programm-Oberfläche von ACAD-BAU (Version 4.02) optisch wesentlich anspruchsvoller. Das wurde mit den nun machbaren Dialogboxen möglich. Die Einbeziehung der Dialogboxen gestattete, mehrere Eingaben gleichzeitig vorzunehmen und zwischen Variablen und Vorgabewerten während der Eingaben zu wählen. Damit wurde ACAD-BAU für die professionelle Nutzung in den Architektur- und (Bau-) Ingenieurbüros richtig attraktiv. Außerdem wurde ab dieser Version begonnen, sowohl die DOS- als auch die Windows-Version auf einem gemeinsamen Diskettensatz auszuliefern. Der Anwender kann selbst entscheiden, unter welchem Betriebssystem bzw. welcher Oberfläche er die Installation vornehmen möchte.

Mit den ACAD-BAU-Versionen 5.0 (seit 4/1994) und 5.1 (ab 4/1995) wurde von Computertechnik Buchholz eine neue Etappe in der Bauelementebehandlung verwirklicht. Öffnungen und Treppen können so detailliert generiert werden, ohne Hand an die Objekte legen zu müssen. Bis dato war das nachträgliche Verändern solcher Konstruktionen ein „Pusselspiel". Mit dem Einsatz von ACAD-BAU 5 genügt ein einfaches „Picken" des Objektes, um es zu editieren oder in seiner Detaillierung zu verändern. Die objektbeschreibenden Daten „hängen" an einem Zeichnungsblock, der nur aus einem Strich besteht, zu jeder Zeit aber alle Informationen, z. B. einer komplexen Treppe, trägt.

ACAD-BAU 5 erkennen Sie an dem neuen „Logo" (Bild 3-1).

Bild 3-1: Logo von ACAD-BAU 5

Als Ergebnis dieser neuen Strategie entstehen gravierende Vorteile, nämlich
– geringere Zeichnungsgrößen trotz höchster Informationsdichte,
– Realisierbarkeit größerer Projekte bei gleicher Rechnerleistung und
– höhere Flexibilität bei der geometrischen Modellierung und grafischen Darstellung.

Mit ACAD-BAU 5 hat sich auch der Trend zur Konstruktion unter grafischen Oberflächen erheblich verstärkt. In den Dialogboxen sind nämlich die realen Ergebnisse der
Planungseingaben wie in einer Vorschau zu sehen und zu beurteilen. Das erinnert an die
Seitenansicht von Textverarbeitungssystemen. Während des Modellierungsprozesses
(der Eingabe) ist schon zu sehen, was später auf dem Papier erscheint.

Das Paket der Versionen 5.0 und 5.1 ist so konzipiert, daß die Eingabe der Konstruktion
aus dem Grundriß erfolgt. ACAD-BAU erzeugt dann automatisch und für den Nutzer
im Hintergrund die zugehörigen 3D-Elemente für Ansichten und Perspektiven.

Diese Arbeitsweise bezieht sich sowohl auf das erstmalige Modellieren von Wänden,
Türen, Fenstern u.ä. als auch für das nachträgliche Bearbeiten der Elemente, z. B.
Kopieren, Skalieren oder Löschen.

Wie schon erwähnt, erfolgt die Eingabe variabler Daten, z. B. mehrschaliges Mauerwerk, Dicken, Höhen und Materialangaben, in wohlgeordneten Dialogfeldern. Mit
diesen eingebenen Daten generiert ACAD-BAU 5 dann z. B. aus einer einfachen Polylinie gerades oder rundes Mauerwerk in beliebiger Dimensionierung. Das Erzeugen der
Geschoßdecken mit den Außenwänden ist ebenso ausführbar.

Komfortable Konstruktionshilfen bietet ACAD-BAU 5 für das Konstruieren der Innenwände. U. a. ist sowohl der vollautomatische Anschluß als auch die Verschneidung mit
beliebigen Flächen vorgesehen. Alle Wände können problemlos verändert, ersetzt bzw.
gelöscht werden. Pfeiler, Stützen und Unterzüge sind in jeder Form konstruierbar. Sehr
anwenderfreundlich lassen sich Kassettenwände einschließlich unterschiedlichster
Öffnungen modellieren.

Von hoher Flexibilität und Leistungsfähigkeit ist das Modul „Fensterprogramm" von
ACAD-BAU 5. So hilft eine Vorschau mit Lagekorrektur beim Einsetzen der Fenster.
Die Fenster können wahlweise mit und ohne Oberlicht, mit Flügeln und/oder Sprossen
versehen werden. In überschaubaren Dialogen erfragt das System alle Daten und
modelliert die Öffnungen weitestgehend automatisch. Alle Fensterarten können völlig
frei gestaltet werden.

Das Menü zur Generierung von Fenstern und Türen enthält neben den Standardelementen eine Variantenkonstruktion durch Parameter und eine in den Formen völlig freie
Ableitung von Öffnungen aus einer vorgezeichneten Linie. Fensterpartien mit mehreren
gleichartigen Fenstern lassen sich effizient mit der Kopierfunktion modellieren. Problemlos lassen sich auch geschoßübergreifende Glaskonstruktionen sowie Eckfenster mit
Koppelpfosten modellieren.

Die Öffnungen in ACAD-BAU 5 sind frei parametrisierbar. Für sämtliche Konstruktionen können Innen- und Außenanschläge eingestellt werden. Die Detaillierung beinhaltet
selbst die Ausbildung von Fugensteinen. Die Rahmenparameter und die Lagen und
Abstände im Mauerwerk werden ebenfalls über eine Dialogbox definiert. Bis hin zu den
zum Fenster gehörigen Nebenbauteilen wie Fensterbänke (Tiefe, Stärke, Abstand zu den

Seiten und nach vorne), Sohlbänke (Flachklinker, Rollschicht, Bleche) und Eckfenster-details (Koppelpfosten, Verkleidungen) sind alle Werte als Variablen definierbar.

Zur Verwaltung dieser umfangreichen Datenmenge wird ab ACAD-BAU 5 Datenbank-technologie eingesetzt. Dabei sind die Entwickler insofern neue Wege gegangen, als daß die Datenbanken bereits gefüllt eingefügt werden können. Das Suchen, Einstellen, Ausfüllen und Pflegen der Datenbank wird vom Aufwand her auf ein Minimum re-duziert.

Dadurch wird auch eine übersichtliche und flexible Einstellung der Variablen gewähr-leistet. Die aktuellen Einstellungen der Dialogbox können vom Nutzer unter einem frei wählbaren Namen abgespeichert werden. Der Nutzer speichert gewissermaßen seine Arbeitsumgebung. Diese Einstellungen sind dann in seiner Zeichnung, aber auch in späteren Projekten, wiederverwendbar.

Bei der Konstruktion von Öffnungen erzeugt ACAD-BAU 5 Blöcke. Diese werden zu-nächst auf der Wand plaziert. Im Gegensatz zu vielen anderen Produkten werden diese aber nicht einfach skaliert, sondern für die jeweilige Situation neu berechnet. So enthält z. B. ein einfacher Block, der mit dem Fensterprogramm erzeugt werden kann, als Daten nur die Fensterbreite und -höhe sowie die Lage im Mauerwerk. Bei voller Detaillierung werden die Informationen über alle Fensterdetails abgebildet.

Diese Besonderheit des Programms kommt der Arbeitsweise des Planers entgegen. Für eine Vorplanung in 1:200 spielen zum Beispiel Fensterrahmen und Gestaltungen keine Rolle. In der Werkplanung dagegen sind Details sehr gefragt. Eine mit ACAD-BAU 5 erstellte Zeichnung läßt sich für verschiedene Maßstäbe und Planungsstufen verwenden, ohne daß Elemente nach- oder gar neugezeichnet werden müssen.

Die ACAD-BAU-Datenbank erlaubt aber nicht nur eine unterschiedliche Darstellung der Öffnungen. Alle geometrischen Werte sind ebenfalls änderbar. Für alle oder eine bestimmte Anzahl gleichartiger Elemente können die Parameter editiert werden. Sollen z. B. 20 Fenster etwa um 5 cm in der Breite und 10 cm in der Höhe geändert werden, gleichzeitig statt einer Sohlbank einen Blechanschluß erhalten und außerdem die An-schlagart wechseln, so kann dies in einem einzigen Arbeitsgang und in kürzester Zeit erledigt werden.

Austauschbar ist auch die Form des Fensters. So können z. B. Rundbogenfenster gegen Stichbogenfenster, Kreisfenster gegen rautenförmige, eckige gegen schräge Formen oh-ne großen Aufwand ausgetauscht werden. Dabei vergrößern die Blöcke die Zeichnung kaum. Durch die optimierten Konstruktionen lassen sich auch große Dateien auf einen Bruchteil der vorher üblichen Datengröße reduzieren.

Das Programm verfügt in den entsprechenden Dialogboxen über Sichtfelder, in denen das zu konstruierende Element mit seinen Werten sofort nach der Eingabe proportional angezeigt wird. So sieht man z. B. bei der Konstruktion einer Treppe simultan mit den Eingaben die Veränderung der Außenmaße, der Stufenlagen, der Laufrichtungen sowie der Podeste. Die Treppe wird für die Vorausschau in Bruchteilen von Sekunden berech-net.

Für die Verwaltung der Bauteile nutzt ACAD-BAU 5 die mit dem Basissystem Auto-CAD verfügbaren Vorteile der sogenannten Layersteuerung. Diese beinhaltet eine Ebenentechnik, mit der die Bauteile als Gewerke differenziert verwaltet werden können. Das bedeutet für den Nutzer, daß er einzelne Gewerke oder Gewerkegruppen ein- oder ausblenden kann, daß er Geschosse getrennt verwalten kann, daß er aber auch neue Geschosse aus den darüber- oder darunterliegenden Layern (Ebenen) generieren kann.

Sowohl die Bemaßung der vier Grundmaßketten als auch die Innenraumbemaßung und das Plazieren von Höhenkoten geschieht bei ACAD-BAU 5 vollautomatisch. Alle Maße sind architekturgerecht: Viertelaufrundung, Hochstellen der Nachkommastellen und Ausgabe der m-/cm-Einteilung nimmt das Programm eigenständig vor.

Wie beim Grundsystem AutoCAD arbeitet auch bei ACAD-BAU 5 der Bemaßungsprozessor assoziativ, d. h. beim nachträglichen Verkleinern einer Wand oder dem Vergrößern des Fensters werden die Maßzahlen automatisch nachgeführt. Natürlich wird auch die gesamte Bemaßung auf einem gesonderten Layer erzeugt, der nach Bedarf ein- bzw. ausgeblendet werden kann.

Die Darstellung solcher wichtigen Funktionen, wie Text, Bemaßung oder Schraffur, erfolgt maßstabsgerecht. Das besagt, daß z. B. die Texthöhe beim Maßstab 1:100 größer ist als beim Maßstab 1:50, damit der Text in jedem Fall lesbar bleibt.

Umfangreiche Symbolbibliotheken für die Inneneinrichtung, Außenanlagen, Zeichnungssymbole und Schraffuren im 2D-Bereich sowie eine Vielzahl dreidimensionaler Symbole (u. a. für Kücheneinrichtungen) gestalten die Arbeit mit ACAD-BAU 5 sehr nutzerfreundlich und effizient.

Die Verfügbarkeit von ACAD-BAU unter der Windowsoberfläche erleichtert die Bedienung und verkürzt die Einarbeitungszeit in das komplexe, leistungsfähige Programmpaket. Außerdem werden natürlich auch alle anderen technologischen Vorteile von Windows für ACAD-BAU nutzbar. Das betrifft besonders die Windows-spezifischen Funktionen, z. B. für die Zwischenablage, für OLE und DDE.

1994 hat Computertechnik Buchholz mit dem Produkt **AVAnce für Windows** einen weiteren beachtlichen Markterfolg erreicht. AVAnce für Windows ist ein Programm zur Abwicklung von Bauvorhaben, das dem Anwender die Routinearbeiten von der Ausschreibung über die Vergabe bis hin zur Abrechnung abnimmt. AVAnce ist die ideale Ergänzung zu ACAD-BAU 5.

Oberste Priorität bei der Entwicklung von AVAnce für Windows wurde den wichtigen Windows-Eigenschaften, wie MDI-Fähigkeit (Multi-Dokument-Interface), intelligente Zwischenablage, Drag & Drop, grafische Funktionsleisten und einem umfangreichen Online-Hilfe-System gegeben.

MDI erlaubt z. B. das gleichzeitige Öffnen verschiedener Gewerke (Leistungsverzeichnisse und Stammtexte). Eine multifunktionale, klar gegliederte und übersichtliche Bediener-Oberfläche macht sogar das „trockene Thema" Ausschreibung für den Architekten attraktiv. Die Behandlung des Programms AVAnce für Windows geht allerdings über den Rahmen dieses Buches hinaus.

Features von ACAD-BAU 5 gegenüber der Vorgänger-Version 4 sind:

–   neue Öffnungen

–   neue Treppen

–   neues Raumbuch / Facility Management Features

–   integrierte Datenbank

–   optimierte Dialogführung

–   Befehlsstraffung / Integration

–   Geschwindigkeit

–   optimiertes Datenmodell / kleine Zeichnungsgröße

–   Stabilität / Fehlertoleranz

Zusammenfassend können die Vorteile von ACAD-BAU 5 im Vergleich zu einer horizontalen CAD-Lösung (z. B. AutoCAD) oder dem klassischen Arbeiten am Zeichenbrett so formuliert werden:

–   Unterstützung aller wichtigen Betriebssysteme;

–   durchgängige Nutzung der 3D-Modell-Funktionen. Das bedeutet u. a. maßstabsunabhängiges Konstruieren sowie die Möglichkeit der Planzusammenstellung von Ansichten, Schnitten und Grundriß im Papierbereich von AutoCAD;

–   einfache Handhabung der Datenbank durch ein optimiertes Datenmodell und Repräsentation im CAD-Modell. sowie durch die Verwaltung und Definition von allen Sachdaten der Konstruktion mit Hilfe anwenderdefinierter Datenbanken;

–   optische Kontrolle der Eingaben durch die Verwendung von Dialogboxen;

–   Integration von Raumbuch und Massenermittlung.

4 Grundlagen des Bauzeichnens

In diesem Kapitel werden Grundlagen des Bauzeichnens vermittelt, damit Sie auf die zeichnerische Ausführung mit ACAD-BAU 5 vorbereitet sind. Die Zeichnungen in diesem Kapitel sind übrigens alle mit ACAD-BAU 5 angefertigt und zum Teil mit AutoCAD nachbereitet.

4.1 Arten von Bauzeichnungen, Überblick

Bauzeichnungen sind alle Pläne für den Entwurf (Vorentwurf, Entwurf und Genehmigung), die Ausführung sowie Bestandsaufnahme und Abrechnung einer baulichen Anlage.

Anmerkung: Beim Bauzeichnen wird zwischen den Begriffen „Zeichnung" und „Plan" oftmals kein Unterschied gemacht!

Die Einteilung und Definition der verschiedenen Arten von Bauzeichnungen wurde nach DIN 1356 „Bauzeichnungen" vorgenommen. Dort sind auch die Anforderungen an den Inhalt der Zeichnungen zu finden.

Für den Entwurf, die Genehmigung, Ausführung, Abrechnung oder Aufnahme von baulichen Anlagen werden im Massivbau die in der folgenden Tabelle aufgeführten Zeichnungen verwendet:

Bauzeichnungen		
Objektplanung	**Tragwerksplanung**	**Sonderzeichnungen**
Vorentwurfszeichnungen **Entwurfszeichnungen** **Bauvorlagezeichnungen** **Ausführungszeichnungen:** Werkzeichnungen Detailzeichnungen Sonderzeichnungen **Abrechnungszeichnungen** **Baubestandszeichnungen**	**Positionspläne** **Tragwerksausführungszeichnungen:** Schalpläne Rohbauzeichnungen Bewehrungszeichnungen Fertigteilzeichnungen Verlegezeichnungen	**z.B.** **Lagepläne** **Zeichnungen der Bauleitplanung** **Absteckzeichnungen** **Entwässerungszeichnungen**

Tabelle 4-1: Überblick über Bauzeichnungen

4.2   Zeichnungen der Objektplanung

4.2.1 Vorentwurfszeichnungen

Bauzeichnungen, welche die zeichnerischen Darstellungen eines Entwurfskonzeptes enthalten, dabei ist auch eine skizzenhafte Form gestattet, werden Vorentwurfszeichnungen genannt.

Sie dienen im Rahmen der Vorplanung der Erläuterung des Entwurfkonzeptes und bilden auch die Grundlage für die Beurteilung der baurechtlichen Genehmigungsfähigkeit, zum Beispiel bei einer Bauvoranfrage.

Bei Notwendigkeit werden in Vorentwurfszeichnungen die Leistungen anderer Gewerke, welche an der fachlichen Planung beteiligt sind, bereits berücksichtigt.

Im Regelfall ist der Maßstab 1:200 zu wählen. Bei Architekturwettbewerben ist auch der Maßstab 1:500 gebräuchlich.

4.2.2 Entwurfszeichnungen

Entwurfszeichnungen dienen der abschließenden Beurteilung durch den Bauherrn und bilden die Grundlage für die Genehmigungsplanung sowie für die Ausführungsplanung des Objekt- und des Tragwerksplaners.

Die Gestaltung und Konstruktion müssen erkennbar sein. Die Beiträge anderer Gewerke, welche an der fachlichen Planung beteiligt sind, werden berücksichtigt.

Normalerweise sind Entwurfszeichnungen in einem Maßstab von 1:100 oder 1:200 auszuführen.

4.2.3 Bauvorlagezeichnungen

Im Rahmen der Genehmigungsplanung sind nach den jeweils gültigen Bauvorlagenverordnungen der Bundesländer Bauvorlagezeichnungen (ergänzte Entwurfszeichnungen) anzufertigen. Für andere öffentlich-rechtliche Verfahren gelten ebenfalls entsprechende Vorschriften.

Die Länder legen in ihren Verordnungen die konkreten Forderungen für Maßstäbe, den Mindestinhalt sowie zu verwendender Symbole fest. In Übereinstimmung mit den Entwurfszeichnungen ist normalerweise ein Maßstab von 1:100 oder 1:200 zu wählen. Wegen der Mikroverfilmung und eventueller Kopierung von Baugesuchen ist auf farbige Darstellungen bei Bauvorlagezeichnungen zu verzichten.

Der planerische Teil von Baugesuchen enthält neben den ergänzten Entwurfszeichnungen mit den Ansichten, Schnitten und Grundrissen der geplanten baulichen Anlage im Regelfall einen Lageplan vom Vermessungsingenieur und für das Entwässerungsgesuch die Entwässerungszeichnung /4-1/.

4.2.4 Ausführungszeichnungen

Diese Zeichnungen enthalten alle für die Bauausführung bestimmten Einzelangaben. Sie gliedern sich auf in:

–   Werkzeichnungen („Werkpläne"),

–   Teilzeichnungen und

–   Sonderzeichnungen.

Ausführungszeichnungen dienen als Grundlage für die Leistungsbeschreibung. Nach ihnen erfolgt die Ausführung der gesamten baulichen Leistungen.

4.2.4.1 Werkzeichnungen („Werkpläne")

Als Maßstab für die Werkzeichnungen ist vorzugsweise 1:50 zu wählen, bei Bedarf ist auch ein Maßstab von 1:20 möglich. Aus Gründen der Übersichtlichkeit dürfen mehrere aufeinander abgestimmte und sich ergänzende Zeichnungen angefertigt werden.

4.2.4.2 Detailzeichnungen (Einzelheiten)

Diese Zeichnungen dienen der Ergänzung von Werkzeichnungen in bestimmten Ausschnitten. Sie enthalten zum Beispiel Zusatzangaben zu Materialien oder Konstruktion.

Da diese Detailzeichnungen Ausschnitte aus den Werkzeichnungen darstellen, sind die Maßstäbe 1:20, 1:10, 1:5 oder 1:1 zu verwenden.

4.2.4.3 Sonderzeichnungen

Zusätzliche Angaben über die Ausführung bestimmter Gewerke sind in Sonderzeichnungen darzustellen. Die Sonderzeichnungen können zum Beispiel Aufschluß geben über:

–   Heizungs-, Sanitär- und Elektroanlagen,

–   Förderanlagen,

–   Gestaltung von Außenanlagen /4-3/.

Andere Bauteile oder Einrichtungen brauchen nur im benötigten Umfang dargestellt zu werden.

Der Maßstab richtet sich nach den jeweiligen Erfordernissen.

4.2.5 Abrechnungszeichnungen

Diese Zeichnungen dienen als Grundlage für die Abrechnung und Rechnungsprüfung von Bauleistungen. Oft werden dafür die während der Objektplanung fortgeschriebenen Ausführungszeichnungen, nach örtlichem Aufmaß ergänzt, verwendet. Eine unmaßstäbliche, skizzenhafte Darstellung ist ebenso möglich.

4.2.6 Baubestandszeichnungen, Bauaufnahmen, Benutzungspläne

Als fortgeschriebene Entwurfs- oder Ausführungszeichnungen enthalten die **Baubestandszeichnungen** alle für den jeweiligen Zweck notwendigen Angaben über die fertiggestellte bauliche Anlage. Als Maßstäbe sind 1:100 oder 1:50 anzuwenden.

Nachträgliche Maßaufnahmen bestehender Objekte werden als **Bauaufnahmen** bezeichnet.

Benutzungspläne sind Baubestandszeichnungen oder Bauaufnahmen, welche durch zusätzliche Angaben für bestimmte, baurechtlich, konstruktiv oder funktionell zulässige Nutzungen ergänzt sind. Solche Benutzungspläne können zum Beispiel

– Pläne über zulässige Verkehrslasten,

– Rettungswegepläne,

– Bestuhlungspläne oder

– Raumnutzungspläne

und ähnliche Darstellungen sein.

4.3 Zeichnungen der Tragwerksplanung

Mit der Neufassung der DIN 1356 „Bauzeichnungen" wurde der neue Begriff „Rohbauzeichnung" geschaffen, um zukünftig Unklarheiten über den vereinbarten Leistungsumfang von Planungsleistungen zu vermeiden und die Honorierung von Ingenieurleistungen zu vereinfachen.

Die Baufirmen arbeiteten bei der Tragwerkserstellung bisher nach Schalplänen, welche mehr enthielten, als es die Honorarordnung für Architekten und Ingenieure (HOAI) vorsieht. Dadurch sollte vermieden werden, auf der Baustelle nicht gleichzeitig die Zeichnungen des Objektplaners für die Tragwerkserstellung benutzen zu müssen. Für diese vervollständigten Schalpläne (vollständige Tragwerksausführungszeichnungen) gilt jetzt die Bezeichnung „Rohbauzeichnung". Der eigentliche Schalplan ergänzt lediglich die Ausführungszeichnungen des Objektplaners, für die Herstellung des Tragwerks sind immer noch diese Ausführungszeichnungen notwendig.

Auch läßt sich der Schwierigkeitsgrad von Bauten gut über die Verwendung von Bewehrungszeichnungen abschätzen.

Einfache Bauten: Die Tragwerkserstellung erfolgt nach den Ausführungszeichnungen des Objektplaners, der im Normalfall ein Architekt ist, und den Bewehrungszeichnungen des Tragwerksplaners.

Bauten mittleren Schwierigkeitsgrades: Die Tragwerkserstellung erfolgt nach den Ausführungszeichnungen des Objektplaners und Schal- und Bewehrungsplänen des Tragwerksplaners.

Bauten mit großem Schwierigkeitsgrad: Die Tragwerkserstellung erfolgt nach den Rohbau- und Bewehrungszeichnungen des Tragwerksplaners.

4.3.1 Positionspläne

Positionspläne sind Bauzeichnungen für das Tragwerk und geben die einzelnen Positionen durch den Eintrag von Positionsnummern für die statischen Berechnungen an. Sie dienen der Erläuterung der statischen Berechnungen.

Die Positionspläne sind im Regelfall Grundrisse vom Typ B (siehe auch Kapitel 4.4.8) im Maßstab 1:100 und werden auf der Grundlage der Entwurfszeichnungen des Objektplaners erstellt. Dies geschieht zum Beispiel durch das Ergänzen der Transparentpausen von Entwurfszeichnungen.

Es ist auch möglich, die Positionspläne nur in skizzenhafter Form anzufertigen.

4.3.2 Tragwerksausführungszeichnungen

4.3.2.1 Schalpläne

Die Schalpläne sind Zeichnungen für den Beton-, Stahlbeton- und Spannbetonbau. Auf ihnen werden die einzuschalenden Bauteile dargestellt, sie bilden demzufolge die planerischen Grundlagen für die Schalungsarbeiten. Eventuell nötige zusätzliche Angaben sind den Ausführungszeichnungen des Objektplaners, der im Regelfall ein Architekt ist, zu entnehmen.

Sie werden auf Grundlage der Zeichnungen der Objektplanung als Grundrisse (Grundriß Typ B) und Schnitte angefertigt. Bei Fundamentplänen ist ein Grundriß vom Typ A (siehe dazu auch die Kapitel 4.4.7 und 4.4.8) zu zeichnen. Die Zeichnungen werden durch die Ergebnisse der statischen Berechnung ergänzt.

Der Vorzugsmaßstab ist 1:50.

4.3.2.2 Rohbauzeichnungen

Ergänzte Schalpläne mit allen für die Tragwerksausführung erforderlichen Angaben, auch wenn sie nicht das Einschalen des Betons betreffen, werden Rohbauzeichnungen genannt. Somit werden keine zusätzlichen Angaben aus den Ausführungszeichnungen des Objektplaners auf der Baustelle benötigt.

Für die Darstellung und den Maßstab gelten die Festlegungen für Schalpläne.

4.3.2.3 Bewehrungszeichnungen

Bewehrungszeichnungen sind Tragwerksausführungszeichnungen für den Stahlbeton- und Spannbetonbau und werden zur Herstellung der Bewehrung auf der Baustelle oder im Fertigteilwerk benötigt.

Bei der Erstellung von Bewehrungszeichnungen sind die Festlegungen der DIN 1356 Teil 10 „Bauzeichnungen, Bewehrungszeichnungen" und der DIN 1045 „Beton und

Stahlbeton" zu beachten. Bewehrungen sind gegenüber den Bauteilbegrenzungen durch breitere Vollinien hervorzuheben.

Im Regelfall ist ein Maßstab von 1:50, 1:25 (Stabstahlbewehrungen) oder 1:20 zu wählen. Detailausbildungen werden bevorzugt im Maßstab 1:5 dargestellt.

4.3.2.4 Fertigteilzeichnungen

Diese Zeichnungen werden für die Herstellung von Stahlbeton-, Spannbeton- oder Mauerwerksfertigteilen im Fertigteilwerk oder auf der Baustelle benötigt.

Es gelten die Anforderungen für Tragwerksausführungszeichnungen, die erforderlichen Rohbau- und Bewehrungszeichnungen werden normalerweise auf einem Blatt dargestellt und durch Stücklisten ergänzt.

Außerdem müssen zum Beispiel die nötigen Angaben für den Transport von Fertigteilen, wie Aufhängungen, Eigenlasten oder erforderliche Festigkeit für den Transport, der Zeichnung zu entnehmen sein.

Die Vorzugsmaßstäbe sind 1: 25 und 1:20.

4.3.2.5 Verlegezeichnungen

Verlegezeichnungen dienen dem Zusammenbauen und Einbauen von Fertigteilen. Für die Darstellung reichen oft Grundrisse aus. Neben der Bemaßung sind bei Erfordernis zum Beispiel Angaben über den Einbauablauf oder über die Montagestützen nötig.

Als Maßstab kommt in der Regel 1:50 in Betracht.

4.4 Zeichnerische Ausführung

4.4.1 Blattformate

Tabelle 4-2:
Blattformate
(Maße in
Millimeter)

Kurzzeichen	Beschnittene Zeichnung	Unbeschnittenes Blatt
A 0	$(1:\sqrt{2})$ 841 · 1189	880 · 1230
A 1	$(1:\sqrt{2})$ 594 · 841	625 · 880
A 2	$(1:\sqrt{2})$ 420 · 594	450 · 625
A 3	$(1:\sqrt{2})$ 297 · 420	330 · 450
A 4	$(1:\sqrt{2})$ 210 · 297	240 · 330

Als Blattformate sind vorzugsweise die Formate der A-Reihe (in Quer- oder Hochlage) nach DIN 476 „Papier-Endformate" anzuwenden. Jedes kleinere DIN-Blattformat entsteht durch das Halbieren des jeweils größeren Formates. In Sonderfällen ist es erlaubt, längere Blätter durch das Aneinanderreihen gleicher oder benachbarter Blattgrößen zu erhalten /4-3/.

Das Falten von Zeichnungen größer als A4 vollzieht sich nach den Festlegungen der DIN 824 „Technische Zeichnungen, Faltung auf Ablageformat" auf das A4-Hochformat. Dabei kommt das Schriftfeld so zu liegen, daß es im gefalteten Zustand der Zeichnung lesbar ist.

Soll die Zeichnung mit einem gezeichneten Rand versehen und abgeheftet werden, gelten die folgenden Maße (Tabelle 4-3) /4-3/:

Tabelle 4-3:
Ränder (Maße in Millimeter)

Blattformat	A 0 bis A 3	A 4
Heftrand	20	15
Schriftfeldrand	5	5

Bild 4-1:
Illustration
der DIN-
Festlegungen

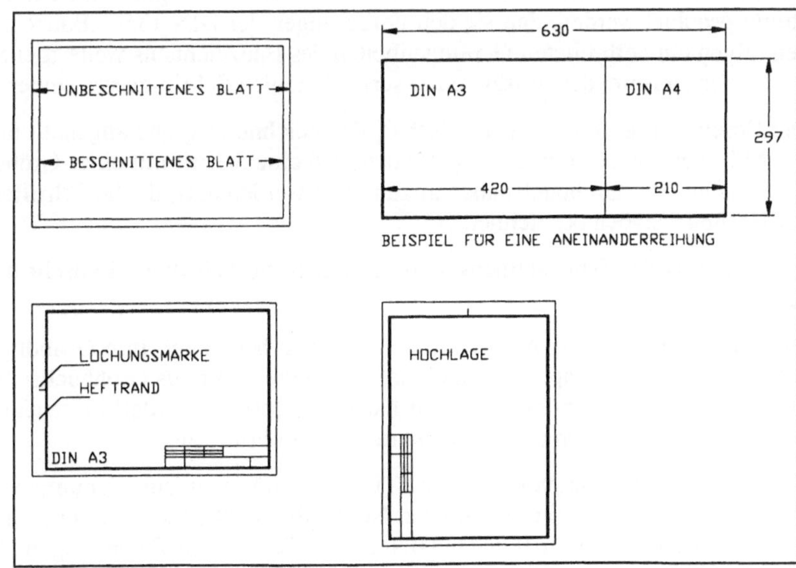

Auf dem Heftrand (linker Rand) ist bei jedem Format in einem Abstand von 148,5 mm, von der unteren Blattkante gemessen, eine Markierung für die Lochung einzuzeichnen.

4.4.2 Schriftfeld

Jede Bauzeichnung besitzt ein Schriftfeld mit mindestens folgenden Informationen /4-3/:

–   Bauvorhaben, Darstellung (Zeichnungsinhalt),

–   Maßstab, Maßeinheiten der in der Zeichnung enthaltenen Maßzahlen,

–   Firma, Architekt, Ingenieur, Behörde oder die sonst zutreffende Angabe,

–   Datum der Anfertigung und Name des Verfassers,

–   Datum der Prüfung und Name des Prüfers sowie

–   Zeichnungsnummer.

In der Praxis verwenden viele Büros und Firmen selbstdefinierte Schriftfelder, deshalb wird an dieser Stelle nicht auf mögliche Schriftfeldmaße eingegangen.

4.4.3 Beschriftung

Das Thema Beschriftung wird nur allgemein behandelt, da der Anwender beim Einsatz eines CAD-Systems nur die dort vorhandenen Schriften nutzen kann.

Bei der Auswahl einer durch das CAD-System zur Verfügung gestellten Schrift sollte darauf geachtet werden, daß sie den Forderungen der DIN 1356 „Bauzeichnungen" und den allgemein verbreiteten Gepflogenheiten des Bauzeichnens weitestgehend entspricht. So ist zum Beispiel der Einsatz einer serifenbetonten Schrift zu vermeiden.

Die Beschriftung muß eindeutig lesbar, der Zeichnungsgröße angepaßt und mindestens 2,5 Millimeter hoch sein. Das heißt auch, daß eine Schrift mit einer Größe von 2,5 Millimetern nur mit Großbuchstaben angewendet werden darf, da die Schriftgröße die Höhe der Großbuchstaben bezeichnet.

In der Praxis des Bauzeichnens sind vor allem die Schriften „Bauschrift" und „Normschrift" verbreitet /4-3/.

Die Bauschrift wird für Architekturzeichnungen bevorzugt, ihre Grundfiguren basieren auf der römischen „Kapitalis Quadrata". Sie besteht nur aus Großbuchstaben, welche an der Quadratform orientiert sind und hat keine Serifen. Weiterhin zeichnet sie sich bei Buchstaben und Ziffern durch eine klare Linienführung aus.

Die Normschrift findet vor allem bei Tischler- und Ingenieurzeichnungen Verwendung. Sie ist definiert in der internationalen Norm ISO 3098 „Technical Drawings, Lettering" und entspricht der Schrift nach DIN 6776 „Technische Zeichnungen, Beschriftung". Ihre Kennzeichen sind der Verzicht auf große Rundungen und ein gerader, paralleler Linienverlauf. Linien innerhalb eines Zeichens treffen möglichst rechtwinklig aufeinander. Man unterscheidet zwei Schriftformen, welche sich in der Linienbreite unterscheiden:

–   Schriftform A (schmal), besitzt eine Linienbreite von 1/14 x Schriftgröße,

–   Schriftform B (mittel) ist 1/10 x Schriftgröße breit.

Wegen der besseren Lesbarkeit wird die Schriftform B bevorzugt. Sie kann in zwei Neigungen geschrieben werden (Bv – vertikal, Bk – kursiv), bei der kursiven Schreibweise beträgt die Schriftneigung 75°.

4.4.4 Linienarten und Linienbreiten

Zur Verfügung stehen verschiedene Linienarten, zum Beispiel Vollinie, Strichlinie, Strichpunktlinie, Punktlinie und Freihandlinie. Je nach Bedeutung der Linie erfolgt die Darstellung mit unterschiedlichen Linienbreiten.

Bild 4-2:
Linienarten für
Bauzeichnungen

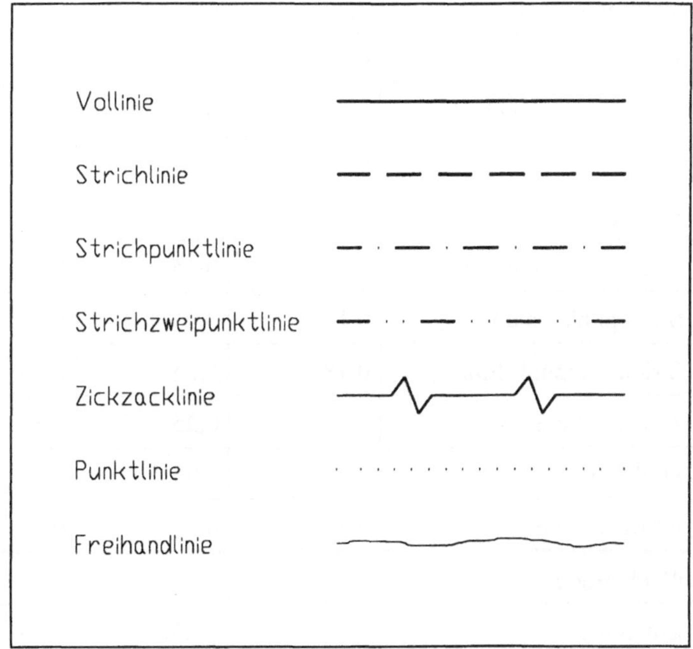

Die auszuführenden Linienbreiten (breit, schmal und fein) richten sich nach der Darstellung und dem Zeichnungsmaßstab. Die Abhängigkeit vom Maßstab resultiert aus den Forderungen nach Kopierfähigkeit und Mikroverfilmbarkeit der Zeichnung.

Die folgende Tabelle 4-4 enthält die bevorzugten Linienbreiten (nach DIN 1356). In dieser Tabelle sind, wie auch in der genannten DIN-Norm gehandhabt, weiterhin die Festlegungen für die Maßstabsabhängigkeit der Größe und Linienbreite von Maßzahlen enthalten.

Tabelle 4-5 kennzeichnet die Anwendungsbereiche der Linienarten und -breiten /4-5/.

Linienart	Liniengruppe			
	I[1]	II	III	IV[2]
	Zuordnung zum Maßstab			
	<= 1:100		>= 1:50	
	Linienbreite			
Vollinie breit	0,5	0,7	1,0	1,4
Vollinie schmal	0,25	0,35	0,5	0,7
Vollinie fein	0,18	0,25	0,35	0,5
Strichlinie schmal	0,25	0,35	0,5	0,7
Strichlinie fein	0,18	0,25	0,35	0,5
Strichpunktlinie breit	0,5	0,7	1,0	1,4
Strichpunktlinie schmal	0,25	0,35	0,5	0,7
Strichpunktlinie fein	0,18	0,25	0,35	0,5
Strichzweipunktlinie	0,18	0,25	0,35	0,5
Zickzacklinie	0,18	0,25	0,35	0,5
Punktlinie	0,25	0,35	0,5	0,7
Freihandlinie	0,18	0,25	0,35	0,5
Maßzahlen				
Linienbreite	0,18	0,25	0,35	0,5
Schriftgröße	2,5	3,5	5	7,0

Tabelle 4-4: Bevorzugte Linienbreiten (Maße in Millimeter)

1) Die Liniengruppe I erfüllt nicht die Anforderungen der Mikroverfilmung. Sie ist nur anzuwenden für eine mit der Liniengruppe III gezeichnete und im Verhältnis 2:1 verkleinerte Zeichnung, falls die Verkleinerung bearbeitet werden soll.

2) Die Liniengruppe IV ist bei Ausführungszeichnungen anzuwenden, falls eine Verkleinerung vorgesehen ist und die Verkleinerung mikroverfilmt werden soll. Eine Weiterbearbeitung der Verkleinerung erfolgt dann mit Liniengruppe II.

Linienart	Objektplanung	Tragwerksplanung
Vollinie breit	Begrenzung von Schnittflächen	Bewehrungsstäbe, unmaßstäbliche Stabform (Stabauszug)
Vollinie schmal	sichtbare Kanten und Umrisse, Begrenzung von Schnittflächen kleiner oder schmaler Bauteile, Maßlinienbegrenzungen	Schalkanten, Umrisse von Formnummern und Betonstahlmatten, Systemlinien
Vollinie fein	Linien der Bemaßung, Ausschnittbegrenzungen, Rasterlinien, Projektionslinien, vereinfachte Darstellungen	Verlegelinien, Diagonalen zur Mattenkennzeichnung, Biegelinien
Strichlinie schmal	verdeckte Kanten und Umrisse	verdeckte Schalkanten, Anschlußbewehrung
Strichlinie fein	verdeckte Kanten und Umrisse	Nebenraster- und Suchlinien
Strichpunktlinie breit	Kennzeichnung der Lage von Schnittebenen, Kennzeichnung geforderter Behandlungen	Kennzeichnung von Schnitten
Strichpunktlinie schmal		Achsen, Mattensymbol
Strichpunktlinie fein	Achsen	Änderungen im Schnittverlauf
Strichzweipunktlinie		Spannglied
Zickzacklinie	Begrenzung ab- oder unterbrochener Darstellungen (falls Begrenzung keine Mittellinie)	
Punktlinie	Bauteile vor oder über der Schnittebene	nebensächliche Bauteile
Freihandlinie	Kennzeichnung von Holz im Schnitt	

Tabelle 4-5: Anwendungsbereiche der Linienarten und -breiten

4.4.5 Draufsicht

Die maßstäbliche Abbildung eines Bauwerkes auf einer horizontalen Bildtafel (in orthogonaler Parallelprojektion) wird Draufsicht genannt. Dabei liegt die Bildtafel unterhalb des darzustellenden Bauwerkes, die Projektionslinien laufen von oben nach unten. Das heißt, das Bauwerk wird senkrecht von oben betrachtet. Alle dabei sichtbaren Kanten werden als Körperkanten durch Vollinien dargestellt (Bild 4-3).

Bild 4-3:
Draufsicht

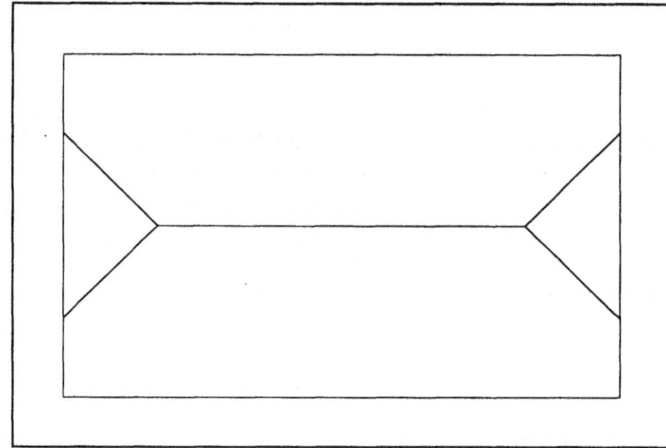

4.4.6 Aufriß (Ansicht)

Bild 4-4:
Ansichten

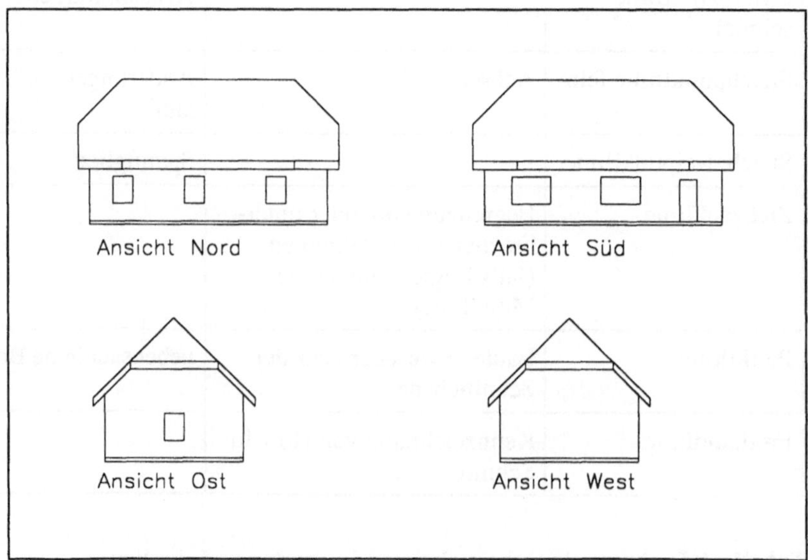

Die maßstäbliche Abbildung eines Bauwerkes auf einer vertikalen Bildtafel in orthogonaler Parallelprojektion wird Aufriß genannt. Beim Bauzeichnen ist es aber üblich, Aufrisse als Ansichten zu bezeichnen. Die Bildtafel liegt hinter dem darzustellenden Bauwerk, die Projektionslinien laufen von vorn (d.h. von der Ansichtsseite) nach hinten. Von vorn sichtbare Kanten werden als Körperkanten durch Vollinien dargestellt (Bild 4-4).

Im Regelfall wird ein Bauwerk mit der Sicht aus senkrecht aufeinanderstehenden Richtungen abgebildet, zum Beispiel von Norden, Süden, Osten und Westen.

Laut DIN 1356 sind alle Ansichten zu benennen. Die „Ansicht Nord" ist dabei die Ansicht der Nordseite, die „Ansicht Kanalweg" zeigt die dem Kanalweg zugewandte Gebäudeseite.

4.4.7 Grundriß Typ A

Dieser Grundriß ist die Draufsicht auf den unteren Teil eines waagerecht geschnittenen Bauwerkes. Von oben sichtbare Kanten der Bauteiloberseiten werden als sichtbare Kanten durch Vollinien, unter dieser Oberfläche liegende Kanten bei Notwendigkeit als verdeckte Körperkanten durch Strichlinien dargestellt. Über der Schnittebene liegende Bauteilkanten sind bei Bedarf als Punktlinien zu zeichnen. Ein Beispiel für diesen Grundrißtyp finden Sie im folgenden Bild 4-5.

Bild 4-5:
Grundriß

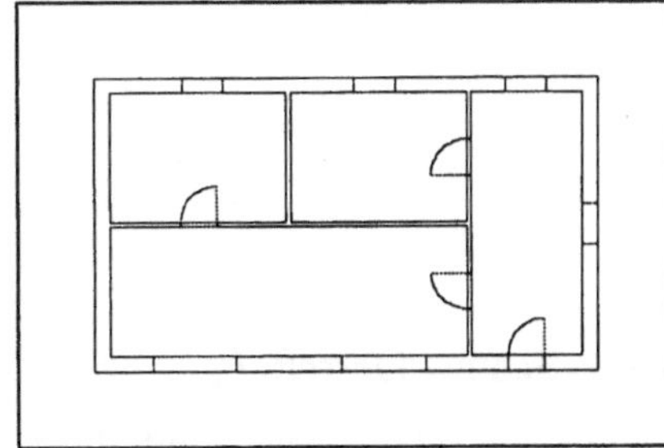

Geschnittene Flächen sind hervorzuheben (siehe dazu das Kapitel 4.4.10).

Die Schnittebenen sind so zu legen, daß Tür-, Fenster- und sonstige Öffnungen geschnitten werden. Im Regelfall ist in einer Höhe von 1 bis 1,5 m über dem jeweiligen Fußboden zu schneiden. Deshalb ist eine Kennzeichnung der Schnittebene normalerweise nicht nötig.

Durch das Einfügen eines Nordpfeils wird die Lage des Grundrisses zu den Himmelsrichtungen dargestellt.

4.4.8 Grundriß Typ B

Eine gespiegelte Untersicht unter den oberen Teil eines waagerecht geschnittenen Bauwerkes ist ein Grundriß Typ B. Diese Darstellung ist typisch für den Ingenieurhochbau.

Alle tragenden Bauteile im jeweiligen Geschoß werden mit Spiegelung der Decke über diesem Geschoß dargestellt („Blick in die leere Schalung"). Das Spiegeln der Untersicht ergibt die dem Grundriß Typ A entsprechende Orientierung der Darstellung.

Die Kanten der Bauteiluntersicht werden als Körperkanten durch Vollinien dargestellt. Über diesen Unterseiten liegende Bauteile sind als verdeckte Kanten mit Strichlinien zu zeichnen. Die Schnittführung hat so zu erfolgen, daß die Gliederung und die Konstruktion des Tragwerks deutlich werden.

Ein Beispiel für die nach DIN 1356 möglichen Grundrißtypen finden Sie im folgenden Bild 4-6:

Bild 4-6:
Grundrißtypen

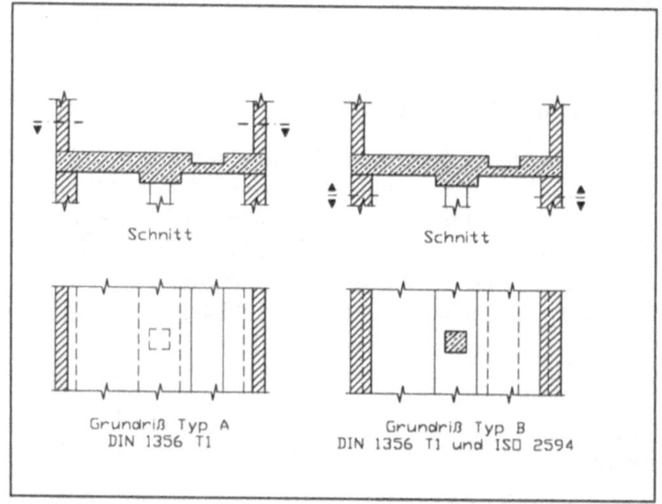

4.4.9 Schnittdarstellung

Senkrechte Schnittebenen mit ihrer waagerechten Projektion ergeben Schnitte (Bild 4-7). Die Schnittebenen sind im Normalfall rechtwinklig oder parallel zu den Außenflächen des Bauwerkes zu legen. Der Verlauf einer Treppe muß stets aus einem der Schnitte ersichtlich sein. Wand- und Deckenöffnungen sind zu erfassen, dazu ist die Schnittebene gegebenenfalls zu versetzen oder zu schwenken.

Von vorn sichtbare Kanten der Bauteilvorderseiten werden als sichtbare Körperkanten durch Vollinien dargestellt. Hinter den Vorderseiten liegende Kanten sind bei Notwendigkeit als verdeckte Kanten mit Strichlinien zu zeichnen. Die Kanten von Bauteilen vor der Schnittebene werden bei Bedarf durch Punktlinien dargestellt. Geschnittene Flächen sind auf der Zeichnung hervorzuheben (siehe dazu das Kapitel 4.4.10).

Der Verlauf der Schnittebenen ist im Grundriß durch dicke Strich-Punkt-Linien mit Angabe der Blickrichtung eindeutig zu kennzeichnen, bei einem Versprung ist die Stelle des Verspringens einzuzeichnen (siehe dazu auch Kapitel 4.5.1).

Bei mehreren Schnitten sind Großbuchstaben, beginnend mit A, für die Unterscheidung zu vergeben.

Bild 4-7:
Schnitt

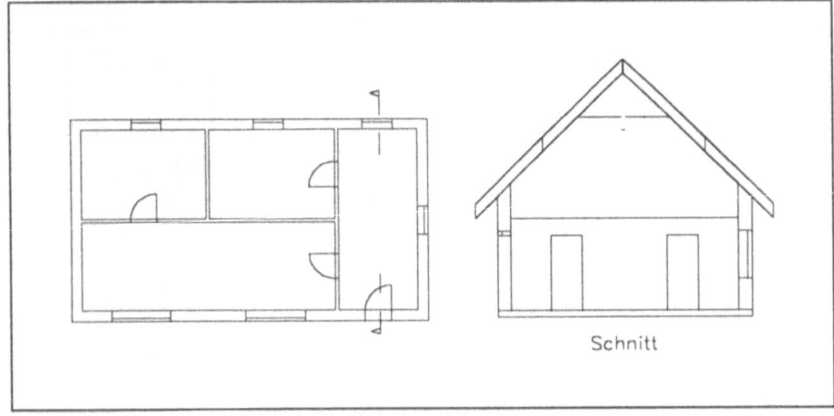

4.4.10 Hervorhebung geschnittener Flächen nach DIN 1356

Vorzugsweise sind die Begrenzungen geschnittener Flächen durch breite Vollinien hervorzuheben. Zusätzlich oder anstelle von breiten Vollinien ist auch eine Schraffur oder eine Tonung erlaubt. Als Tonung wird die farbliche Hervorhebung von Flächen bezeichnet.

Erscheint es zweckmäßig, kann die Schraffur für den geschnittenen Stoff verwendet werden. Dies gilt nicht für Vorentwurfszeichnungen, dort ist eine einheitliche Schraffur üblich.

Eine Auswahl der wichtigsten genormten Schraffuren wird in der folgenden Tabelle 4-8 gegeben. Weitere mögliche Schraffuren finden Sie in der DIN 201 „Technische Zeichnungen, Schraffuren", für die Darstellung geologisch typischer Bodenarten gilt außerdem die DIN 4023 „Baugrund- und Wasserbohrungen, Zeichnerische Darstellung der Ergebnisse".

Das Schwärzen der Schnittflächen ist bei entsprechendem Maßstab möglich, ein Beispiel dazu gibt Bild 4-8.

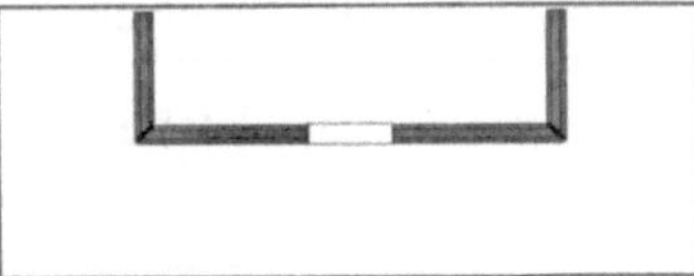

Bild 4-8:
Schwärzung geschnittener Flächen

Boden, gewachsen	
Boden, geschüttet	
Kies	
Sand	
Beton, unbewehrt	
Beton, bewehrt	
Mauerwerk	
Holz, quer zur Faser geschnitten	
Holz, längs zur Faser geschnitten	
Metall	
Mörtel, Putz	
Dämmstoffe	
Abdichtungen	
Dichtstoffe	

Tabelle 4-6:   Schraffuren für geschnittene Stoffe

4.4.11 Anordnung von Darstellungen und Einzelheiten

Erfolgt das Zeichnen mehrerer Darstellungen auf einem Blatt, so sind die Grundrisse in der Folge ihrer Lage im Gebäude vom untersten zum obersten Geschoß von links nach rechts oder von unten nach oben anzuordnen. Es ist laut DIN 1356 erlaubt, von den Regeln der DIN 6 Teil 1 und 2 „Technische Zeichnungen, Darstellungen in Normalprojektion" abzuweichen. Bei nebeneinander gezeichneten Ansichten und Schnitten soll die gleiche Höhenlage eingehalten werden (Bild 4-9).

Die zeichnerischen Darstellungen sind zu benennen, zum Beispiel Grundriß, Schnitt beziehungsweise Ansicht.

Entweder wird ein Ausschnitt durch feine Vollinien abgegrenzt oder auf eine Abgrenzung wird verzichtet.

Für die Unterscheidung von Einzelheiten sind Großbuchstaben für die Kennzeichnung zu vergeben. Dabei ist im Alphabet von hinten, mit dem Buchstaben Z beginnend, vorzugehen.

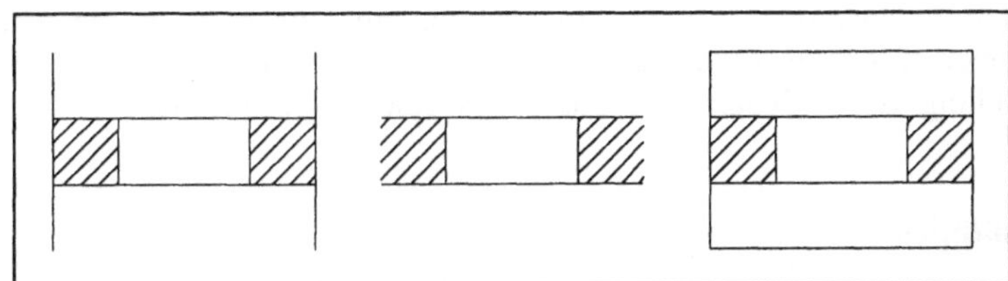

Bild 4-9:
Begrenzung von
Ausschnittdarstellungen

4.4.12 Bemaßung

Es folgen die wichtigsten Bemaßungsregeln nach DIN 1356, Teil 1. Die Aufstellung der DIN-Regeln wurde durch Hinweise aus der Fachliteratur ergänzt /4-1/ /4-2/ /4-3/ /4-5/.

Eine Visualisierung einzelner Regeln geschieht durch die Abbildungen, beachten Sie bitte, daß im Text nicht in jedem Falle ein Verweis auf die Illustration erfolgt!

Allgemeine Regeln

Eine Bemaßung setzt sich aus Maßlinie (*1*), Maßzahl (*2*), Maßlinienbegrenzung (*3*) und eventuell Maßhilfslinie(n) (*4*) zusammen. Bei Bedarf können Hinweislinien (*5*) gezeichnet werden.

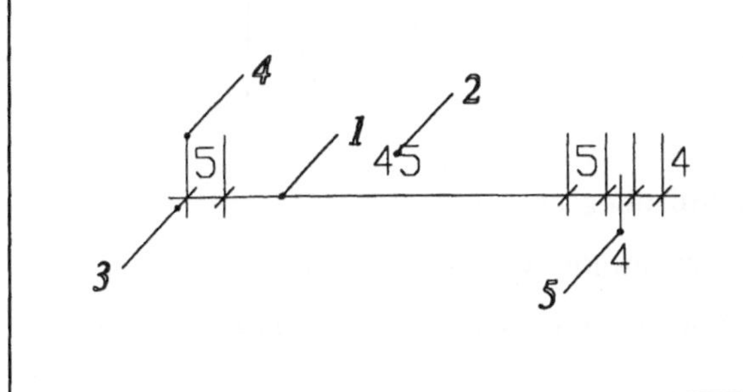

Bild 4-10:
Bemaßungsbestandteile

Die Bemaßung hat Vorrang vor der Darstellung. Bei Notwendigkeit sind zum Beispiel Linien zu unterbrechen oder feiner zu zeichnen, um die Bemaßung eindeutig und sicher lesbar auszuführen.

Maßzahlen

Maßzahlen sind normalerweise über der durchgezogenen Maßlinie anzuordnen. Sie sollen bei waagerechten Maßlinien von unten, bei senkrechten Maßlinien von rechts lesbar sein. Alle Maßzahlen werden in Richtung der Maßlinien geschrieben.

Die Größe der Maßzahlen ist maßstabsabhängig, die DIN-Festlegungen dazu sind im Kapitel 4.4.4, Tabelle 4-4 aufgeführt.

Die Maßzahlen dürfen nicht durch Linien getrennt, gekreuzt oder berührt werden. Es gilt immer die Regel:

SCHRIFT GEHT VOR STRICH!

Ungültig gewordene Zahlen sind schräg durchzustreichen, die neue Zahl ist rechts darüber zu setzen. Findet diese Regel bei Verwendung eines CAD-Systems keine Anwendung, ist bei Bedarf ein Änderungsvermerk vorzunehmen.

Maßlinien

Maßlinien sind als feine Vollinien zu zeichnen. Sie werden zwischen den Begrenzungslinien der Schnittflächen, wie im nächsten Bild 4-11 zu sehen, rechtwinklig zu den zugehörigen Begrenzungsflächen gezeichnet. Erfolgt ein Herausziehen des Maßes durch Maßhilfslinien, siehe dazu auch das vorherige Bild 4-10, sind die Maßlinien parallel zum anzugebenden Maß zu zeichnen.

Die Maßlinien ragen etwa 2 bis 4 mm über die Begrenzungslinien der Flächen oder Maßhilfslinien hinaus.

Bild 4-11:
Maßlinie zwischen Schnittflächen

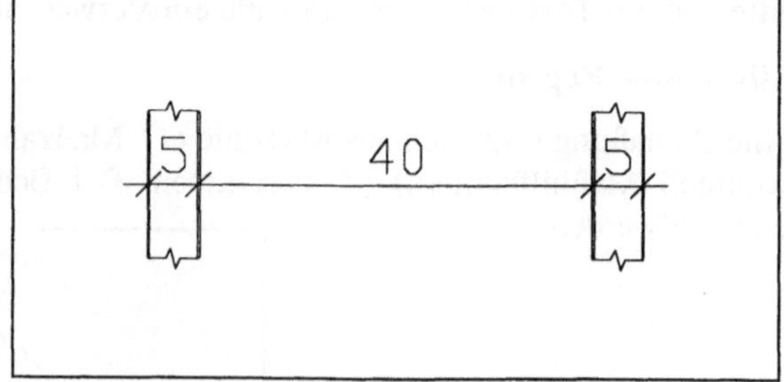

Maßlinienbegrenzung

Es kann gewählt werden zwischen:

–   Punkten mit einem Durchmesser von 1 oder 1,4 mm und

–   Schrägstrichen, von links unten nach rechts oben in einem Winkel von 45° verlaufend, als Merkhilfe dient:

Der Schrägstrich verläuft wie das Komma der Maßzahl.

Bild 4-12:
Maßlinienbegrenzungen

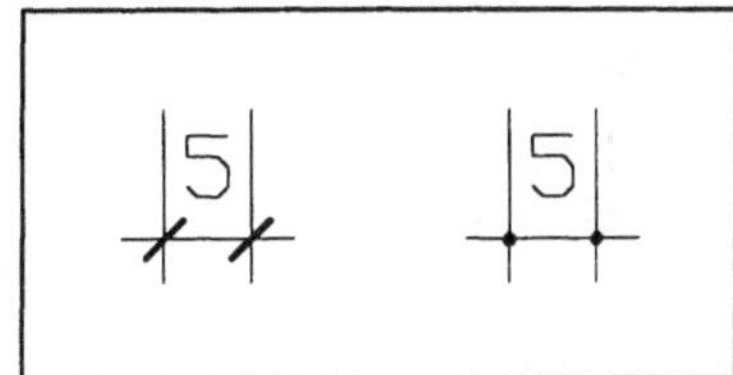

Die Schrägstriche sind als schmale Vollinien auszuführen, einige Zeichner bevorzugen aber eine feine Vollinie.

In einer Zeichnung darf nur eine Art von Maßlinienbegrenzung verwendet werden.

Nur in besonderen Fällen sollte eine Maßbegrenzung lediglich durch das Kreuzen von Maß- und Maßhilfslinien erfolgen.

Maßhilfslinien

Bei Maßen, welche nicht zwischen den Begrenzungslinien der Flächen eingetragen werden, erfolgt ein Herausziehen durch Maßhilfslinien. Sie stehen in einem rechten Winkel zur Maßlinie und ragen etwa 2 bis 4 mm über diese hinaus.

Die Maßhilfslinien beginnen etwas entfernt von der zugehörigen Körperkante und werden als feine Vollinien gezeichnet.

Maßanordnung

Soweit es möglich ist, wird unter und rechts der Darstellung bemaßt.

Bedingt durch den Arbeitsvorgang auf der Baustelle sind Grundrisse durch Maßketten zu bemaßen. Mehrere parallele Maßketten sind von außen nach innen anzuordnen, wobei die zusammenfassenden Maße nach außen gelegt werden. Dadurch stehen zum Beispiel die Brüstungshöhe und die Maße für die Wandöffnung nahe beieinander. Die Addition der einzelnen Maße einer Maßkette muß mit dem Gesamtmaß übereinstimmen.

Als Empfehlung gilt, daß die erste Maßkette, welche der Darstellung am nächsten liegt, in einem Abstand von 15 bis 25 mm von der Darstellung entfernt plaziert wird. Die folgenden Maßketten liegen 10 bis 15 mm auseinander.

Innenmaße sind so anzuordnen, daß die Mitten der Räume frei bleiben.

Maße bei schiefwinkligen Baukörpern werden nach DIN 406 „Technische Zeichnungen, Maßeintragung“ angeordnet.

Maßeintragung

Art und Umfang der Maßeintragung richten sich nach der Art der Bauzeichnung.

In der Regel sind die Maße mittig über der durchgezogenen Maßlinie einzutragen. Ist dies aus Platzgründen nicht möglich, darf die Maßzahl seitlich rechts oder links oberhalb der Maßlinie stehen.

Bei mehr als zwei aufeinanderfolgenden Maßen ist die Maßzahl mit einer Hinweislinie zu versehen, insofern sie nicht mittig zwischen die Maßhilfslinien paßt.

In Bauzeichnungen werden im allgemeinen die Rohbaumaße, seltener die Fertigmaße eingetragen.

Für Grundrisse sind die Bemaßungsarten:

– Bemaßung von Pfeilern, Öffnungen und Vorlagen,

– Bemaßung von Öffnungsachsen,

– Bemaßung durch Koordinaten

vorgesehen.

Beispiele für diese Bemaßungsarten finden Sie in den folgenden Bildern.

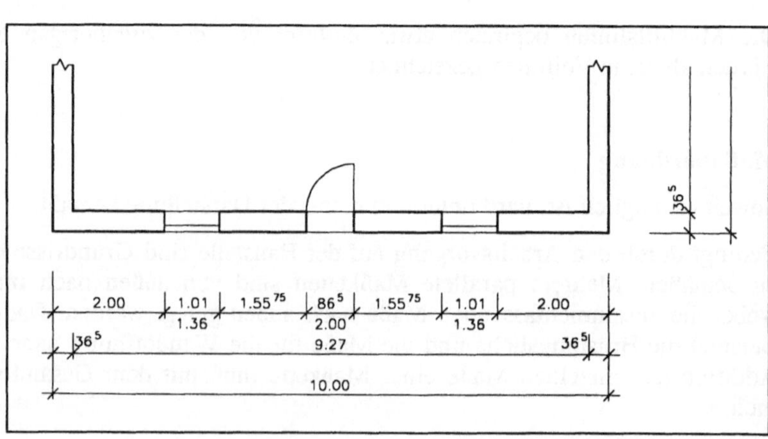

Bild 4-13:
Bemaßung
von Pfeilern,
Öffnungen
und Vorlagen
(Maße in m
und cm)

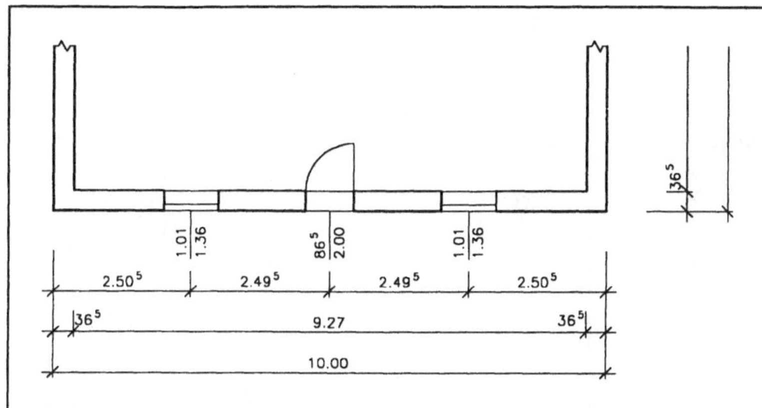

Bild 4-14:
Bemaßung
von Öffnungs-
achsen
(Maße in m
und cm)

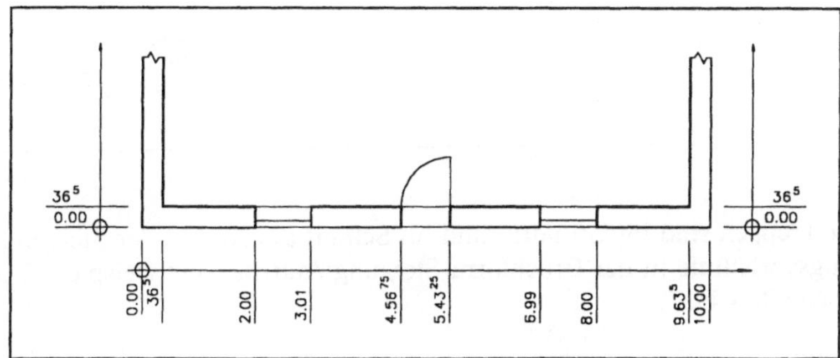

Bild 4-15:
Bemaßung durch
Koordinaten
(Maße in m und
cm)

Geschoßhöhen werden üblicherweise an der Treppe von der Oberfläche des Fußbodens bis zur Oberfläche des nächsten Fußbodens angegeben. Der Abstand zwischen Oberfläche Fußboden und Unterfläche der Decke wird als lichte Raumhöhe bezeichnet.

Höhenangaben sind in Schnitten, Grundrissen und Draufsichten einzutragen. Das Vorzeichen (+ oder −) der Maßzahlen bezieht sich auf ±0, in der Regel die planmäßige Höhenlage der Oberfläche Fertigfußboden im Erdgeschoß. Bei Brüstungen, wie für Fenster, kann zusätzlich die Rohbauhöhe über Oberfläche Rohfußboden angegeben werden. Die Höhenlagen sind mit gleichseitigen Dreiecken und darüber, darunter oder rechts daneben stehender Höhenzahl mit Vorzeichen zu bemaßen. Leere Dreiecke bezeichnen fertige Höhenlagen, volle Dreiecke Rohbauhöhenlagen.

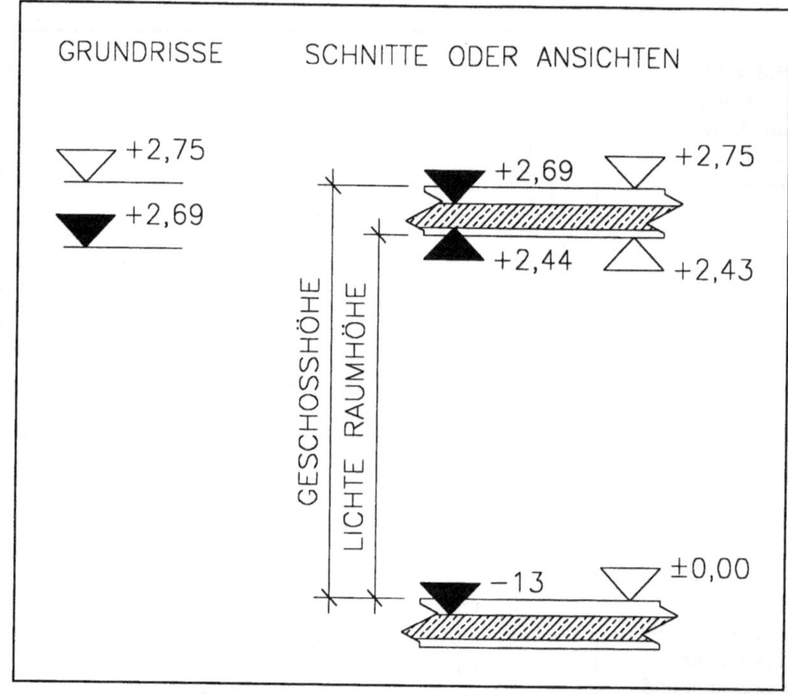

Bild 4-16:
Höhenkoten-
bemaßungen

Für Treppen sind im Grundriß und im Schnitt die Anzahl der Steigungen und das Steigungsverhältnis in der Bruchform Steigung/Auftritt, zum Beispiel 12 x 17,2/27, anzugeben (Bild 4-17).

Bild 4-17:
Treppenbemaßung

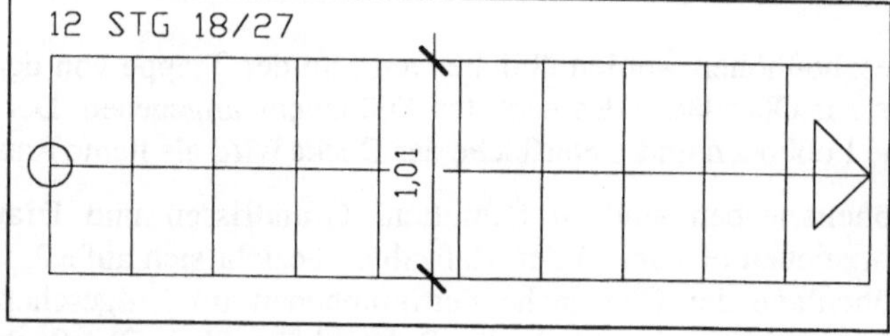

In Grundrissen kann neben der Breite von Wandöffnungen, zum Beispiel für Fenster und Türen, auch die Höhe bemaßt werden. Die Breite steht über der Maßlinie, die Höhe direkt darunter unter der Maßlinie.

Als Vereinfachung bei Rechteckquerschnitten dürfen die Seitenlängen auch in Bruchform bemaßt werden (Beispiel: 50/80, im Schnitt: Breite/Höhe). Die Zuordnung von Breite und Höhe folgt aus der Einbaulage (Horizontalmaß/Vertikalmaß).

Runde Querschnitte erhalten vor der Maßzahl das Durchmesserzeichen Ø. Weitere Symbole für Querschnitte sind in DIN 1353 Teil 2 „Abkürzungen von Benennungen für Halbzeug" aufgeführt. Sie sind zu verwenden, falls die Form des Bauteils, also der Querschnitt, nicht eindeutig aus der Zeichnung ersichtlich ist.

Radien werden durch den vorangestellten Großbuchstaben R gekennzeichnet.

Die Maßlinie eines Radius beginnt im Kreismittelpunkt. Bei sehr kleinen Radien entfällt entweder die Kennzeichnung des Mittelpunktes, oder die Maßeintragung geschieht außen mit Markierung des Mittelpunktes oder der Achsen des Kreisbogens.

Bei der Bemaßung von Winkeln ist die Maßlinie ein Kreisbogen, der um den Scheitelpunkt des Winkels geschlagen werden muß. Auch bei Winkeln sind die Maßzahlen möglichst so zu schreiben, daß sie von unten oder von rechts lesbar sind.

Ein Durchmesser wird entweder außerhalb des Kreises bemaßt oder an eine Maßlinie geschrieben, welche durch den Kreismittelpunkt geht.

Sehnenmaße werden durch Maß- und Maßhilfslinien markiert.

Kreisbogenlängen werden durch runde Maßlinien gekennzeichnet, zur Verdeutlichung erfolgt das Setzen eines Bogenzeichens über der Maßzahl.

Maßeinheiten

Die Wahl der Maßeinheiten richtet sich nach Bauart oder Art des Bauwerks. In Verbindung mit dem Maßstab ist die verwendete Maßeinheit im Schriftfeld anzugeben.

Bevorzugt ist die Kombination „m, cm" zu verwenden. Diese Kombination wird im folgenden näher erläutert:

– Maße unter einem Meter sind in Zentimeter anzugeben.

– Maße ab einem Meter werden mit einem Komma geschrieben.

– Bruchteile von Zentimetern, also Millimeter, sind als Hochzahlen zu schreiben.

Tabelle 4-7:
Maßeinheiten,
Schreibweise auf der
Zeichnung

Verwendete Maßeinheit(en)	Maße			
	über 1 m		unter 1 m	
m	3,76	0,05	0,24	0,885
cm	376	5	24	88,5
m, cm	**3,76**	**5**	**24**	**88^5**
mm	3760	50	240	885

Hinweise, Hinweislinien, Raster

Hinweise werden in Blockform angeordnet.

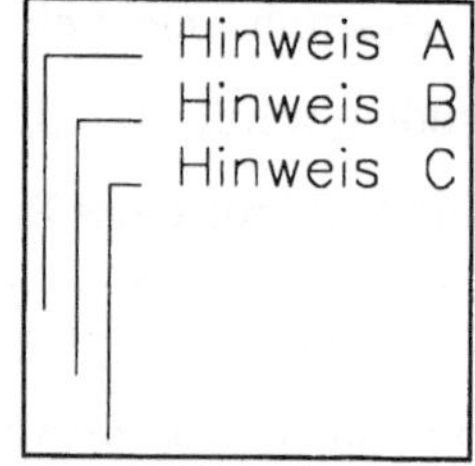

Bild 4-18:
Hinweislinien in Blockform

Hinweislinien werden aus der Darstellung herausgezogen. Bei Platzmangel dürfen sie als Bezugslinien für Maße verwendet werden. Hinweislinien können mit einem Punkt oder ohne Begrenzungszeichen enden. Normalerweise sind sie rechtwinklig anzuordnen und nur einmal abzuwinkeln. Ein schräges Herausziehen unter 45° ist möglich, wenn es der Verdeutlichung dient.

Ein zugrundegelegtes Raster wird durch feine Vollinien gekennzeichnet. Neben-Raster-linien sind durch feine Strichlinien darzustellen.

4.4.13 Maßordnung im Hochbau

Um das planmäßige und verbandgerechte Zusammenfügen von Bauteilen zu ermöglichen und die Anzahl der möglichen Größen von Bauteilen zu begrenzen, wurde in der DIN 4172 „Maßordnung im Hochbau" eine verbindliche Maßordnung festgelegt /4-5/.

Die im Zusammenhang mit der Maßordnung gültigen Begriffe sind folgendermaßen definiert:

Baunormzahlen sind vorgegebene Zahlen für die Baurichtmaße, aus den Baurichtmaßen sind die Einzel-, Rohbau- und Ausbaumaße abzuleiten.

Baurichtmaße sind zunächst als theoretische Maße aufzufassen. Sie stellen die Grundlage für die praktischen Baumaße dar. Nach den Baurichtmaßen erfolgt die fügegerechte Planung.

Nennmaße sind die Maße, welche die Bauten letztendlich haben sollen, diese Maße werden demzufolge für die Bemaßung der Bauzeichnung verwendet. Die Nennmaße beruhen auf den Baurichtmaßen, unter Berücksichtigung der nötigen Fugen. Bei Bauarten ohne Fugen entsprechen sie also den Baurichtmaßen. Bei Bauarten mit Fugen ergeben sich die Nennmaße aus den Baurichtmaßen plus/minus der Fugen.

Grundlage für die oktametrische Maßordnung sind die Vorzugsgrößen künstlicher Mauersteine /4-3/. Vom Maß 25 cm ausgehend, sind in der DIN 4172 „Maßordnung im Hochbau" Baurichtmaße vorgesehen, die letztendlich der Ermittlung der Nennmaße dienen. Das Achtelmeter (am) von 12,5 cm ist eine in der Baupraxis verwendete Maß-einheit, entstanden aus dem Baurichtmaß eines ganzen Steins von 25 cm und daraus folgend der halbe Stein mit 12,5 cm. Das kleinste Mauerrichtmaß ist der halbe Achtel-meter mit 6,25 cm.

Beispiel:

Das Baurichtmaß für eine Steinlänge beträgt 25 cm. Da Mauersteine durch Fugen verbunden sind, ist das Nennmaß für die Steinlänge:

25 cm − 1 cm = 24 cm.

Ermittlung der Nennmaße

Bei Bauarten ohne (nennenswerten) Fugen gilt:

Baurichtmaße = Rohbaumaße

Solche Bauarten sind zum Beispiel Bauteile aus geschüttetem Beton oder zu verklebende Planblöcke.

Bei Bauarten mit Mauerfugen ergibt sich das Nennmaß aus dem Baurichtmaß, einem ganzzahligen Vielfachen des Achtelmeters, unter Berücksichtigung der Fugen. Dabei muß noch nach dem Bauteil unterschieden werden.

Bei Pfeilern wird das Nennmaß auch Außenmaß genannt. Da ein Pfeiler an beiden Seiten mit einem Stein endet, ist eine Fuge abzuziehen.

Nennmaß (Außenmaß) = n * 12,5 cm − 1 cm

Bei Vorsprüngen wird weder eine zusätzliche Fuge benötigt noch entfällt eine Fuge. Die Bezeichnung Anbaumaß ist dort für das Nennmaß gebräuchlich.

Nennmaß (Anbaumaß) = n * 12,5 cm

Für Raumbreiten und Öffnungen ist eine Fuge aufzuaddieren, da für den Anschluß an den Enden eine zusätzliche Fuge erforderlich ist. Für das entsprechende Nennmaß gilt auch die Bezeichnung Lichtmaß.

Nennmaß (Lichtmaß): = n * 12,5 cm + 1 cm

Neben der mit dem Achtelmeter arbeitenden Maßordnung existiert die sogenannte Modulordnung, genormt in der DIN 18000 „Modulordnung im Bauwesen" /4-5/. Dort liegt ein Grundmodul von 10 cm vor. Besonders im Fertigteilbau findet sie ihre Anwendung.

Im Mauerwerksbau hat sie sich nicht durchsetzen können, da die oktametrische Maßordnung seit vielen Jahren im Gebrauch ist und sich in der Praxis bewährt hat.

4.5   Zeichnerische Darstellungen nach DIN 1356

4.5.1 Allgemeine Zeichen

Diese Zeichen werden häufig mit anderen Darstellungen kombiniert.

Richtung Dieses Zeichen zeigt zum Beispiel bei Treppen die Laufrichtung an.	
Höhenangaben Oberfläche Fertigkonstruktion Oberfläche Rohkonstruktion Unterfläche Fertigkonstruktion Unterfläche Rohkonstruktion Bei der Höhenkotenbemaßung wird das Niveau durch diese Dreiecke gekennzeichnet.	
Angabe der Schnittführung in Blickrichtung Grundriß Typ A Grundriß Typ B Die breite Strichpunktlinie verläuft nicht durch die gesamte Schnittebene, bei einem Verspringen wird die Stelle des Versprungs der Schnittebene gekennzeichnet.	
Abgehängte Decke im Grundriß Eine diagonale Strichlinie durchquert die Deckenfläche und wird mit „abgeh. Decke" beschriftet und der Höhenbemaßung für die Decken-Unterfläche versehen.	

Tabelle 4-8: Allgemeine Zeichen

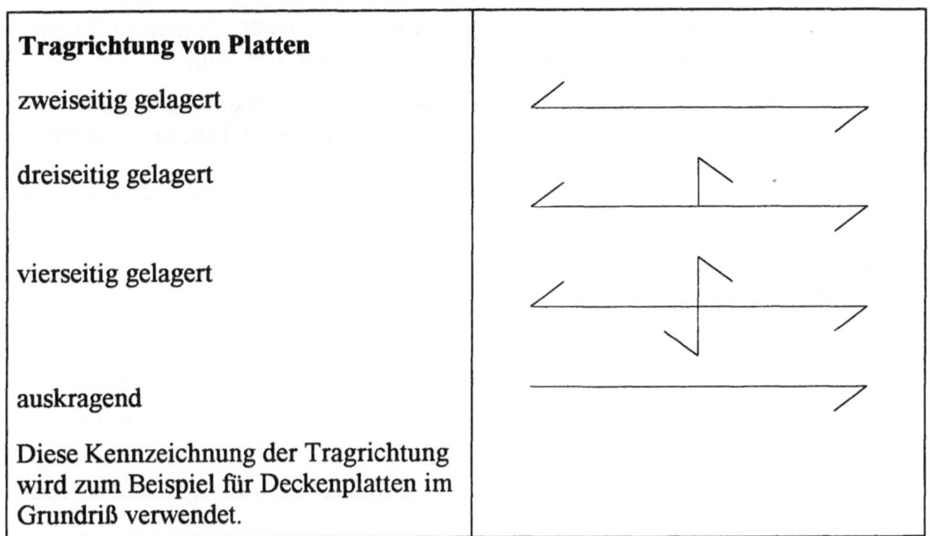

Tragrichtung von Platten

zweiseitig gelagert

dreiseitig gelagert

vierseitig gelagert

auskragend

Diese Kennzeichnung der Tragrichtung wird zum Beispiel für Deckenplatten im Grundriß verwendet.

Tabelle 4-9: Angabe der Tragrichtung von Platten

4.5.2 Treppen und Rampen im Grundriß

In diesem Abschnitt wird lediglich auf die vereinfachte zeichnerische Darstellung im Grundriß am Beispiel einer einläufigen Treppe und einer einfachen Rampe eingegangen.

Die Steigungsrichtung von Treppen und Rampen wird durch das Zeichen „Richtung" (siehe Kapitel 4.5.1) angegeben. Das Zeichen beginnt am Antritt (erste Steigung) mit einem Kreis und endet am Austritt (letzte Steigung), es zeigt also aufwärts.

Im Bild 4-19 sind mögliche Darstellungen einer Rampe zu sehen.

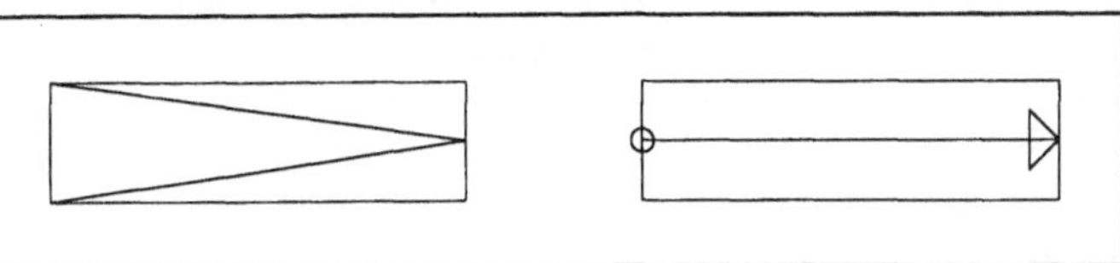

Bild 4-19:
Darstellung einer Rampe

Die vereinfachte Darstellung von Treppen ist in den nächsten Bildern zu sehen. Das Bemaßen dieser Darstellungen wurde im Kapitel 4.4.13 mitbehandelt.

Zu beachten ist, daß sich die Darstellungsform von übereinander liegenden Treppen auch danach richtet, welches Geschoß der entsprechende Grundriß zeigt.

Es folgt die vereinfachte Darstellung eines Treppenlaufes. Bei übereinander liegenden Treppenläufen, zum Beispiel bei Gebäuden mit Treppenhaus, wird diese Darstellung für das oberste Geschoß verwendet.

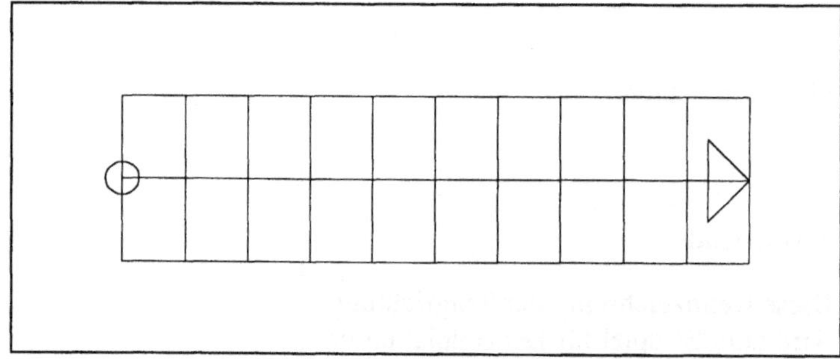

Bild 4-20:
Treppenlauf

Einen horizontal geschnittenen Treppenlauf mit darunter liegendem Lauf zeigt die nächste Abbildung. Bei übereinander liegenden Treppenläufen werden so die Läufe der Normalgeschosse gezeichnet.

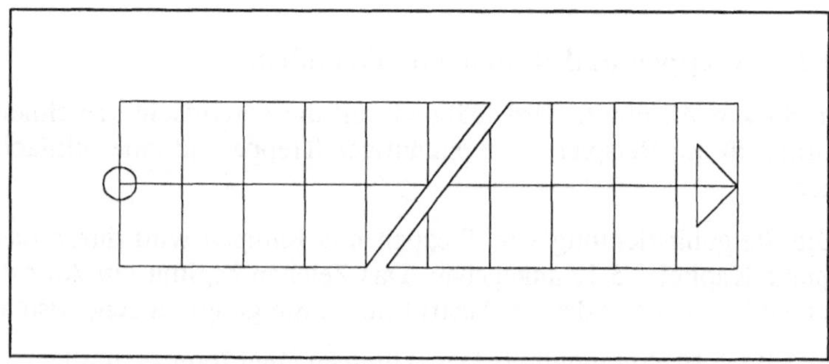

Bild 4-21:
Horizontal
geschnittener
Treppenlauf

Der horizontal geschnittene Treppenlauf mit darüber liegenden Lauf ist wie auf der jetzt folgenden Abbildung darzustellen. Bei übereinander liegenden Treppenläufen gilt diese Darstellung für das unterste Geschoß.

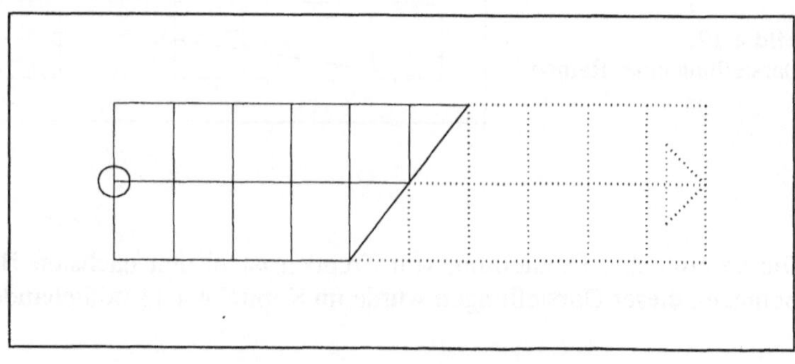

Bild 4-22:
Horizontal
geschnittener
Treppenlauf

4.5.3 Türen und Fenster

In Grundrissen ist die Öffnungsart der Türflügel, in den Ansichten die Öffnungsart der Tür- und Fensterflügel darzustellen. Die genormten Darstellungen sind in den folgenden Tabellen zusammengefaßt.

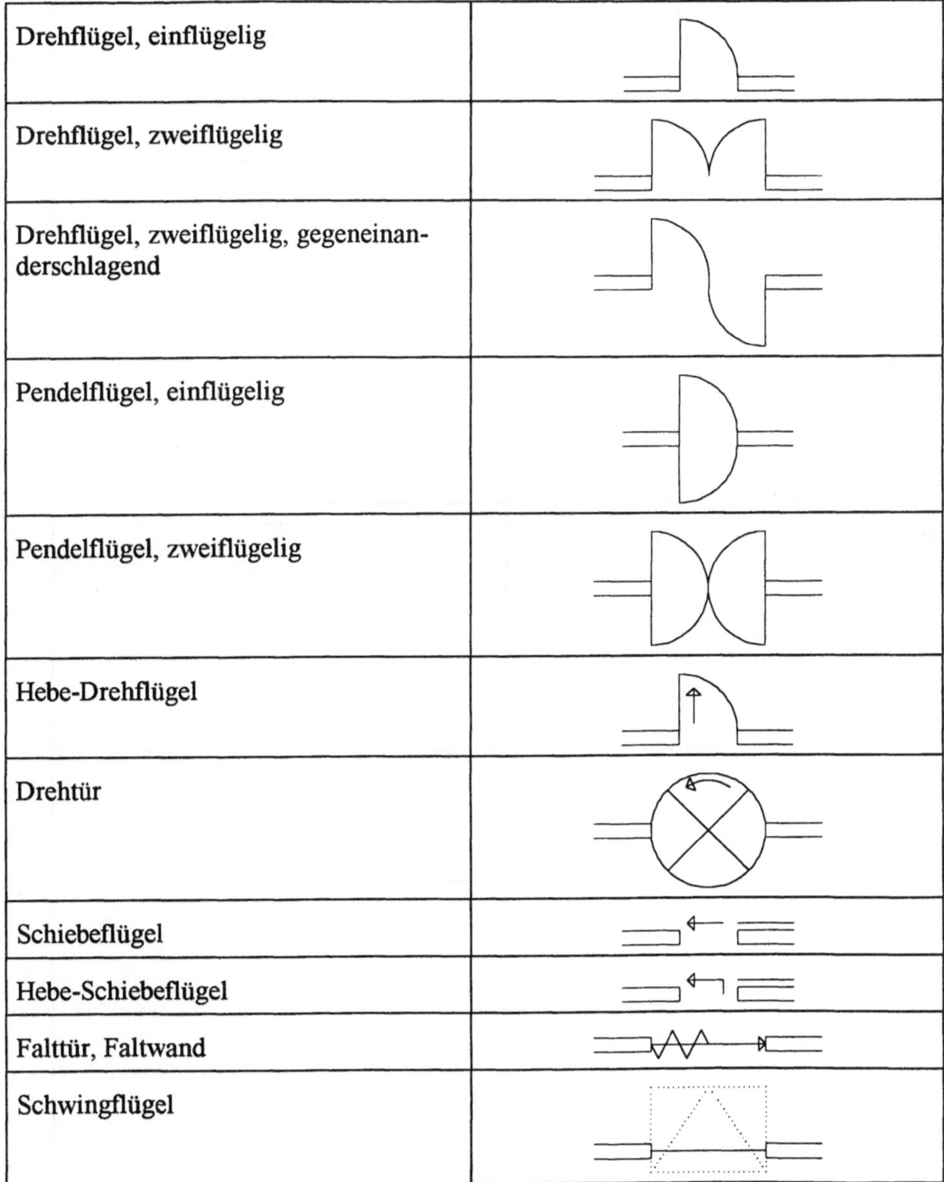

Drehflügel, einflügelig	
Drehflügel, zweiflügelig	
Drehflügel, zweiflügelig, gegeneinanderschlagend	
Pendelflügel, einflügelig	
Pendelflügel, zweiflügelig	
Hebe-Drehflügel	
Drehtür	
Schiebeflügel	
Hebe-Schiebeflügel	
Falttür, Faltwand	
Schwingflügel	

Tabelle 4-10: Öffnungsarten von Türen in Grundrissen

Drehflügel	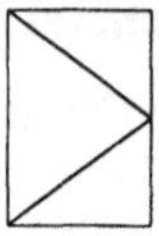
Kippflügel	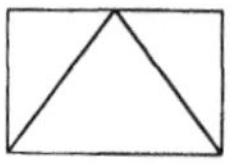
Klappflügel	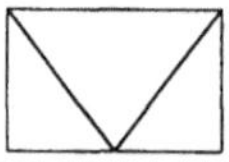
Dreh-Kippflügel	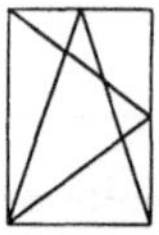
Hebe-Drehflügel	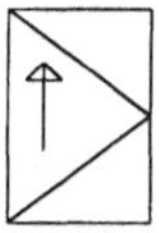
Schwingflügel	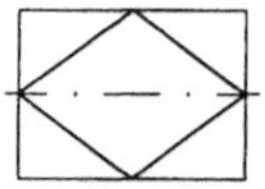
Wendeflügel	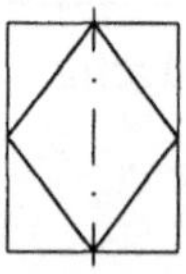
Schiebeflügel, vertikal	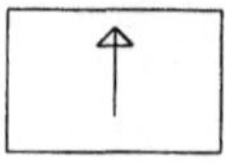
Schiebeflügel, horizontal	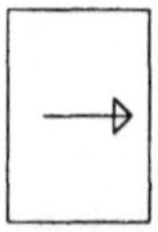
Hebe-Schiebeflügel	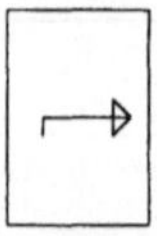
Festverglasung	

Tabelle 4-11: Öffnungsarten von Türen und Fenstern in Ansichten

Das Bemaßen der Öffnungen für Türen und Fenster wurde im Kapitel 4.4.13 erläutert.

Ansichten werden häufig ohne die Angabe der Öffnungsart von Tür- oder Fensterflügeln ausgeführt. Besonders bei Zeichnungen für Präsentationen oder Entwürfe empfinden viele Zeichner und Architekten diese symbolischen Darstellungen als störend, da sie ja auch nicht am fertigen Gebäude zu sehen sind und die Ansichten oft für die Beurteilung der ästhetischen Wirkung von Gebäudefassaden Verwendung finden.

4.5.4 Abriß und Wiederaufbau

Für die Darstellung geplanter Änderungen an Bauwerken sollten mindestens zwei Zeichnungen angefertigt werden. Auf diesen Zeichnungen wird das zu ändernde Bauwerk in Grundrissen, Schnitten und Ansichten dargestellt.

Eine Zeichnung enthält den ursprünglichen oder bestehenden Zustand und die Angaben zu den Veränderungen. In einer neuen Zeichnung ist das geänderte Gebäude zu zeigen.

Ursprüngliche und neue Maße oder Textinformationen müssen unbedingt unterscheidbar sein. Das läßt sich durch den Einsatz verschiedener Schriftgrößen oder verschiedener Schreibweisen, zum Beispiel Verwendung von kursiver und vertikaler Schrift, erreichen.

In der folgenden Tabelle 4-12 sind Symbole, Markierungen und vereinfachte Darstellungen zusammengefaßt, nach denen zu erhaltende, abzureißende, neue oder wiederaufzubauende Teile von Gebäuden unterschieden werden. Sie beruht auf den Festlegungen der DIN ISO 7518.

Die Festlegungen zur farblichen Gestaltung von Bauteilen zum Zweck der Unterscheidung nach zu erhaltenden, abzureißenden, neuen oder wiederaufzubauenden Gebäudeteilen sind nicht mitaufgeführt. Zum Beispiel kann die Kennzeichnung abzureißender Bauteile mit der Farbe „Gelb" erfolgen, abzutragender Boden erhält eine gelbe Umrandung. Da jedoch solche Farbinformationen bei den üblichen Kopierverfahren verloren gehen und das Anfertigen von Farbkopien relativ teuer ist, sollte man auf das Erstellen farbig gestalteter Zeichnungen verzichten.

Sind in Feldern dieser Tabelle keine Angaben zu Linienarten oder Linienbreiten gemacht, gelten die Festlegungen der DIN 1356, also findet eine herkömmliche Darstellung statt. Auch die Schraffuren für geschnittene Stoffe können wie sonst üblich verwendet werden.

Änderung	Darstellung	
	Bestehende Zeichnung	Neue Zeichnung
Umrisse zu erhaltender Teile	nicht vorgeschrieben	nach DIN 1356
Umrisse abzureißender Teile		
Umrisse neuer Teile	breitere Linien als die anderen Linien auf der Zeichnung	nach DIN 1356
Maße und Texte zu abzureißenden Teilen	durchstreichen	durchstreichen
Zu erhaltende Gebäudeteile	nicht vorgeschrieben	nach DIN 1356
Abzureißende Gebäudeteile		
Neue Bauteile	nach DIN 1356	nach DIN 1356
Schließung von bestehenden Maueröffnungen		
Neue Maueröffnungen		
Wiederherstellung eines bestehenden Bauteils nach Abriß eines damit verbundenen Bauteils		
Änderungen der Oberflächenbeschichtung		

Tabelle 4-12: Darstellung von Abriß und Wiederaufbau

4.5.5 Aussparungen

Bei Aussparungen in Bauteilen ist zu unterscheiden in:

– Aussparungen, deren Tiefe gleich der Bauteiltiefe ist (Durchbrüche),

– Aussparungen, deren Tiefe kleiner als die Bauteiltiefe ist (Schlitze).

Durchbrüche werden durch sich kreuzende, diagonale Linien, Schlitze durch eine diagonale Linie gekennzeichnet. Im Grundriß, Schnitt oder in der Ansicht sind die Breite, Höhe und Tiefe zu bemaßen.

Weitere mögliche Kennzeichnungen von Aussparungen, wie zum Beispiel Deckendurchbruch (DD), Deckenschlitz, Bodenkanal, Wanddurchbruch (WD) oder Wandschlitz (WS) sind im Normalfall nicht nötig.

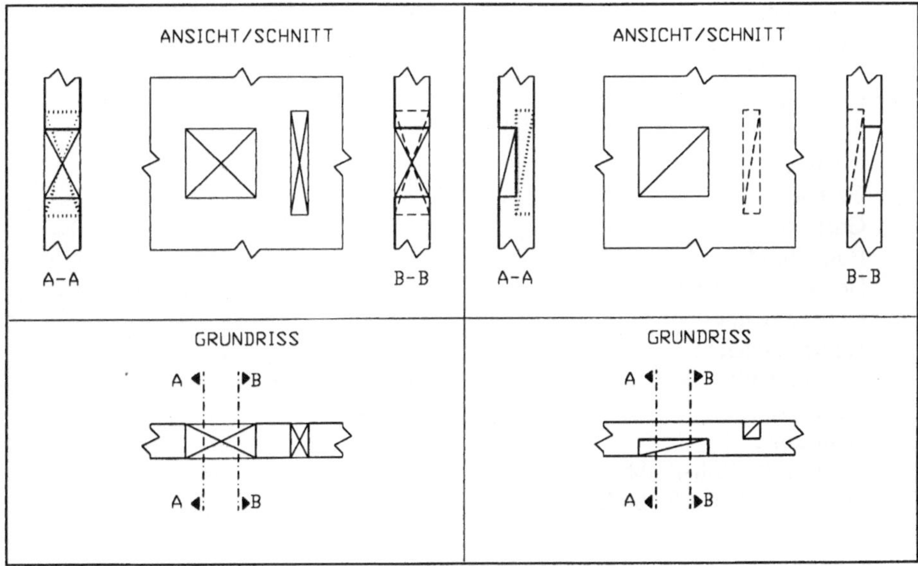

Bild 4-23: Aussparungen

4.6   Abkürzungsverzeichnis

Es folgt eine Aufstellung der gebräuchlichsten Abkürzungen für das Bauzeichnen.
Kombinationen von Abkürzungen treten ebenso auf wie unterschiedliche Abkürzungs-
möglichkeiten /4-1/ /4-3/ :

Br.-H.	Brüstungshöhe
Brh	Brüstungshöhe
D	Decke
DA	Deckenaussparung
DD	Deckendurchbruch
DG	Dachgeschoß
DN	Dachneigung
DV	Dachvorsprung
EG	Erdgeschoß
F	Fundament
Fb	feuerbeständig
FFB	Fertigfußboden
Fh	feuerhemmend
FS	Fundamentsohle
FT	Fertigteil
G	Geschoß
GR	Gurtroller
HG	Hausgrund
HKN	Heizkörpernische
KG	Kellergeschoß
KS	Kontrollschacht
NN	Normal Null
OG	Obergeschoß
OK	Oberkante
OKF	Oberkante (Roh-)Fußboden
OKFF	Oberkante Fertigfußboden
P	Podest
PT	Putztür
RFB	Rohfußboden
RR	Regenrohr
SK	Sinkkasten
Stg	Steigung (Treppe)
T	Terrain
UG	Untergeschoß
UK	Unterkante
UKF	Unterkante (Roh-)Fußboden
UKFF	Unterkante Fertigfußboden
W	Wand
WD	Wanddurchbruch
WS	Wandschlitz

5 Funktionalität von ACAD-BAU

5.1 Einführung

Das Architekturmodul ACAD-BAU stellt eine branchenspezifische AutoCAD-Applikation dar.

Wichtige Prinzipien, die der Entwicklung von ACAD-BAU 5 zugrundegelegt wurden, sind:

Zeichnungsgröße:

Problem: In früheren Versionen von ACAD-BAU wurden alle Konstruktionen durch explizite Polylinien und 3D-Flächen dargestellt. Das führte zu einem schnellen Anwachsen der Zeichnungsgrößen und beschränkte damit die Handhabbarkeit großer Zeichnungen im interaktiven Zugriff. Der Aufruf von Befehlen wurde erheblich verzögert, da in den meisten Fällen zuerst die AutoCAD-Datenbank nach diversen Objekten durchsucht werden mußte. Alle anderen Interaktionen von und mit AutoCAD wurden durch die enorm großen Zeichnungen im Zeitverhalten eingeschränkt.

Lösung: ACAD-BAU 5 arbeitet bauteilorientiert. Es stellt die jeweiligen oft wiederkehrenden Konstruktionselemente als Block dar. Damit wird die Anzahl der AutoCAD-Objekte in der Elementedatenbank drastisch verringert und somit das Laufzeitverhalten erheblich verbessert.

Hinzu kommt, daß gleiche Bauteile nur einmal in der Blocktabelle von AutoCAD definiert werden müssen und beliebig oft referenziert werden können, ohne daß die Zeichnungsgröße wesentlich ansteigt. Doppelte Elementdefinitionen werden auf das Nötigste reduziert. Somit ist ACAD-BAU 5 in der Lage, auch große bis größte Projekte durch bauteilorientiertes Verhalten in der Planung zu unterstützen.

Datenbank:

Problem: Oft wiederkehrende Konstruktionen und Einstellungen können nicht im gesamten Projekt genutzt werden, ohne sie jedesmal in den jeweiligen Zeichnungen neu definieren zu müssen.

Lösung: Das Datenbankkonzept RESI ermöglicht es dem Planer, jederzeit seine Einstellung zur jeweiligen Konstruktion in der global vorliegenden Datenbank abzuspeichern oder zu laden. Somit können projektglobal definierte Konstruktionen und Einstellungen geladen werden. Damit ist der Planer in der Lage, z.B. projektbezogene Konstruktionsänderungen durch Laden von anderen Einstellungen aus der Datenbank in jede Zeichnung zu überführen.

Sprachen- und Betriebssystemunabhängigkeit:

Problem: Sprachliche und betriebssystemspezifische Abhängigkeiten waren auf Grund historischer Entwicklungen im Quellcode festgelegt und konnten nur durch Rekompilieren an eine neue Sprache angepaßt werden. Das macht ein System unflexibel, so daß es nicht in anderen Ländern vertrieben oder auf anderen Betriebssystemen eingesetzt werden kann.

Lösung: Seit ACAD-BAU 5 sind alle betriebssystem- und sprachspezifischen Belange durch die System-Quell-Text-Datei definiert (SQT). Somit kann ACAD-BAU durch einfaches Ändern oder Übersetzen der SQT-Datei angepaßt werden. Diese Unabhängigkeit ermöglicht ACAD-BAU die einfache Erschließung anderer Märkte (Länder) und sicherte für die Zukunft die Portabilität auf neue Betriebssysteme wie z.B. Windows NT.

Editierbarkeit:

Problem: Die Darstellung einer Konstruktion durch Linien und Flächen überläßt dem Benutzer die Editierung der Zeichnungselemente und somit die Änderung der dargestellten Konstruktion. Funktionalität, Methodik und Flexibilität wurde auf Zeichenelementebene nicht in der gesamten Konsequenz durch die Applikation unterstützt.

Der Benutzer mußte das Verhalten der Applikation sehr gut abschätzen können und durch komplexe manuelle Editierungen unterstützen. Dem Benutzer war es nur teilweise möglich gewesen, auf objektorientierter Ebene Änderungen an den konstruktiven Darstellungen vorzunehmen. Somit war z. B. das Austauschen eines Fenstertyps gegen einen anderen Fenstertyp nicht global möglich und verlangte die explizite manuelle Editierung jeder einzelnen konstruktiven Darstellung.

Lösung: Mit ACAD-BAU 5 wurde die bauteilorientierte (objektorientierte) Arbeitsweise im Bereich der Öffnungen, Treppen und Raumbuch mit allen Konsequenzen realisiert. Diese Arbeitsweise wurde durch die Beschreibung aller Parameter in symbolischer Form und der konsequenten Ableitung und Entwicklung der Methodik (Algorithmen) bei der Generierung der Bauteile realisiert. Somit können diese Bauteile auf Änderung der Parameter (Symbole) und ihrer Umwelt reagieren.

Die Editierung reduziert sich für den Benutzer auf die Änderung der Parameter oder der Lage seiner Bauteile. Alle sich daraus ergebenden Änderungen in der Zeichnung erledigt das Programm automatisch. Diese Arbeitsweise entkoppelt den Benutzer fast vollständig von der traditionellen Arbeitsweise mit einem CAD-System und verschiebt die Aufgabenstellung auf eine logistische Ebene.

Flexibilität:

Problem: Die Leistungsfähigkeit und damit auch die Flexibilität der Applikation ist durch ihre historische Entwicklung eingeschränkt. Die alte Funktionalität ist durch ihr Konzept in der Weiterentwicklung eingeschränkt nicht mehr ausbaubar.

Lösung: Mit ACAD-BAU 5 konnten in Teilbereichen alte Funktionen vollständig durch neu entwickelte Funktionen ersetzt werden. Hierbei ist die ganze Erfahrung aus der vorangegangenen Entwicklung und der Anwendung der Funktion eingeflossen. Somit konnte die nötige Flexibilität einer neuen Funktion schon zum Zeitpunkt ihrer Entwicklung definiert und in der ganzen Konsequenz durch Neuentwicklung umgesetzt werden.

Dialogführung:

Problem: Der Dialog, den der Benutzer mit seiner Applikation führt, ist die Schnittstelle zum System. Mit der Qualität der Dialoge steht und fällt der Erfolg im Umgang mit dem Computer und das vor allem für den Einsteiger. Ist ein Dialog irreführend oder umständlich in der Handhabung (z. B. Prozeduraler Input auf dem Prompt: *Geben Sie bitte X ein ... und dann Y ... und dann Z ...*), ist das System nur nach einer bedeutenden Lernphase bedienbar oder sind die Auswirkungen der Eingaben auf die Konstruktion nicht vollständig vorhersehbar.

Lösung: Die konsequente Nutzung der Dialogbox als Eingabesystem erlaubt es dem Benutzer, alle Parameter zu einer Konstruktionseingabe zu überblicken. In ACAD-BAU wird die Funktionalität zusätzlich um den Punkt der Vorhersehbarkeit erweitert. Das mögliche Resultat der Eingabe kann in all seinen Wechselwirkungen zu den anderen Parametern betrachtet werden.

Diese Vorschaumöglichkeiten machen das Arbeiten intuitiv (**what you see is what you get ...**) und fördert vor allem bei sehr komplexen Konstruktionen die Übersichtlichkeit. Ganze Befehlsgruppen (z.B. Öffnungen) können mit ganzen zwei oder drei Befehlen in ihrer ganzen Komplexität bedient werden. Konstruktion und Editierung unterscheiden sich nicht in der Art der Dialoge. Das macht das Erlernen der Arbeitsmethode in ACAD-BAU sehr einfach und anschaulich.

Detaillierung:

Problem: Die Änderung der Detaillierung erfordert in CAD-Zeichensystemen ebenso wie auf dem Zeichenbrett das Neuzeichnen der Technischen Zeichnung.

Lösung: In ACAD-BAU hat der Benutzer die Möglichkeit, die Darstellung von Öffnungen, Treppen, Bemaßungen jederzeit der maßstabsgerechten Ausgabe automatisch anzupassen, ohne die Zeichnung neu beginnen zu müssen. Dabei bedient sich der Benutzer der bauteilorientierten Denkweise (z. B: Ändere Dich auf schematisierte Darstellung ...).

Laufzeitverhalten:

Problem: Gerade das Laufzeitverhalten von CAD-Systemen ist mit eines der wichtigsten Kriterien. Es werden immer kurze Antwortzeiten verlangt, um im flüssigen Stil arbeiten zu können. Dabei steigen parallel zur Verbesserung der Hardware die Ansprüche der Benutzer. Das subjektive (schlechte) Gefühl, daß das alles zu lange dauert, bleibt immer gleich.

Besonders das Laufzeitverhalten von Funktionen, die in LISP als Applikation laufen, können prinzipiell nicht den steigenden Anforderungen der Anwendung (und des

Benutzers) gerecht werden. Gerade bei sehr komplexen geometrischen Kalkulationen ist trotz schnellster Hardware in LISP nur ein extrem unbefriedigendes Laufzeitverhalten zu realisieren.

Lösung: In ACAD-BAU ist mit der Version 5 den Großteil seiner laufzeitkritischen Funktionalität (ca. 90%) in C/ADS realisiert. Gegenüber allen Vorgängerversionen sind die Hardwareansprüche deutlich zurückgegangen, weil ein angenehmes Laufzeitverhalten auch auf kleinen Maschinen zu realisieren ist. Maßgeblich zum sehr guten Laufzeitverhalten tragen die eigenen 3D/2D Modellierungsfunktionen bei, wodurch ACAD-BAU nicht gezwungen ist, ein langsames Programmierinterface (z.B. AME) zu benutzen.

Ziel in der Weiterentwicklung von ACAD-BAU ist es, die gleiche Flexibilität, Benutzerfreundlichkeit und Performance als Trend fortzuführen und auf andere Module von ACAD-BAU zu übertragen. Parallel soll die weitere Reduzierung der Befehlsanzahl, Straffung der Benutzerführung, Verbesserung der Online-Hilfssystems intensiviert werden.

Sämtliche Befehle aus dem herkömmlichen AutoCAD sind verfügbar. Die AutoCAD-Befehle sind um ACAD-BAU-spezifische Befehle ergänzt. Die ACAD-BAU-Befehle dienen in erster Linie der Automatisierung von typischen Zeichenabläufen für die dreidimensional orientierte Zeichnungserstellung und stellen im Prinzip nur eine Verknüpfung mehrerer AutoCAD-Befehle dar. Optionen zu den Befehlen können Sie über die Befehlszeile, Dialogboxen oder das Screen-Menü übergeben. Das Bild 5-1 zeigt den Bildschirmaufbau nach dem Start von ACAD-BAU.

Bild 5-1:
Bildschirmaufbau

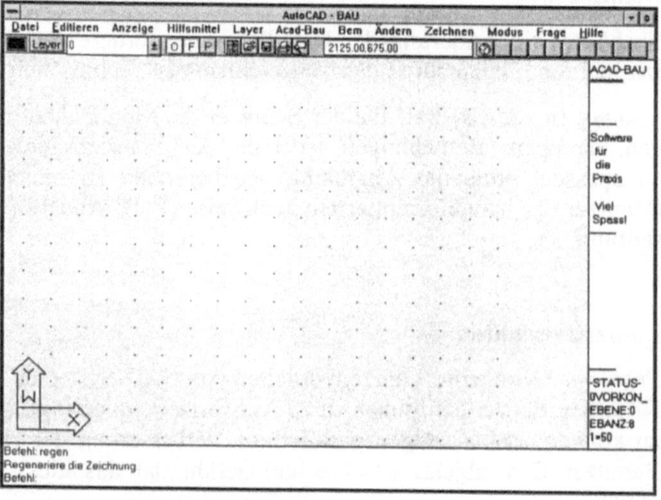

Alle mit ACAD-BAU erzeugten Konstruktionen bestehen aus 2D- und 3D-Elementen mit zugehörigen Informationen. Die 2D-Elemente sind 2D-Polylinien (für die Grundrisse) und 2D-Blöcke (für die einzufügenden Symbole). Als 3D-Elemente dienen 3D-Flächen, 3D-Netze und 2D-Polylinien mit zugeordneter Objekthöhe. Letztgenannte Elemente werden z.B. für die Darstellung von Geschoßdecken und Kellersohlen verwendet. Unabhängig vom 2D- oder 3D-Bereich werden Polylinien für Schraffurgrenzlinien, Dachüberstandslinien, Firstlinien, Raum- und Geschoßgrenzlinien verwendet.

Ein Geschoß ist durch das Vorhandensein von Außenwänden sowie einer Fußbodensohle bzw. einer Decke gekennzeichnet. Beim Hochziehen der Außenwände wird automatisch eine Fußbodensohle entwickelt, die gleichzeitig als Decke des Untergeschosses dient. Die Decke des aktuellen Geschosses wird durch den Aufbau eines Obergeschosses erzeugt.

Geschoß- und Raumgrenzlinie dienen als Informationsträger für das jeweilige Geschoß. An diese Objekte sind Informationen gekoppelt, auf welche die Automatikfunktionen zurückgreifen. Aus diesem Grund dürfen diese Linien nicht gelöscht werden. Bild 5-2 zeigt die Geschoß- und Raumgrenzlinien.

Bild 5-2:
Geschoß- und Raumgrenzlinie

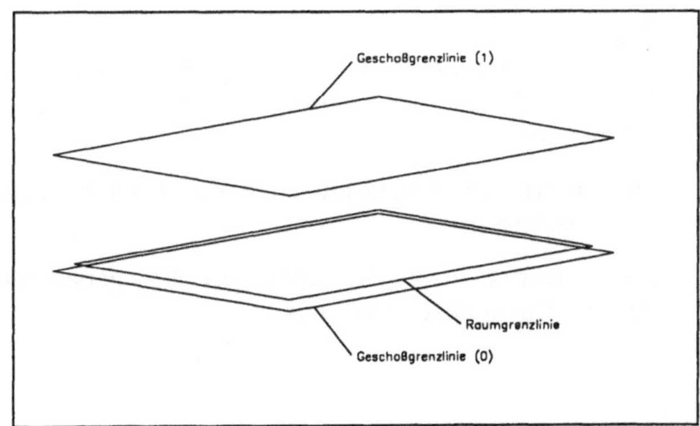

Die Höhe eines Geschosses resultiert aus der Wandhöhe und der Deckenstärke (siehe Bild 5-3).

Bild 5-3:
Aufbau eines Geschosses

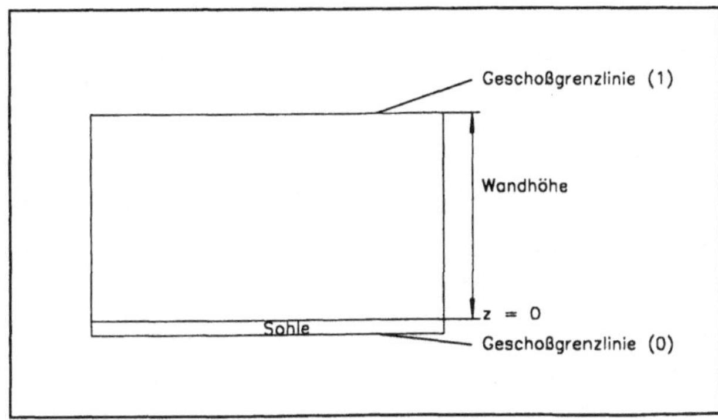

Die Geschoßgrenzlinie der Ebene 0 besitzt einen negativen z-Wert, welcher durch die Deckenstärke bestimmt wird. Der z-Wert der Geschoßgrenzlinie von Ebene 1 entspricht der Wandhöhe. Die Raumgrenzlinie der Ebene 0 hat den z-Wert 0.

5.2 Layerordnung

Durch die Layertechnik von CAD-Systemen lassen sich Zeichnungselemente logisch gliedern. ACAD-BAU bietet eine ausgefeilte und effektive Layerordnung an. Diese Layer sind ebenen- und gewerkorientiert. Die vorhandenen bzw. durch ACAD-BAU-Funktionen angelegten Layer können durch den Anwender mit eigenen Layern ergänzt werden.

Die Layerphilosophie von ACAD-BAU ist unter anderem durch die folgenden Merkmale gekennzeichnet.

–　2D- und 3D-Bereich sind getrennt. Layer, deren Name mit „2" beginnt, enthalten die 2D-Informationen. Layer, deren Name mit „3" beginnt, enthalten die 3D-Informationen.

–　Informationen, die weder zum 2D- oder zum 3D-Teil einer Ebene gehören (wie Raum- und Geschoßgrenzlinien), befinden sich auf den Layern, deren Name mit „0" beginnt.

–　Die Layernamen enden mit einer Ziffer. Diese Ziffer steuert die Zugehörigkeit zu den Geschossen.

–　Zum Layernamen gehört neben den oben genannten Ziffern die Kurzbezeichnung des jeweiligen Gewerknamens.

Beispiel:

Der Layer „2MWTRAG_0" enthält die 2D-Informationen des tragenden Mauerwerkes der Ebene 0 (im Regelfall das Erdgeschoß). Ein Layername setzt sich also aus der Art der Information (z.B. 2D oder 3D), des Gewerkes und der zugehörigen Ebene zusammen.

Die Vielzahl der zu verwaltenden Layer ist mit der Layersteuerung von AutoCAD nicht mehr effektiv zu bewältigen. Daher bietet ACAD-BAU eine eigene Layersteuerung im Menü „Layer" an. Die Layersteuerung gliedert sich in eine Ebenen- und in eine Gewerksteuerung auf. Ergänzt wird diese Steuerung durch hilfreiche zusätzliche Layersteuerungsfunktionen wie ALLE LAYER AUS und ALLE LAYER EIN.

Mit diesen Funktionen können die Zeichnungsinformationen sehr rationell und übersichtlich verwaltet werden.

Die Layer für den 2D- oder den 3D-Bereich können separat geschaltet werden. Da die Konstruktion innerhalb von ACAD-BAU geschoßgebunden durchgeführt wird, ist das Bewegen zwischen den einzelnen Geschossen über die Ebenensteuerung vorzunehmen.

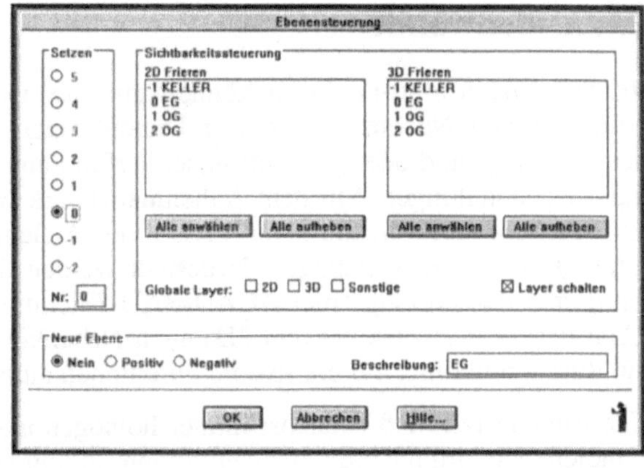

Bild 5-4:
Dialogfenster „Ebenensteuerung"

Das Dialogfenster „ACAD-BAU Gewerke steuern" zeigt standardmäßig (Option „Stat" für Status ist aktiv) die bereits vorhandenen Layer der Zeichnung. Um ein Gewerk zu setzen, welches noch nicht in der aktuellen Zeichnung benutzt wurde, ist die Option „Alle" zu aktivieren. Die Liste enthält nun alle von ACAD-BAU vorgegebenen Gewerke. Es ist wahlweise möglich, die Gewerke der aktuellen Ebene oder aller Ebenen bei der Gewerksteuerung zu berücksichtigen.

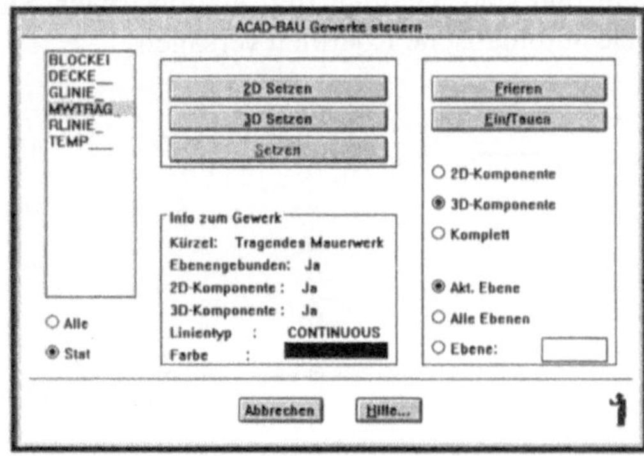

Bild 5-5:
Dialogfenster „ACAD-BAU Gewerke
steuern"

Gewerke lassen sich auch zu Gruppen zusammenfassen. Dadurch kann die Sichtbarkeit mehrerer Gewerke in einem Arbeitsgang beeinflußt werden.

Das Anlegen benutzerdefinierter Gewerke wird benötigt, um eigene Layer in die Layerstruktur von ACAD-BAU einzufügen. Halten Sie bei der Vergabe des Layernamens die ACAD-BAU-Konventionen ein, ist es auch bei eigenen Gewerken möglich, die von ACAD-BAU angebotene Layersteuerung für das eigene Gewerk zu verwenden.

5.3 Außenwände

Mit der Außenwand-Funktion können ein- bis vierschalige Außenmauerwerke konstruiert werden. Nachdem Sie die im Dialogfenster „Außenwand" einzustellenden Parameter bestätigt und/oder geändert haben, erfolgt eine automatische Generierung der 2D- und 3D-Darstellungen. Mit dem Außenmauerwerk werden gleichzeitig die entsprechenden Geschoßdecken erzeugt. Der Verlauf des Außenmauerwerks kann beliebig sein und mittels Linien und Kreisbögen dargestellt werden. Die Außenwandkonstruktionen bilden immer den Anfang einer ACAD-BAU-Zeichnung. Der Befehl Außenwand erzeugt neben den Wänden (in 2D und 3D) auch Nebenkonstruktionen wie Geschoßgrenzlinie und Raumgrenzlinie, auf die spätere Funktionen aufbauen.

Eine Außenwand muß zunächst immer homogen und geschlossen sein. Nicht benötigte Wandteile sind im nachhinein zu entfernen. Inhomogene Wandteile werden durch nachträgliches Editieren erzeugt. Nur bei einer geschlossenen Außenwandkontur werden eine Geschoßgrenzlinie, eine Raumgrenzlinie und ein Sohlenverlauf (Decke) automatisch generiert.

Die erste Außenwand wird standardmäßig auf der Ebene „0" (Erdgeschoß) gezeichnet. Nur bei einer Außenwandkontur auf der Ebene „0" erfolgt das Erzeugen von zwei Geschoßgrenzlinien. Alle weiteren Geschosse erzeugen eine Geschoßgrenzlinie.

In Untergeschossen (Ebenen mit negativen Vorzeichen) liegen die Geschoßgrenzlinien unten, in allen Obergeschossen oben. Die Geschoßgrenzlinien werden dunkelblau dargestellt und sind wichtige Informationsträger. Sie dürfen nicht gelöscht werden, da sonst viele automatische Routinen versagen.

Bild 5-6:
Außenwandzug

Es ist ratsam, nur ein Gebäude pro Zeichnung zu erstellen. Die Zuordnung von Gebäudeteilen ist für das Programm sehr viel komplizierter, falls mehrere Gebäude in einer Zeichnung erstellt werden sollen. Es ist günstiger, mehrere Zeichnungen z.B. mit „XREF" (Externe Referenzen) später zusammenzufügen.

Achten Sie darauf, daß grundsätzlich nur eine Geschoßgrenzlinie je Geschoß zu verwalten ist. Besondere Aufmerksamkeit erfordern AutoCAD-Befehle wie Spiegeln und Kopieren, da hier Geschoßgrenzlinien aus Versehen dupliziert werden könnten.

Das Kreuzen oder Überschneiden von Mauerwerk führt zu fehlerhaften Darstellungen, einzelne Gebäudeteile müssen immer größer sein als die Summe zweier Mauerwerksbreiten.

Das Dialogfenster „Außenwand", welches nach dem Aufruf des entsprechenden Befehls aus dem Menü „Acad-Bau" erscheint, wird im folgenden vorgestellt. In die Felder unter dem Punkt „Wandaufbau" sind die Dicken der einzelnen Schalen einzutragen. Die Bezeichnung der vier Schalen richtet sich nach dem allgemein üblichen Aufbau einer mehrschaligen Wand. Dabei ist zu beachten, daß die Stärke des tragenden Mauerwerks (innerste Schale) mindestens 1 cm beträgt. Alle anderen Schichten dürfen die Dicke 0 erhalten. Für mehrschaliges Mauerwerk ist auch mindestens die Außenschale mit einer Dicke größer als 0 zu versehen. Dabei kann die Außenschale auch Putz, Thermohaut oder andere Konstruktionen darstellen.

Bild 5-7:
Dialogfenster „Außenwand"

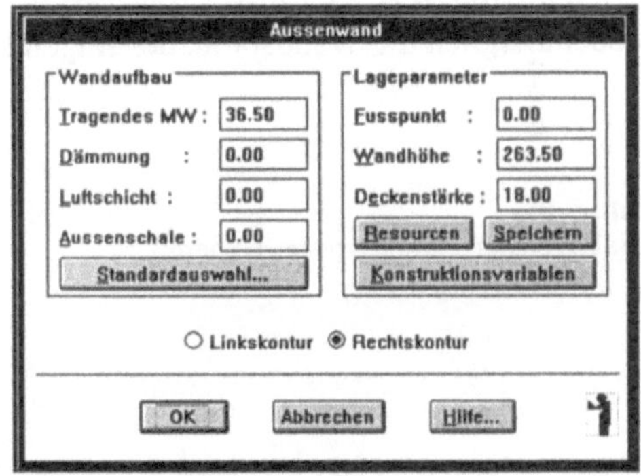

Das tragendes Mauerwerk wird auf dem Gewerk „MWTRAG", die Dämmung auf dem Gewerk „DAEMM" (in der 2D-Darstellung steht eine spezielle Schraffur zur Verfügung) und die Außenschale auf dem Gewerk „ASCHALE" gezeichnet. Eine Luftschicht wird nicht dargestellt, hier ergibt der eingestellte Wert lediglich den Abstand von Dämmung bis Außenschale.

Außenwände können mit Links- oder Rechtskontur konstruiert werden. Linkskontur bedeutet, daß die bei der Außenwandkonstruktion durch Sie gezeichnete Linie dem linken Teil des Wandelementes entspricht. Bei der Konstruktion mit Linkskontur ist die Zeichenrichtung im Uhrzeigersinn, der Schalenaufbau verläuft von links nach rechts. Bei der Rechtskontur, der im Dialogfenster „Außenwand" eingestellten Vorgabe, entspricht die gezeichnete Linie dem rechten Teil des Wandelementes. Es ist entgegengesetzt dem Uhrzeigersinn zu zeichnen. Zeichnen Sie Ihre Wandlinie nicht im Sinn der Kontur, wird der Drehsinn vom Programm berichtigt. Eine entsprechende Fehlermeldung wird angezeigt. Bei Innenhöfen von Atriumhäusern ist diese Berichtigung unerwünscht. Atriuminnenhöfe sind deshalb mit einer Vorkonstruktion zu zeichnen, da hier der Drehsinn nicht korrigiert wird. Runde Wände können nur mit Vorkonstruktionen erzeugt werden.

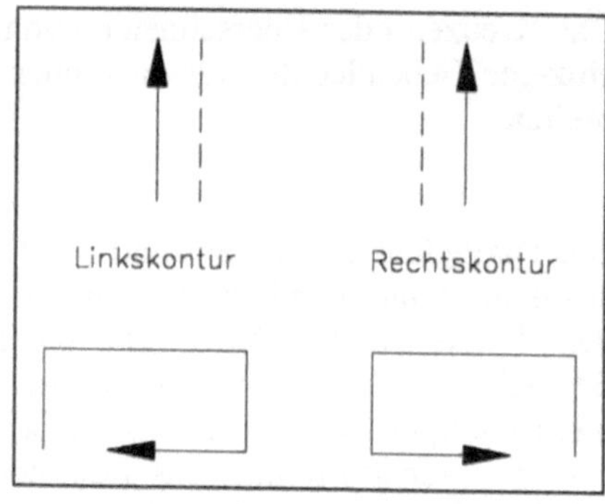

Bild 5-8:
Links- und Rechtskontur

Bei korrekt gezeichneten Außenwänden liegt die Geschoßgrenzlinie auf der äußersten Mauerschale.

Durch Anklicken der Schaltfläche „Standardauswahl" können Sie den Wandtyp spezifizieren (Bild 5-9). Es werden fünf verschiedene mehrschalige Außenwände angeboten, wobei lediglich die Wandstärke des tragenden Mauerwerkes festgelegt wird.

Bild 5-9:
Dialogfenster „Wandtyp spezifizieren"

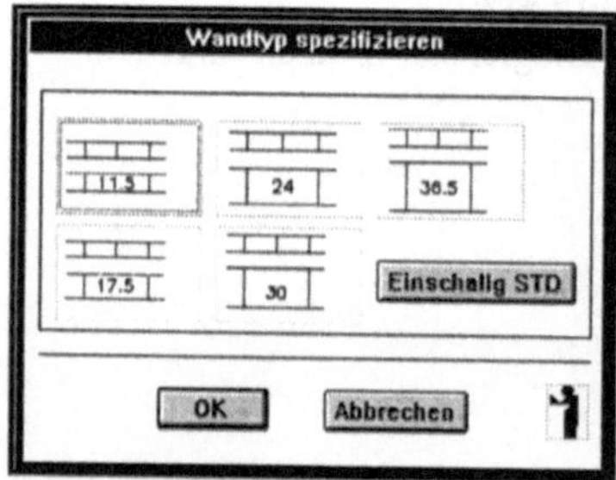

Durch Anklicken eines Sinnbildes für einen Wandtyp öffnen Sie ein weiteres Dialogfenster, welches im Bild 5-10 zu sehen ist. Dort können Sie den Wandaufbau spezifizieren. Das heißt, zu Ihrem gewählten tragenden Mauerwerk können Sie verschiedene Varianten für die anderen Schalen auswählen. Die angebotenen Werte sind abhängig von der installierten Landesversion von ACAD-BAU.

Bild 5-10:
Dialogfenster „Wandaufbau spezifizieren"

Klicken Sie die Schaltfläche „Einschalig STD" an, haben Sie die Möglichkeit, die Wandstärke einschaligen Mauerwerkes festzulegen (Bild 5-11).

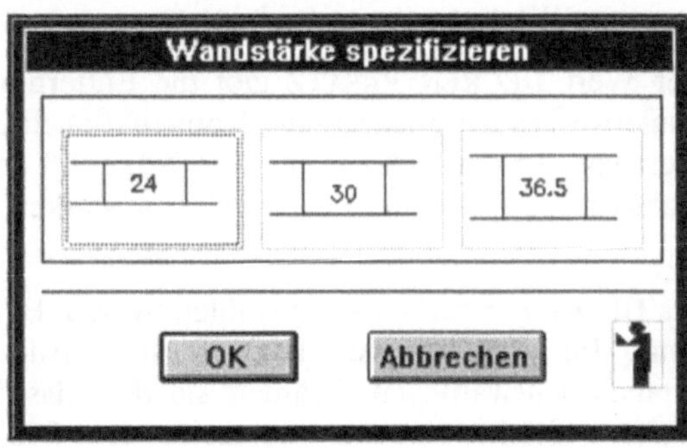

Bild 5-11:
Einschaliges Mauerwerk,
Dialogfenster „Wandstärke spezifizieren"

Das Dialogfenster „ACAD-BAU Wandvariablen", welches durch das Anklicken der Schaltfläche „Konstruktionsvariablen" im Dialogfenster „Außenwand" geöffnet wird, ermöglicht die Einstellung folgender Variablen für die Außenwandkonstruktion (Bild 5-12).

Bild 5-12:
Dialogfenster „ACAD-BAU Wandvariablen"

Die Variable DECKENEDIT/MAUERSCHLUß legt fest, ob die Decke bei der Editierung von neuem Geschoßmauerwerk automatisch mit der Konstruktion generiert wird. Sie bestimmt außerdem, ob bei einem neuen Geschoß eine Verbindung der Wandflächen in der Vertikalen stattfindet. Ist die Option ausgeschaltet, sind in den Ansichten die Außenschalen getrennt nach Geschossen sichtbar.

Der Wert für die SEGMENTBREITE segmentiert die Bogenanteile von Vorkonstruktions-Polylinien. Die Bögen werden dabei gleichmäßig in dem Wert geteilt, welcher dem eingestellten am nächsten liegt. 100 cm Segmentbogenbreite können auch 103,67 cm in der Konstruktion ergeben. Mehrere Bögen innerhalb einer Polylinie werden gleichmäßig geteilt. Ungleichmäßige Teilungen müssen mit dem AutoCAD-Befehl TEILEN erzeugt werden. Der Wert dieses Feldes gilt für alle Vorkonstruktionen. Wenn in späteren Vorkonstruktionen Elemente aus Polylinien mit Bogenanteilen abgeleitet werden, wird die Segmentierung wie in diesem Wert bestimmt, umgesetzt.

Mit der Variable MAUERVERSATZ kann eingestellt werden, wie weit die Lage des Außenmauerwerkes von der gezeichneten Polylinie entfernt eingesetzt wird. Der Wert ist für die Konstruktion durchgängig einstellbar, jede Veränderung muß neu gesetzt werden. Entspricht dieser Versatz der Wandstärke, können Sie ein Gebäude nach seinen Innenmaßen zeichnen. Ein positiver Wert konstruiert das Mauerwerk nach außen, ein negativer Wert versetzt es nach innen.

Der Wert DECKENVERSATZ gibt die Entfernung der Decke von der Außenkante des Mauerwerkes bei einschaligen Konstruktionen an. Die Zahl ist positiv einzugeben. Ein Wert von 9,5 cm gibt an, daß die Decke 9,5 cm, von der Außenkante gesehen, eingerückt wird. Die Auflage bei einer 30 cm starken Wand beträgt dann 20,5 cm.

Als **Übung zur Außenwand** wählen Sie den Befehl AUßENWAND aus dem Menü „Acad-Bau". Im erscheinenden Dialogfenster „Außenwand" klicken Sie die Schaltfläche „Standardauswahl" an. Wählen sie dort das Bild für das tragende Mauerwerk von 36,5 cm Stärke. Im nun erscheinenden Dialogfenster „Wandaufbau spezifizieren" klicken Sie auf das Bild für das vierschalige Mauerwerk mit 36,5 cm tragendem Mauerwerk, 6 cm Dämmung, 5 cm Luftschicht und 11,5 cm Außenschale. Schließen Sie alle Dialogfenster durch Klicken auf die OK-Schaltflächen. Zeichnen Sie jetzt einen Grundriß von 10 m x 8 m.

Dazu setzen Sie den ersten Punkt im unteren linken Zeichenbereich Ihres Bildschirmes. Die folgenden drei Punkte geben Sie mit einer relativen Koordinateneingabe ein, die Außenwandkontur wird mit der Option „Schließen" des Außenwandbefehles geschlossen (Bild 5-13).

Vom Punkt: im unteren linken Bereich klicken

zum Punkt: @1000<0

zum Punkt: @800<90

zum Punkt: @1000<180

zum Punkt: s

Bild 5-13:
Ergebnis der Außenwandübung

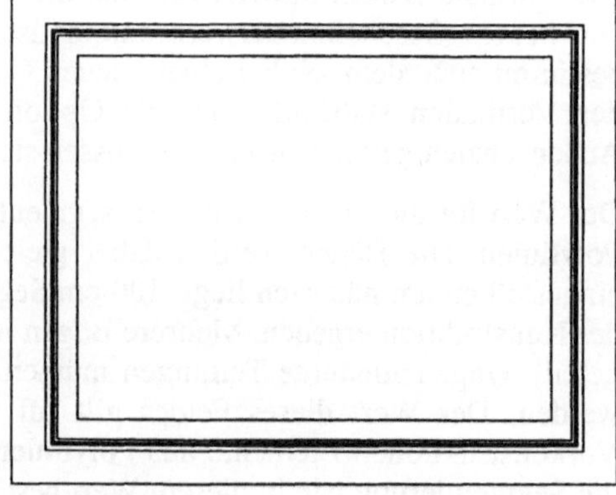

Im Pull-Down-Menü „Anzeige" finden Sie den Befehl ISOMETRIE. Mit diesem Befehl schalten Sie in eine isometrische Ansicht. Eine isometrische Ansicht des Ergebnisses der ersten Übung sehen Sie im folgenden Bild 5-14.

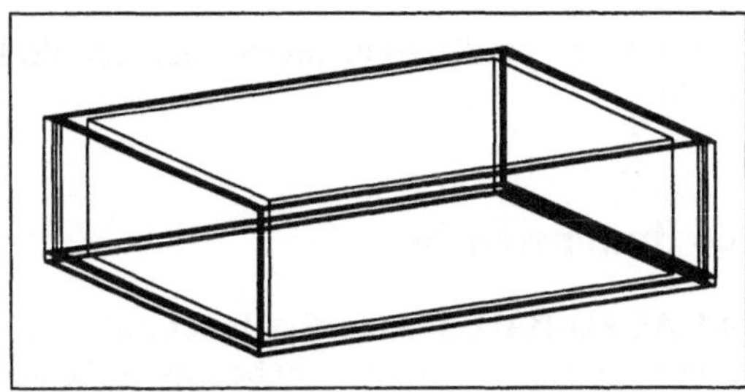

Bild 5-14:
Isometrische Ansicht des
Außenwandzuges

Das folgende Übungsbeispiel zeigt die Ableitung einer Außenwandkontur mit runden Elementen aus einer Vorkonstruktion. Die Maße der Vorkonstruktion können Sie der folgenden Skizze (Bild 5-15) entnehmen. Wählen Sie den Menüpunkt „Vorkonstruktion zeichnen" aus dem Untermenü „Vorkonstruktion" im „ACAD-BAU"-Menü. Dadurch wird der Layer für die Vorkonstruktion gesetzt und der AutoCAD-Befehl POLYLINIE aktiviert.

Zeichnen Sie ein Rechteck mit den Maßen 800 x 600, dabei berücksichtigen Sie die Rechtskontur. Zeichnen Sie also entgegen dem Uhrzeigersinn. Mit dem Befehl ABRUNDEN bei einem Radius von 200 runden Sie die entsprechenden Ecken ab. Natürlich können Sie auch die Option „Kreisbogen" des Befehls POLYLINIE für das Konstruieren der runden Wandteile verwenden. Wichtig ist nur, daß eine geschlossene Polylinie mit korrektem Drehsinn entsteht.

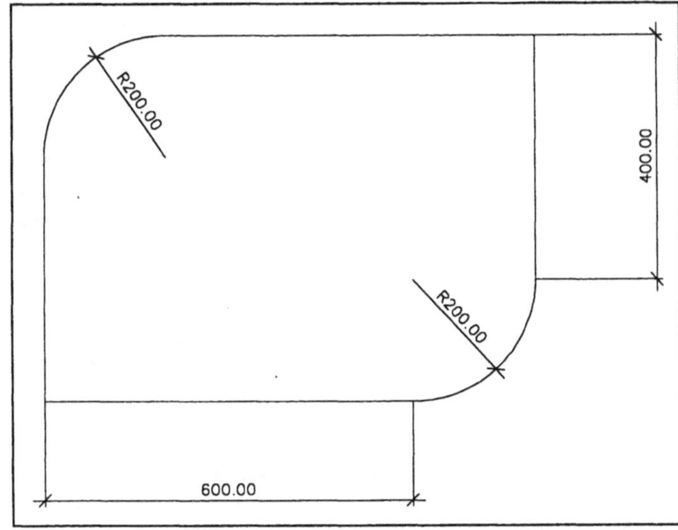

Bild 5-15:
Maße der
Vorkonstruktion

Rufen Sie jetzt den Befehl AUSSENMAUERWERK auf und wählen Sie aus der Standardauswahl ein vierschaliges Mauerwerk. Das tragende Mauerwerk soll 24 cm, die Dämmschicht 6 cm, die Luftschicht 5 cm und die Außenschale 11,5 cm dick sein. Bestätigen Sie Ihre Einstellungen durch Anklicken der OK-Schaltflächen.

Die Abfrage, ob die Außenmauer aus der Vorkonstruktion abgeleitet werden soll, wird bejaht.

5.4 Innenwände

Mit ACAD-BAU können Sie Innenwände von beliebiger Breite konstruieren. Innenwände werden automatisch an bereits vorhandene Wände angeschlossen. Es ist möglich, die Innenwand

– freistehend,

– mit einem an anderes Innen- oder Außenmauerwerk und Pfeiler sowie

– mit zwei Anschlußpunkten an anderes Innen- oder Außenmauerwerk und Pfeiler

auszuführen. Durch die Funktion INNENWAND werden alle 2D- und 3D-Elemente einer Innenwand generiert und automatisch die nötigen Veränderungen an Elementen wie Raumgrenzlinie vorgenommen.

Bild 5-16:
Dialogfenster „Innenwand"

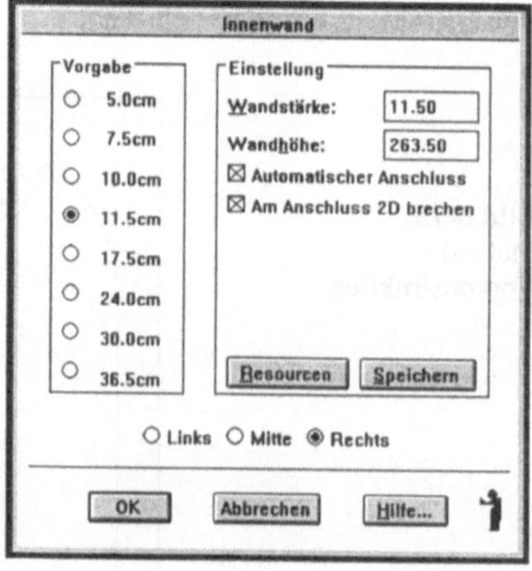

Für die Breite einer Innenwand werden Vorgabewerte angeboten, es sind aber auch davon abweichende Werte in das Eingabefeld „Wandstärke" einstellbar. Die Höhe einer Innenwand ist frei definierbar, Vorgabewert ist die Höhe der Außenmauer im aktuellen Geschoß (Bild 5-16). Wandüberschneidungen sind nicht zulässig. Innenwandanschlüsse sind immer auf der nächstgelegenen Wandschale herzustellen. In früheren Versionen von ACAD-BAU führte ein Abweichen von dieser Regel zu fehlerhaften Darstellungen (Bild 5-17). Ab der Version 5.1 wird die Wahl einer falschen Wandschale abgefangen und eine entsprechende Fehlermeldung ausgegeben.

Bild 5-17:
Innenwandanschluß

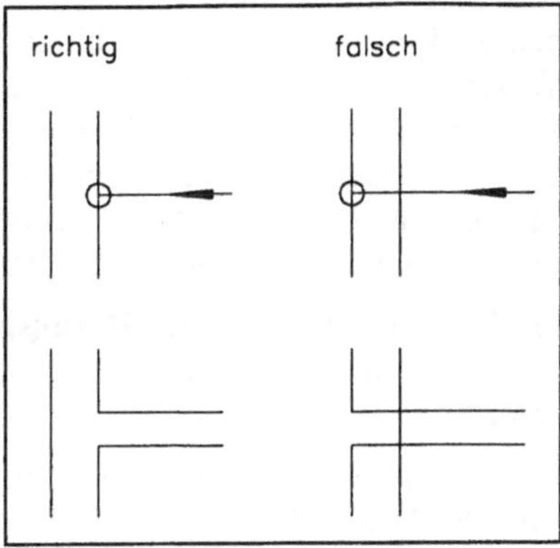

Soll die Innenwand an eine bestehende Wand automatisch angeschlossen werden, muß die entsprechende Option „Automatischer Anschluß" aktiviert bleiben.

Der Schalter „Am Anschluß 2D brechen" ermöglicht die Darstellung eines geschlossenen Grundrisses am Wandanschluß bei gleichzeitigem Ausbruch im 3D-Bereich und Erzeugung eines neuen Raumes. Diese Funktion ist dann wichtig, wenn z.B. eine Gipskartonwand, welche separate Räume erzeugen kann, mit einer eigenen Schraffur dargestellt werden soll. In der 2D-Darstellung erscheint das so konstruierte Element als nicht angeschlossen.

Diese Optionen „Links" und „Rechts" sind analog den entsprechenden Optionen der Außenwandkonstruktion zu verstehen. Zusätzlich steht die Option „Mitte" zur Verfügung, damit lassen sich Räume direkt, also ohne Versatzrechnung, teilen.

Optionen während des Zeichnens einer Innenwand

Mit der Option „**Relativ**" kann auf zweierlei Art ein Konstruktionspunkt bestimmt werden:

Die Unteroption „Abstand" bietet eine Punktkonstruktion auf einem Wandsegment durch relative Abstandsangabe von einem Referenzpunkt auf dem gewählten Wandsegment, z.B. 1 m aus einer Wandecke heraus. Es wird der Endpunkt, meist ein Eckpunkt, des gewählten Wandsegments als Referenzpunkt durch Bestätigung mit ENTER übernommen, der dem Pickpunkt am nächsten liegt. So wird automatisch aus dieser Ecke heraus die Abstandsangabe auf das Wandsegment berechnet. Es kann aber auch ein beliebiger anderer Punkt als Referenzpunkt durch einfache Punktanwahl auf dem Wandsegment bestimmt werden, von dem aus eine Abstandsangabe erfolgen soll, z.B. Abstand vom Mittelpunkt des Wandsegments aus in eine bekannte Richtung auf dem

Wandsegment. Die Abstandsangabe kann entweder durch die Eingabe eines numerischen Zahlenwertes oder durch Messen eines Abstandes über zwei Punkte erfolgen.

Die Unteroption „Versatz" erlaubt die Punktkonstruktion als rechtwinkligen Versatz von einem Referenzpunkt auf dem gewähltem Wandsegment durch Längeneingabe des Versatzes vom Wandsegment aus, z.B. 1 m vom Mittelpunkt eines Wandsegments rechtwinklig in einen Raum hinein. Der Referenzpunkt kann entweder direkt auf dem Wandsegment gewählt werden, oder er wird durch einen relativen Abstand auf dem Wandsegment definiert (siehe hierzu Unteroption „Abstand"). Die Angabe der Lage des rechtwinkligen Versatzes vom Referenzpunkt legt die Richtung des Versatzes vom Wandsegment aus fest. Die Versatzlänge kann direkt über die Eingabe eines numerischen Zahlenwertes oder durch Messen eines Abstandes über zwei Punkte erfolgen.

Bei der Wahl der Option **„Bezugsp"** kann, von einem beliebig zu wählenden Bezugspunkt aus, der Konstruktionspunkt mit einer relativen Koordinatenangabe bestimmt werden.

Mit der Option **„Verschn"** (Verschneiden) läßt sich der Schnittpunkt unter einer beliebigen Richtung mit einer anderen Wand bestimmen. Hierzu ist die Richtung (Winkel gegenüber der positiven x-Achse des Weltkoordinatensystems) numerisch einzugeben oder durch Punkteingabe zu bestimmen. Durch Anwahl der gewünschten Wand, mit welcher der Innenwandzug verschnitten werden soll, wird dann der Schnittpunkt berechnet. Der Schnittpunkt kann auch virtuell sein, braucht also nicht auf einem Wandsegment zu liegen.

Innerhalb der Optionen der Mauerwerkskonstruktion ermöglicht **„Vschnitt"** die Bestimmung eines Punktes aus einer virtuellen Verbindung. Hierbei wird der nicht existierende, gedachte Verbindungsschnitt zwischen zwei Linien oder Flächen zur Weiterführung der Konstruktion berechnet. Der durch „Vschnitt" ermittelte Schnittpunkt ist in jedem Fall ein neuer Eckpunkt des Mauerwerkzuges.

Bei **„Parallel"** zu Wänden wird die Richtung des nächsten Konstruktionspunktes durch die Anwahl einer Bezugswand bestimmt, und entweder unter dieser Richtung mit einer anderen Wand verschnitten (siehe auch Option „Verschn") oder über eine Längenangabe der nächste Konstruktionspunkt bestimmt. Bei der Längenangabe muß zusätzlich noch die ungefähre Lage des nächsten Konstruktionspunktes vom letzten angegeben werden, da eine Parallelangabe zwei Richtungen zuläßt.

Mit der Option **„Ortho"** wird der nächste Konstruktionspunkt rechtwinklig von der letzten Konstruktionsrichtung aus bestimmt. Zwei Fälle sind hier zu unterscheiden: Vom Wandanschlußpunkt aus wird rechtwinklig (lotrecht) der nächste Punkt konstruiert, nachdem zuvor angeschlossen wurde. Wird an eine Ecke angeschlossen, so muß die Bezugswand zusätzlich eindeutig bestimmt werden. Wenn mindestens zwei Punkte vorher im Innenwandzug konstruiert wurden, wird der nächste Punkt rechtwinklig zur letzten Konstruktionsrichtung bestimmt. In beiden Fällen kann mit der Unteroption „Verschn" mit einer anderen Wand verschnitten werden (siehe dazu auch die Option „Verschn") oder durch eine Längenangabe der nächste Punkt konstruiert werden. Bei der Längenangabe muß zusätzlich noch die ungefähre Lage des nächsten Konstruktionspunktes vom letzten angegeben werden, da eine Orthogonalangabe zwei Richtungen zuläßt.

Die Option **„Zurück"** (in ACAD-BAU-Versionen vor 5.1 „Undo") nimmt die letzte Konstruktionseingabe zurück und ist mehrfach hintereinander benutzbar.

Mit der **„Anschluß"**-Option kann dem ersten und/oder dem letzten Konstruktionspunkt zugewiesen werden, daß an diesem Punkt die neue Innenwand mit dem Mauerwerk am Anschlußpunkt verschnitten werden soll. Existiert am Anschlußpunkt kein gültiges Mauerwerk, so wird die letzte Punkteingabe zurückgenommen und kann somit korrigiert werden. Diese Option muß nicht gewählt werden, wenn die Option im Dialogfenster angewählt ist. Sie ist aber deshalb vorhanden, um z.B. einseitige Anschlüsse, die nicht über die Automatik geführt werden können, zu ermöglichen.

Durch Aufruf von **„Messen"** aus dem Screenmenü wird es ermöglicht, an jeder Stelle, an der nach einer Länge in einer bestimmten Richtung gefragt wird, einen frei zu bestimmenden Abstands in Zeichenrichtung zu übernehmen. MESSEN wird wie der AutoCAD-Befehl ABSTAND gehandhabt. Er ist transparent während der Eingaben ausführbar und kann beliebige Entfernungen auf beliebigen Objekten abgreifen. Es werden nur 2D-Abstände berechnet.

Für die folgende Übung zur Innenwand-Funktion zeichnen Sie den Grundriß eines Hauses mit den Maßen 11 m x 9 m. Das tragende Mauerwerk soll 24 cm dick sein. Die Außenwand weist eine 5 cm starke Luftschicht, eine Dämmung von 6 cm und eine Außenschale von 11,5 cm auf.

Die Lage der Innenwände entnehmen Sie der Skizze (Bild 5-18). Die Wandstärke der Innenwände beträgt 11,5 cm.

Wählen Sie beim Zeichnen der einzelnen Innenwände den jeweils günstigsten Modus (Links, Mitte oder Rechts).

Die linke vertikale Innenwand läßt sich wie folgt konstruieren:

Menü/Acad-Bau/Wand/Decke/Innenwand

Wandstärke 11,5 und Modus Links wählen, mit OK Dialogfenster verlassen

Innenwand.../Bezugsp/ <von Punkt>: b

>>Bezugspunkt wählen: mit AutoCAD-Objektfang SCHNITTPUNKT innere Außenmauerecke links unten anklicken

>>Relative Koordinaten eingeben...: @300<0

.../<zum Punkt>: mit AutoCAD-Objektfang Lot auf die obere, innere Wandschale des Außenwandzuges klicken

Es ist notwendig, beim Anwählen der Wandschalen die AutoCAD-Objektfänge zu nutzen.

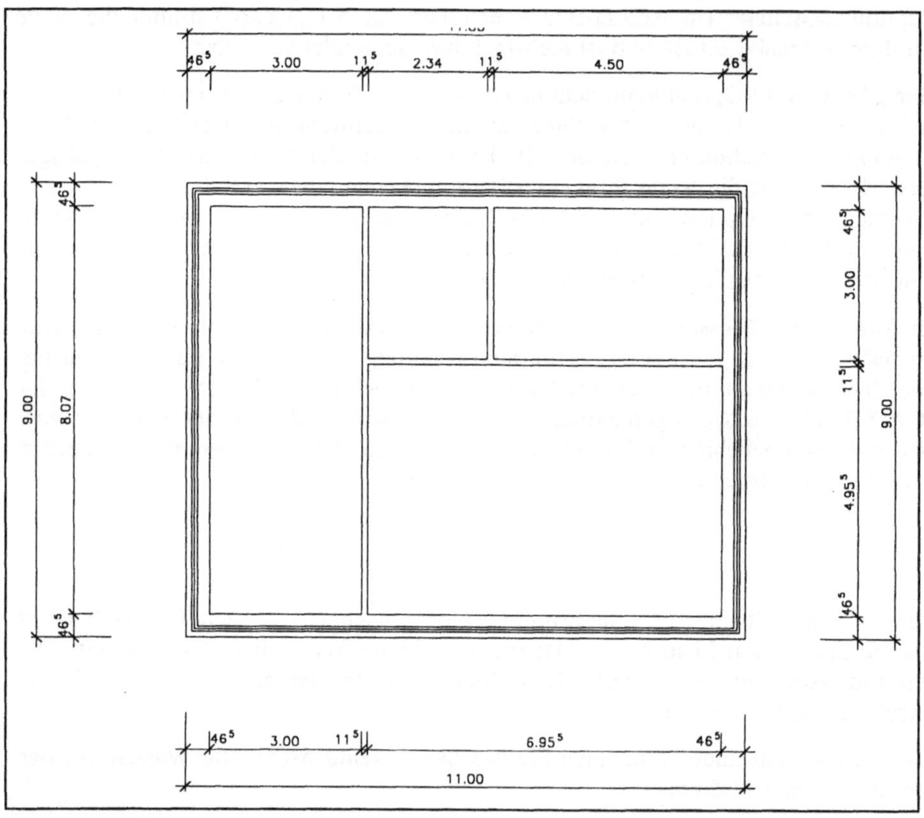

Bild 5-18: Übung zu Innenwänden

5.5 Wände editieren

Mit dem Befehl WANDVERLAUF/AUFBAU EDITIEREN kann ein bestehender Wandverlauf an einer oder mehreren Stellen im Aufbau geändert und/oder umgeleitet werden (Bild 5-19). Der Befehl gilt für alle Arten Mauerwerk. Die Laufrichtung, links oder rechts, ist dabei analog den Mauerwerkszügen zu führen. Mit diesem Befehl sind sowohl Materialwechsel als auch die Umleitung des Mauerwerkzuges möglich.

Die Editierung erfolgt durch Aufnahme des Mauerwerks an einem Punkt und eventueller Weiterführung des neuen Verlaufs. Hierzu wird eine Konstruktions-Polylinie geführt. Diese Polylinie ergibt später den neuen Wandverlauf. Der Linienzug muß an einem anderen Punkt wieder auf die Mauerwerksschale treffen.

Die Aufnahme des Mauerwerks an Eckpunkten führt zu Fehlern. Deshalb ist es günstig, das Mauerwerk an einem bekannten, geraden Teil der Außenwand durch Wählen eines Punktes aufzunehmen.

Bild 5-19:
Wandverlauf editieren

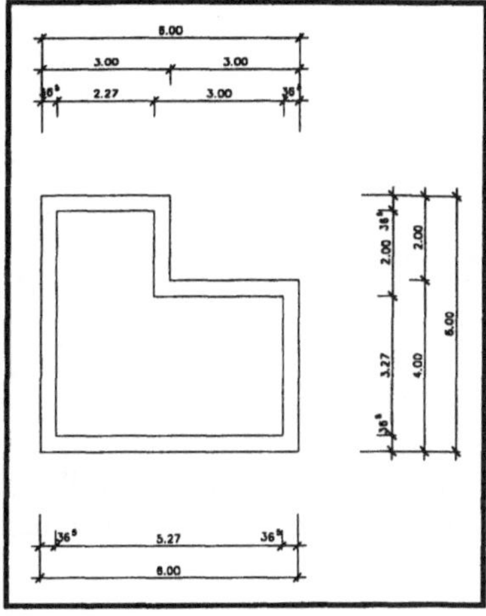

Nach Abschluß der Linienführung muß das umzuleitende Wandteil durch Picken an einer eindeutigen Stelle identifiziert werden.

Bei der Auswahl von neuen Wandaufbauten (soll der Mauerwerkstyp von den Anschluß-stellen übernommen werden = N) erscheint jeweils das Dialogfenster „Außenwand". Eine Ableitung der Editierung aus einer Vorkonstruktion ist möglich.

Zur Lageveränderung von Außenwänden, bei denen keine neuen Eckpunkt eingefügt werden sollen, kann der AutoCAD-Befehl STRECKEN verwendet werden.

Mit der Option „Kreuzen" wird ein Fenster um die Wandelemente gezogen, deren Lage verschoben werden soll (Bild 5-20). Anschließend werden die markierten Elemente in die gewünschte Richtung verschoben. Wird der Befehl STRECKEN aus dem Menü „Ändern" aufgerufen, ist die Option „Kreuzen" bereits voreingestellt.

Bild 5-20:
Wandverlauf ändern
mit dem Befehl STRECKEN

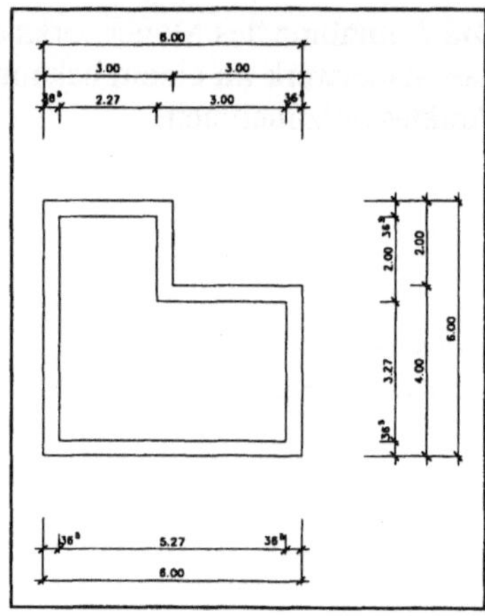

Es folgt eine Übung zum Strecken von Außenwänden. Die Ausgangslage ist dem folgenden Bild 5-21 zu entnehmen.

Bild 5-21:
Ausgangslage vor dem Strecken

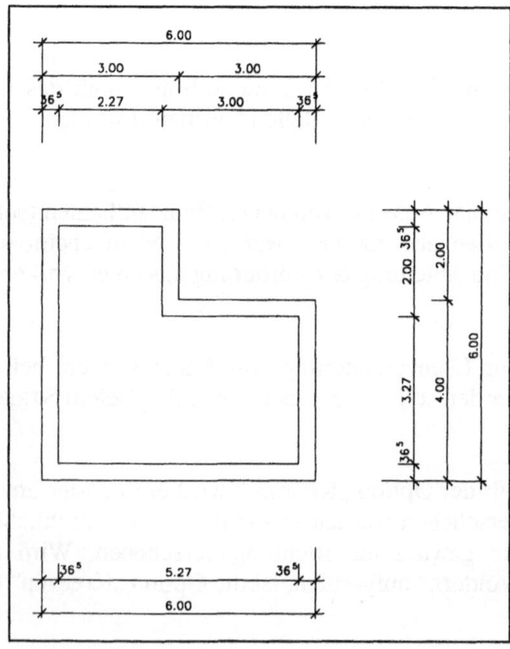

Nach dem Bearbeiten mit dem AutoCAD-Befehl STRECKEN soll folgender Grundriß entstehen (Bild 5-22):

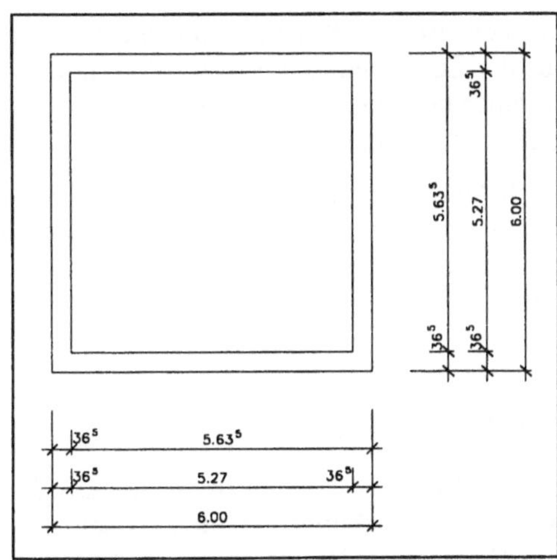

Bild 5-22:
Geänderter Wandverlauf nach dem Strecken

Der Befehl INNENWANDANSCHLUß AUFHEBEN ermöglicht die nachträgliche Aufhebung bereits hergestellter Wandanschlüsse. Die 3D- und 2D-Informationen werden dabei so editiert, als sei der Wandanschluß nicht mehr vorhanden, das heißt alle Raum- und Schraffurgrenzlinien werden wieder zusammengeführt. Der vorher getrennte Raum wird wieder vereinigt. Das zu trennende Wandanschlußstück muß in der Nähe des Anschlusses durch Picken eindeutig identifiziert werden. Das Programm löst dann die Verbindung der 3D-Wandflächen und 2D-Grundrißlinien.

Der Befehl kann auch bei bereits verschnittenen Wandteilen durchgeführt werden. Es ist irrelevant, ob die linke oder die rechte Wandschale angewählt wird.

Im Gegensatz zu INNENWANDANSCHLUß AUFHEBEN führt der Befehl INNENWANDANSCHLUß WIEDERHERSTELLEN nicht geschlossene oder durch Editierung abgelöste Wandelemente wieder zusammen, die 3D-Flächen und 2D-Polylinien werden wieder zusammengeführt. Der Befehl kann allerdings auch pauschal durchgeführt werden. Hierbei sind alle zu verbindenden Wandanschlüsse in einem Fenster auszuwählen.

Der Befehl INNENWAND ERSETZEN ermöglicht den Austausch von Innenwänden in verschiedenen Stärken. Mit diesem Befehl kann eine 11,5 cm starke Wand gegen eine 17,5 cm starke Wand ausgewechselt werden. Beim Austausch des Elementes ist der Versatz sowohl symmetrisch als auch nach links und rechts möglich.

Der Befehl bearbeitet jeweils komplette Wandzüge oder Wandsegmente unabhängig von ihrer Lage und Anschlußsituationen. Optional kann auch beim Ersetzen gleichzeitig die Höhe des Elementes verändert werden, der Befehl kann demzufolge auch zur Höhenänderung von Innenwänden benutzt werden.

Mit dem Befehl INNENWAND LÖSCHEN kann eine ganze Wand oder ein Wandsegment aus der Zeichnung entfernt werden. Die Auswahl der Wand erfolgt dabei durch Picken an einer beliebigen Stelle. Bei Wandsegmentwahl muß der Pickpunkt auf dem jeweiligen Abschnitt der Wand liegen.

Nach Durchführung des Befehls werden die Räume, die durch die Wände getrennt waren, wieder vereinigt. Die Schraffuren und Raumgrenzen werden wieder zusammengefügt und eventuelle Anschlußpunkte an Außen- oder Innenwänden wieder geschlossen.

5.6 Öffnungen

Unter Öffnungen werden in ACAD-BAU alle Arten von Löchern in den Wänden verstanden. Es wird unterschieden zwischen Standardfenstern und bodenhohen Öffnungen. Um Fenster mit Rund- oder Spitzbögen sowie Fenster in Rauten- oder Rundform zu gestalten, steht ein Variantenprozessor zur Verfügung.

Öffnungen werden zunächst als einfache schematische Blöcke in die jeweiligen Wände eingesetzt. Auch bei den Öffnungen teilen sich die Informationen in einen 2D- und einen 3D-Teil. Um eine korrekte Darstellung zu erhalten, müssen die Öffnungen in die Wände, d.h. in den 2D- und 3D-Teil, eingebrochen werden. Einbrechen bedeutet, daß die 2D-Polylinien an den Öffnungen gebrochen werden. Für den 3D-Teil folgt daraus, daß um die Öffnung neue 3D-Flächen gelegt werden, eine Öffnung kann beim Einbrechen über 100 3D-Flächen erzeugen.

5.6.1 Öffnungen konstruieren

Bild 5-23:
Dialogfenster
„Wahl Öffnungskonstruktion"

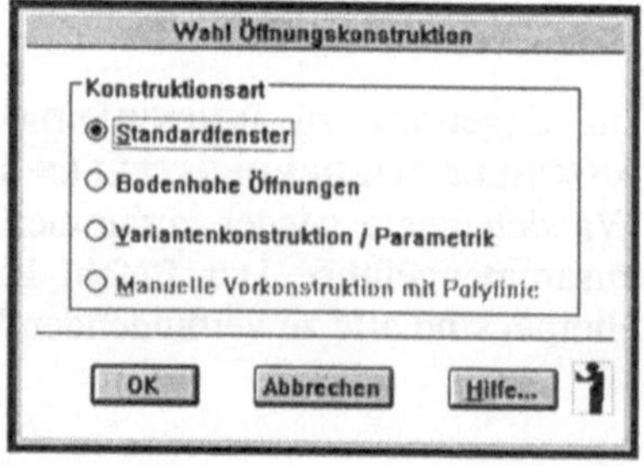

Für jede Öffnung wird ein Block konstruiert, welcher wiederum aus mehreren „Unterblöcken" bestehen kann. Diese Blöcke können mit Editierbefehlen z.B. geschoben, kopiert oder in Reihe gesetzt werden. Dabei wird der Block als komplette Konstruktionseinheit behandelt. Bei Anwendung dieser Editierbefehle ist allerdings Vorsicht geboten. Um keine unerwünschten Effekte zu erzielen, ist bei der Objektwahl besondere Aufmerksamkeit angebracht.

In der schematischen Darstellung sind diese Blöcke einfache Quader. In der detaillierten Darstellung (d.h. die „nicht schematische Darstellung") wird die Öffnung sehr genau mit Leibungen, Sohlbänken, Nischen etc. gezeichnet.

Es läßt sich deshalb leicht vorstellen, daß nach dem Einbrechen und nach der Detaillierung der Öffnungen der Speicherbedarf der Zeichnung um einiges größer wird und sich somit die Rechenzeit enorm verlängert. Warten Sie also mit dem Einbrechen und mit der detailgetreuen Abbildung bis zum Schluß Ihrer Zeichnung.

Es ist ratsam, sich eine Art „Mutterzeichnung" vor dem Einbrechen der Öffnungen und der Detaillierung anzulegen. So lassen sich beispielsweise mehrere Fassaden im nachhinein gestalten.

Ist im Dialogfenster (Bild 5-23) der Punkt **„Standardfenster"** aktiviert, öffnet sich nach den Anklicken der OK-Schaltfläche das Dialogfenster „Standardfenster", in welchem die Parameter der Standardöffnungen einzutragen sind (Bild 5-24). Diese Konstruktionsart schafft rechtwinklige, viereckige Elemente, die zunächst in ihrer Größe und Lage einzugeben sind. Durch Anklicken des Info-Buttons erhalten Sie nähere Informationen.

In dem Dialogfenster werden **Öffnungsbreite**, **Öffnungshöhe**, **Sturzhöhe** und **Brüstungshöhe** als charakterisierende Werte eingegeben. Wenn Sie die entsprechenden Felder direkt anklicken, wird die Dialogbox temporär verlassen und Sie können im Zeicheneditor einen beliebigen Wert abgreifen oder einfach durch Picken bestimmen. Das Picken erfolgt wie der AutoCAD-Befehl ABSTAND. Der ermittelte Wert wird in die Dialogbox übertragen.

Der Schalter **„Fenster"** ist als Vorgabe aktiv. In dieser Stellung werden alle Öffnungen mit Brüstungen konstruiert.

Soll ein Fenster über eine oder mehrere Ecken geführt werden, ist der Schalter **„Eckfenster"** zu aktivieren. Der Winkel ist beliebig. Zur Verbindung der Elemente können Koppelpfosten oder Stahlträger eingebaut werden. Die Höhe eines Eckfensterzuges muß konstant sein. Das Schaltfeld „Öffnungsbreite" wird nach der Wahl „Eckfenster" deaktiviert. Das Einsetzen eines Eckfensters geschieht immer das Anklicken von Punkten, so daß sich die Breite ergibt.

Nach Betätigung des Schalters **„Arbeitsliste"** öffnet sich ein Dialogfenster mit einer Liste, in der die Fenster, welche in der aktuellen Zeichnung vorhanden sind, angezeigt werden. Nach der Auswahl eines bestimmten Elementes werden dessen Parameter in die Dialogbox übertragen. Auf diese Weise sind Mehrfacheinfügungen auch zu einem späteren Zeitpunkt noch möglich, ohne die einzelnen Fensterwerte erst nachmessen zu müssen.

Übernehmen bedeutet, daß ein Fenster mit seinen entsprechenden Parametern direkt aus der Zeichnung durch Anpicken übernommen werden kann. Dazu wird die Dialogbox temporär verlassen, um ein vorhandenes Fenster anzuwählen. Die Werte werden dann in der Dialogbox eingetragen.

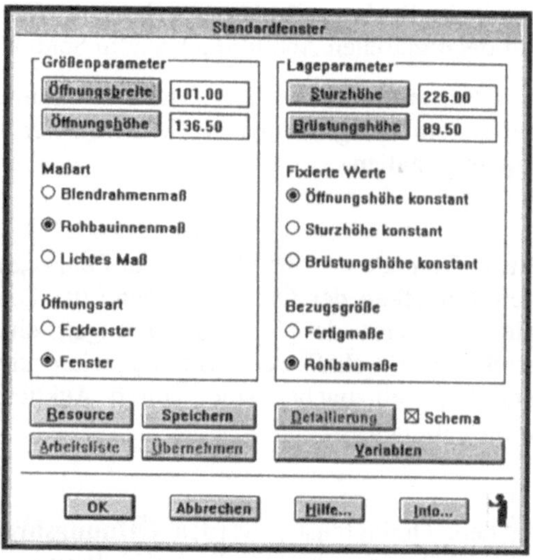

Bild 5-24:
Dialogfenster „Standardfenster"

Nach Betätigung des Schalters **„Detaillierung"** öffnet sich ein Dialogfenster, in dem alle Darstellungsdetails gewählt werden können. Es lassen sich verschiedene Einstellungen vornehmen, die das Aussehen der Fenster in den verschiedenen Maßstäben beeinflussen.

Die **Schematische Darstellung** ist als Vorgabe aktiviert, welches bedeutet, daß die Öffnung zunächst als Schemablock eingesetzt wird.

Bodenhohe Öffnungen haben in ACAD-BAU eine eigene Dialogbox (5-25). Die wesentlichen Funktionen entsprechen der Fenstersteuerung. Es werden verschiedene Türarten und ein Fensterelement angeboten. Ist der Schalter „Eckelement" aktiv, läßt sich natürlich auch nur ein Fensterelement wählen, da es keine über eine Ecke führende Türen gibt.

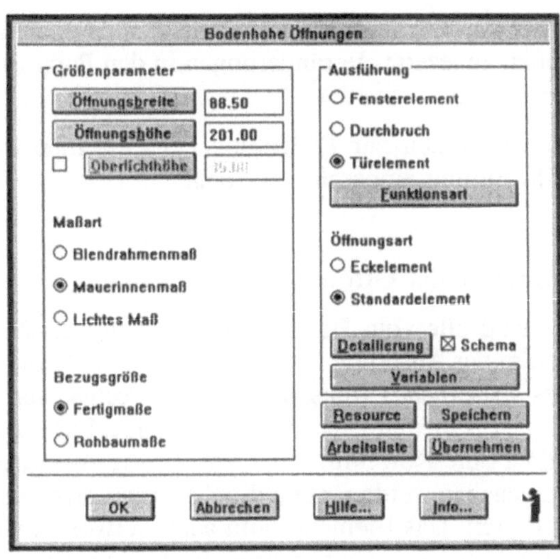

Bild 5-25:
Dialogfenster „Bodenhohe Öffnungen"

Unter dem Menüpunkt **„Variantenkonstruktion"** finden Sie eine weitere Möglichkeit, Öffnungen zu konstruieren (Bild 5-26). Die Variantenkonstruktion geht von den Grundformen Rechteck (Standard), Raute und Kreis aus. Über entsprechende Parameter können diese Grundformen variiert werden. So lassen sich beispielsweise Rund- und Stichbogenelemente genauso herstellen wie Drei- und Fünfecksformen. Die Einfügung der Öffnung erfolgt wie beim normalen Fenster. Es wird dabei das umfassende Rechteck für den Ausbruch kalkuliert.

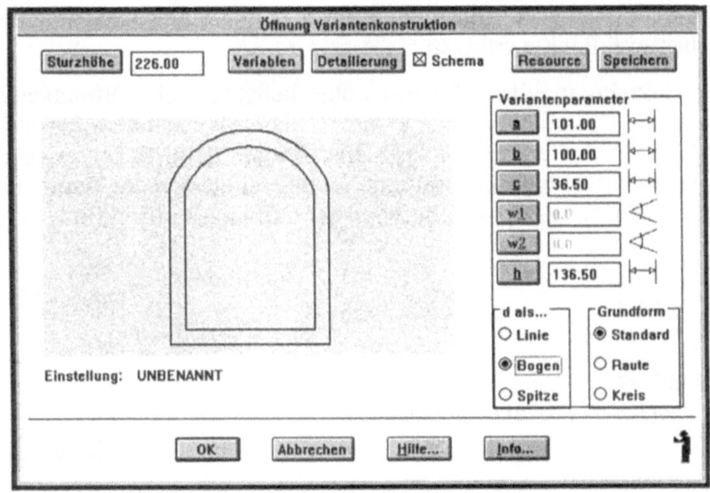

Bild 5-26:
Dialogfenster „Öffnung Variantenkonstruktion"

Im einem Preview-Feld wird die Öffnung nach den gerade eingestellten Werten als Vorschau angezeigt. Veränderungen in den Parametern werden sofort in der Anzeige sichtbar.

Informationen zur Bedeutung der einzelnen Parameter können durch Anklicken des Info-Buttons eingesehen werden.

Plazieren der Öffnung in der Zeichnung

Es sind alle vom Benutzer gewünschten Maße für Öffnungsbreite und -höhe erlaubt, sofern der Ausbruch in die entsprechende Wand paßt. Der Einfügepunkt kann bezüglich des Ausbruches links, mittig oder rechts, vordefiniert werden, um somit durch eine einzige Punkteingabe die vollständige Lage zu bestimmen. Eine „Preview"-Funktion erlaubt die Korrektur der Lage. Ist die Ausbruchlage nicht korrekt, so kann sie erneut eingegeben werden, ohne die Konstruktionsvorgaben (Breite, Höhe usw.) zum Befehl zu verlieren. Das Element kann auch verworfen werden, wenn ein Fehler in der Fensterspezifikation gemacht wurde. Erst wenn die angezeigte Lage bestätigt wurde, wird die Öffnung endgültig plaziert.

Das Verwenden der Option „Abstand" gestattet eine Punktkonstruktion auf einem Wandsegment durch relative Abstandsangabe von einem Referenzpunkt auf dem gewählten Wandsegment (z.B. 1 m aus einer Wandecke heraus). Hierbei ist der Endpunkt der entsprechenden Linie voreingestellt, der dem Pickpunkt am nächsten liegt. So wird automatisch aus dieser Ecke heraus die Abstandsangabe auf dem Wandsegment berechnet. Es kann aber auch ein beliebiger anderer Punkt als Referenzpunkt durch einfache Punktanwahl auf dem Wandsegment bestimmt werden, von welchem aus eine Abstandsangabe erfolgen soll (z.B. Abstand vom Mittelpunkt des Wandsegments aus in eine bekannte Richtung auf dem Wandsegment). Die Abstandsangabe kann entweder durch die Eingabe eines numerischen Zahlenwertes oder durch Messen eines Abstandes über zwei Punkte erfolgen.

Es können in einer Befehlsabfolge beliebig viele Öffnungen nacheinander definiert werden. Das ab Version 5.1 von ACAD-BAU nach dem Plazieren der Öffnung erscheinende Dialogfenster „ACAD-BAU-Frage" (Bild 5-27) erlaubt das Übernehmen der aktuellen Einstellungen für eine weitere zu plazierende Öffnung, das Konstruieren einer neuen Öffnung oder das Beenden der Öffnungskonstruktion.

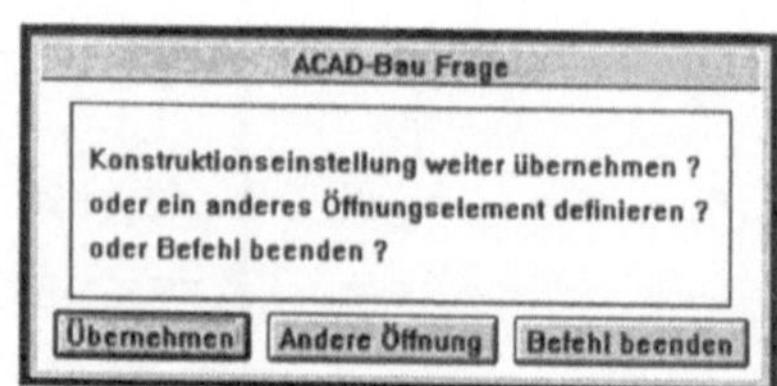

Bild 5-27:
Dialogfenster „ACAD-BAU-Frage"

5.6.2 Gestaltung/Funktion

Das Auswählen der Funktion Gestaltung/Funktion öffnet ein Dialogfenster, in welchem Sie zunächst die zu gestaltenden Öffnungen wählen müssen.

Nach Betätigung des Schalters „**Arbeitsliste**" öffnet sich eine ebenenbezogene Liste, in der alle Öffnungen, welche in der aktuellen Zeichnung vorhanden sind, angezeigt werden. Hier können einzelne oder mehrere Einträge aus der Liste angewählt werden. Alle Öffnungen dieses Auswahlsatzes sind dann für die Gestaltung verfügbar. Nach dem Anklicken des Schalters „**Wahl**" wird das Dialogfenster vorübergehend für die Elementewahl verlassen. Ist der Schalter „**Einzelelement**" aktiviert, wird nur das angewählte Element bearbeitet.

Unter GESTALTUNG/FUNKTION sind alle Funktionen zur Teilung und Gestaltung von Öffnungselementen zusammengefaßt. Dabei können dem Element Flügelteilungen und Sprossen zugewiesen werden. Ferner kann eine Funktionsdarstellung in 2D und 3D erfolgen. Die Gestaltung kann nicht nur standardisiert, sondern auch individuell ausgeführt werden. Durch die Gestaltung wird eine vorhandene Scheibenfläche in frei definierbare Abschnitte (Flügel) aufgeteilt. Die jeweiligen Gestaltungen können an einzelnen Elementen oder an gleichen Öffnungen aus der Arbeitsliste vorgenommen werden. Die jeweilige Detaillierung ist an den Öffnungsblock gekoppelt. Ist eine Öffnung geteilt oder mit Sprossen versehen, wird z.B. beim Kopieren eines Öffnungsblocks die Gestaltung mit übertragen. Sollen also mehrere Fenster mit gleicher Gestaltung eingesetzt werden, kann ein Element erstellt und später mehrfach verwendet werden. Ebenso sind diese Elemente mit Ihren Detaillierungen über die Editierung austauschbar, so daß ein Austausch von geteilten und nicht geteilten Öffnungen auch später noch möglich ist.

Die Funktion LÖSCHEN löscht eine bereits vorhandener Gestaltung.

Mit der Funktion RAHMEN EXTRAHIEREN kann ein Element zur individuellen Gestaltung angewählt werden. Der Bildschirm stellt dann den Öffnungsrahmen in der Ansicht dar. Mit einer Vorkonstruktion wird dann die Gestaltung auf das Fenster gezeichnet. Sie zeichnen eine Polylinie mit der Breite, welche dem eingestellten Sprossenwert entspricht. Nach Abschluß der Gestaltung ist die Dialogbox wieder aufzurufen.

Nach dem Aufruf von MANUELLE GESTALTUNG EINSETZEN wird dann aus der Vorkonstruktion die Gestaltung abgeleitet.

STANDARD GESTALTUNG/FUNKTION verzweigt in die eigentliche Gestaltung (Dialogfenster „Gestaltung", Bild 5-28). In drei weiteren Dialogboxen wird die Flügelteilung, Sprossenteilung und Funktionsdarstellung präzisiert.

Bild 5-28:
Dialogfenster „Gestaltung"

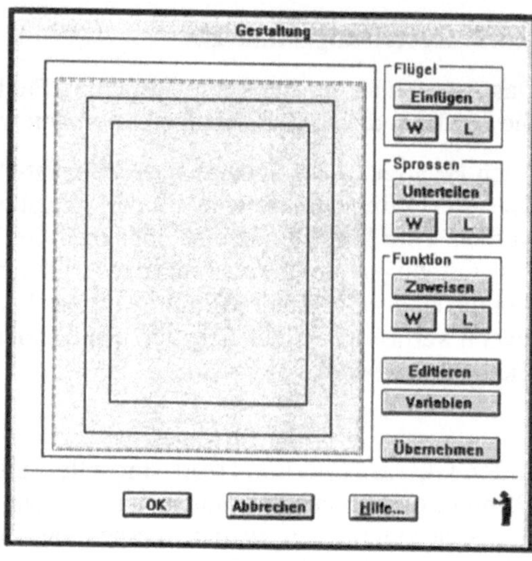

5.6.3 Öffnungen editieren

Unter dem Menüpunkt „Öffnung editieren" sind eine Reihe von Funktionen zusammengefaßt, mit denen Öffnungen verändert werden können. Es lassen sich der Status (Öffnung eingebrochen oder nicht), die Darstellungsform (schematisch oder detailliert), die Öffnungsbreiten bzw. -höhen bestimmen. Auch das Löschen einer Öffnung zählt zu den zahlreichen Editierfunktionen (Bild 5-29).

Bild 5-29:
Dialogfenster „Öffnungen editieren"

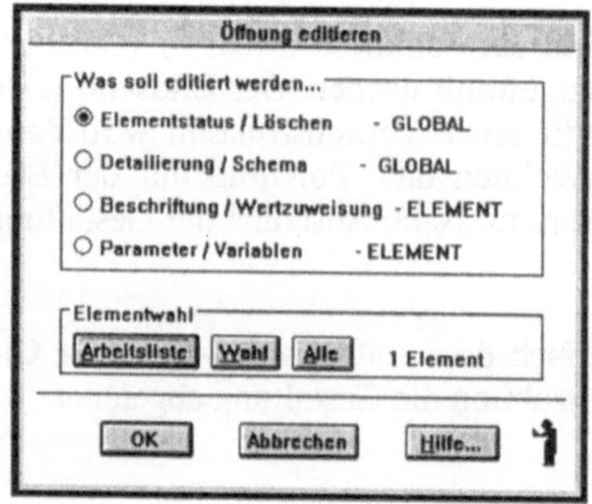

Nach der Elementewahl aus einer Arbeitsliste, der Wahl durch Picken beliebiger Öffnungen oder für alle Öffnungen gleichzeitig sind mehrere Funktionssätze verfügbar.

Nach Betätigung des Schalters **„Arbeitsliste"** öffnet sich eine Liste, in der alle Öffnungen, welche in der aktuelle Zeichnung vorhanden sind, angezeigt werden. Hier können einzelne oder mehrere Einträge aus der Liste angewählt werden. Alle Öffnungen dieses Auswahlsatzes sind dann zur Editierung verfügbar. Diese Zusammenstellung wird dann benutzt, wenn die Elemente einer Gruppe gemeinschaftlich verändert werden sollen. Man kann mit dieser Funktion z.B. ein Maß von 20 gleichen Elementen von 136 cm auf 151 cm vergrößern oder diesen Elementen andere Sturzhöhen zuordnen. Bedingung ist immer, daß die Blöcke noch nicht eingebrochen sind. Ansonsten sind sie vorher aus dem Mauerwerk zu lösen.

Die Auswahl eines speziellen Elements zur Editierung erfolgt über die Schaltfläche **Wahl**. Es wird dadurch eine individuelle Bearbeitung einer einzelnen Öffnung mit den angebotenen Funktionen ermöglicht.

Mit der Schaltfläche **Alle** lassen sich alle Öffnungselemente der aktuellen Ebene wählen. Dieser Auswahlsatz wird dann benötigt, wenn z.B. alle Fenster ins Mauerwerk eingebrochen werden sollen oder nur der Grundriß eines Geschosses ausgebildet werden soll.

Alle Auswahlmöglichkeiten arbeiten ebenenbezogen. Berücksichtigt werden also nur die Öffnungen der aktuellen Ebene.

Durch Aktivieren des Punktes **Elementstatus/Löschen** und anschließendem Anklicken der OK-Schaltfläche öffnet sich ein Dialogfenster, in welchem sich unter anderem das Verhältnis von Mauerwerk zur Öffnung geregelt werden kann (Bild 5-30). Damit ist der Status (eingebrochen oder nicht) gemeint. In der sich öffnenden Dialogbox sind folgende Funktionen durchführbar:

Bild 5-30:
Dialogbox „Elementstatus global editieren"

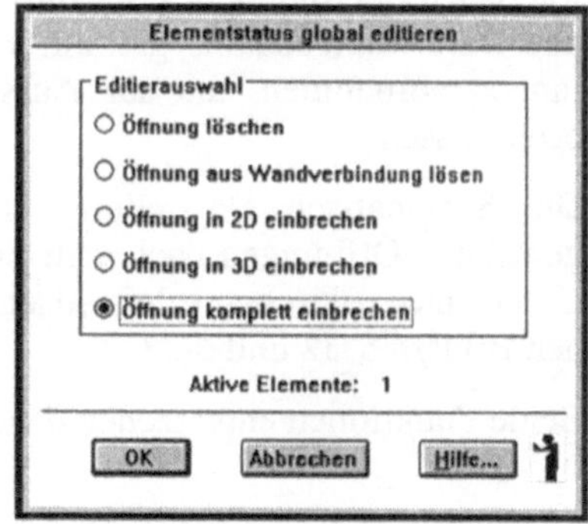

ÖFFNUNG LÖSCHEN entfernt eine Öffnung und den zugehörigen Konstruktionsblock aus der Zeichnung. Alle Löcher in den Ansichten und Bruchstellen in den Grundrissen werden wieder geschlossen. Das Mauerwerk ist an der alten Stelle der Öffnung wieder komplett vorhanden. Der Öffnungsblock wird gelöscht. Die Funktion ist nicht in Zeichnungen, die mit den ACAD-BAU-Versionen vor Release 5.0 angefertigt wurden, verwendbar, da diese ohne Blockschema erzeugt sind.

ÖFFNUNG AUS WANDVERBINDUNG LÖSEN erfüllt die gleiche Funktion wie ÖFFNUNG LÖSCHEN, mit dem Unterschied, daß die Öffnungsblöcke in der Zeichnung bleiben. Es kann also eine Wandverbindung aufgelöst werden, wenn ein Fenster verschoben, verkleinert oder auch nur anders detailliert ausgeführt werden soll. Nach der Editierung muß der Block dann neu mit dem Mauerwerk verrechnet werden.

ÖFFNUNG IN 2D EINBRECHEN verändert die Grundrisse der Zeichnungen. Mit dieser Funktion werden die gewählten Elemente in den 2D-Teil der Zeichnung eingebrochen. Der 3D-Teil, d.h. die Ansichten, bleiben unberücksichtigt. Mit dem Einbrechen verändert sich der Block und dessen Lage nicht. Er bleibt weiterhin für alle Editierungen verfügbar.

ÖFFNUNG IN 3D EINBRECHEN bricht die gewählten Elemente in den 3D-Teil der Zeichnung ein. Der 2D-Teil (die Grundrisse) bleiben unberücksichtigt. Mit dem Einbrechen verändert sich der Block und dessen Lage nicht. Er bleibt weiterhin für alle Editierungen verfügbar.

ÖFFNUNG KOMPLETT EINBRECHEN faßt ÖFFNUNG IN 2D EINBRECHEN und ÖFFNUNG IN 3D EINBRECHEN zusammen.

Im Dialogfenster wird außerdem die Anzahl der zur Editierung gewählten Elementen angezeigt. Es handelt sich um ein reines Informationsfeld, dessen Inhalt nicht editierbar ist.

Die Wahl des Punktes **Detaillierung/Schema** öffnet das folgende Dialogfenster (Bild 5-31). Nach Betätigung des Schalter „Detaillierung" öffnet sich das Dialogfenster, in dem alle Darstellungsdetails gewählt werden können. Es lassen sich verschiedene Einstellungen vornehmen, die das Aussehen der Fenster in den verschiedenen Maßstäben beeinflussen.

Die „Schematische Darstellung" ist als Vorgabe ausgeschaltet, welches bedeutet, daß die gewählten Öffnungen nach dem Editieren nicht mehr als Schemablöcke vorliegen. Den Unterschied zwischen schematischer und nicht schematischer Darstellung sehen Sie in den Bildern 5-32 und 5-33.

Beide Funktionen entsprechen denen beim Konstruieren einer Öffnung.

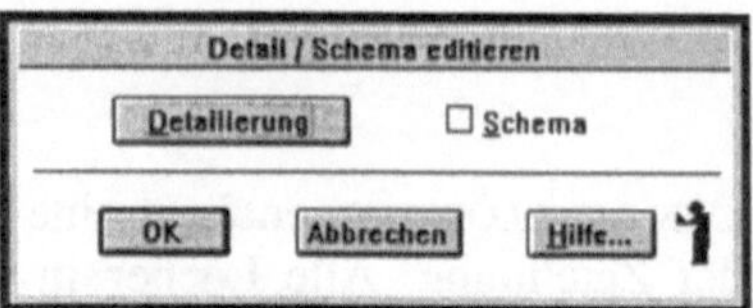

Bild 5-31:
Dialogfenster „Detaillierung/Schema"

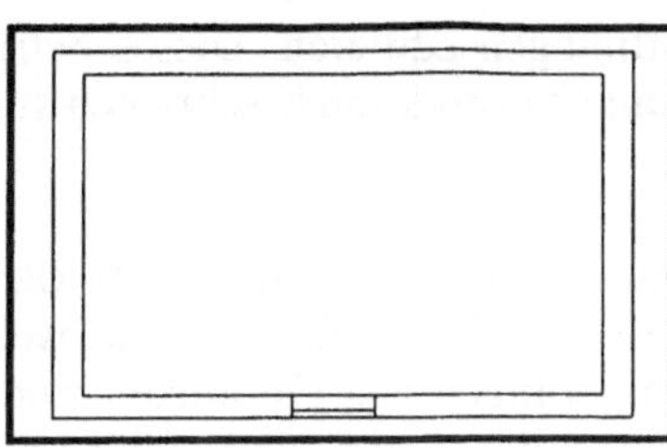

Bild 5-32:
Fenster in schematischer Darstellung

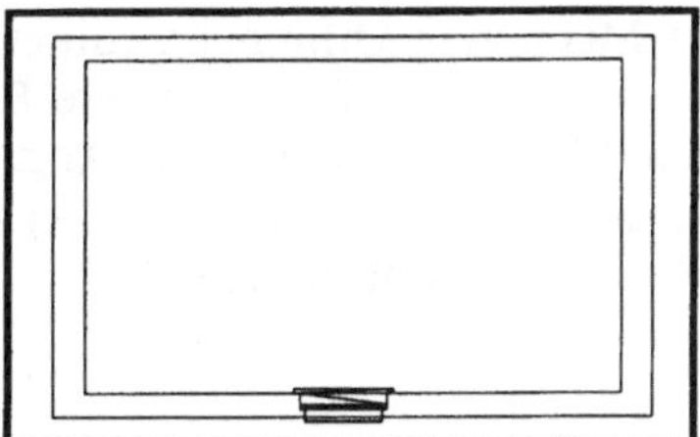

Bild 5-33:
Fenster nach dem Ausschalten der schematischen
Darstellung

Durch Aktivierung von **Beschriftung/Wertzuweisung** öffnen Sie ein Dialogfenster, in welchem Textattribute und Beschriftungen an das Fensterelement gekoppelt werden können.

Sie können einer Öffnung ein Namen geben. Es steht dafür das Schaltfeld „Name" zur Verfügung. Dieser Name erscheint dann z.B. in der Fensterliste oder auch in der Gestaltungsdialogbox. Er hat identifizierenden Charakter.

Für alle Öffnungen können Textblöcke definiert werden, mit denen Beschriftungen an den Fenstern vorgenommen werden können. Für die Ausrichtung in der Zeichnung ist es erforderlich, eine rechte und eine linke Lage bereitstellen zu können.

In den Auswahlfeldern „Rechte Lage" bzw. „Linke Lage" stehen die bereits definierten Benutzerblöcke für die Öffnungsbeschriftung zur Auswahl. Die unterschiedlichen Textlagen sind erforderlich, damit die Betextung der Elemente in gleicher Einfügerichtung gewährleistet werden kann. Es muß also für jede Betextungsart ein rechter und ein linker Textblock erstellt werden. Die jeweilige Lage bedeutet, daß die Betextung rechts bzw. links vom Einfügepunkt liegt.

Für den Punkt **Parameter/Variablen** ist wie bei allen Editierfunktionen die Wahl eines Öffnungselementes Voraussetzung für die Editierung. In Abhängigkeit von der Wahl der Elementeart (Standardfenster, Bodenhohe Öffnung oder Variantenfenster) öffnet sich entweder das Dialogfenster der Standardfensterkonstruktion, das Dialogfenster für die Konstruktion einer bodenhohen Öffnung oder das Dialogfenster der Variantenfensterkonstruktion.

In diesen Dialogfenstern sind nun alle Werte des gewählten Elementes angezeigt. Durch Neueinstellung und Korrekturen in den jeweiligen Feldern lassen sich die jeweiligen

Öffnungen editieren. Dieses betrifft alle Einstellungen, welche unter dem Punkt Öffnungskonstruktion beschrieben sind.

Die Funktionen zum ÖFFNUNGEN SCHIEBEN, ÖFFNUNGEN KOPIEREN und ÖFFNUNGEN LÖSCHEN dienen dem Zweck, welcher aus ihrem Namen bereits hervorgeht. Für diese Editierungen von Öffnungen sind auch diese Funktionen zu verwenden, da im Gegensatz zu den AutoCAD-Befehlen die Aspekte der gegenseitigen Abhängigkeiten zwischen verschiedenen Bauteilen berücksichtigt werden.

Im Menü zum Öffnungen editieren stehen einige Befehle wie „4.02 Flächige Öffnung löschen" zur Verfügung. Diese Befehle ermöglichen es, Öffnungen aus älteren Versionen (bis 4.02) zu editieren. Da die Öffnungen in diesen Versionen eine andere Struktur haben, sind diese Befehle in den neueren Versionen enthalten, um eine Abwärtskompatibilität zu gewährleisten.

Übungen zu den Öffnungen

Erstellen Sie einen Grundriß mit den Maßen 10 m x 8m. In diesen Grundriß setzen Sie Öffnungen entsprechend der folgenden Abbildung ein (Bild 5-34).

Beginnen Sie mit dem unteren linken Fenster.

Wählen Sie die Funktion ÖFFNUNG KONSTRUIEREN aus dem Menüpunkt „Öffnungen". Da das untere linke Fenster eine Brüstungshöhe besitzt, zählt es zu den Standardfenstern. Bestätigen Sie die Vorgabe. Die Öffnungsbreite und -höhe entsprechen den Vorgabewerten. Ein günstiger Einfügemodus für dieses Fenster ist „Links". Sie werden nun nach dem Einfügepunkt oder der Option „Abstand" gefragt. Wählen Sie als Bezugswand die untere horizontal verlaufende Wand. Den Vorgabereferenzpunkt „Endpunkt" können Sie bestätigen. Der Abstand vom Bezugspunkt ist laut folgender Abbildung 1 m. Geben Sie 100 ein und bestätigen Sie die Eingabe mit ENTER.

Fügen Sie analog die anderen Öffnungen ein.

Editieren Sie nun die eben erzeugten Öffnungen. Brechen Sie alle Öffnungen in die entsprechenden Wände ein und heben Sie die schematische Darstellung auf.

Dazu wählen Sie den Punkt „Öffnungen editieren". Es muß nun ein Auswahlsatz erzeugt werden, der die Öffnungen enthält, die zu editieren sind. Um die Öffnungen in die Wände einzubrechen, können Sie Schaltfläche „Alle" nutzen. Wenn der Schalter „Elementstatus/Löschen" aktiv ist, klicken Sie auf die OK-Taste. Die Öffnungen sollen im 2D- und im 3D-Teil eingebrochen werden. Wählen Sie deshalb den Punkt „Öffnungen komplett einbrechen".

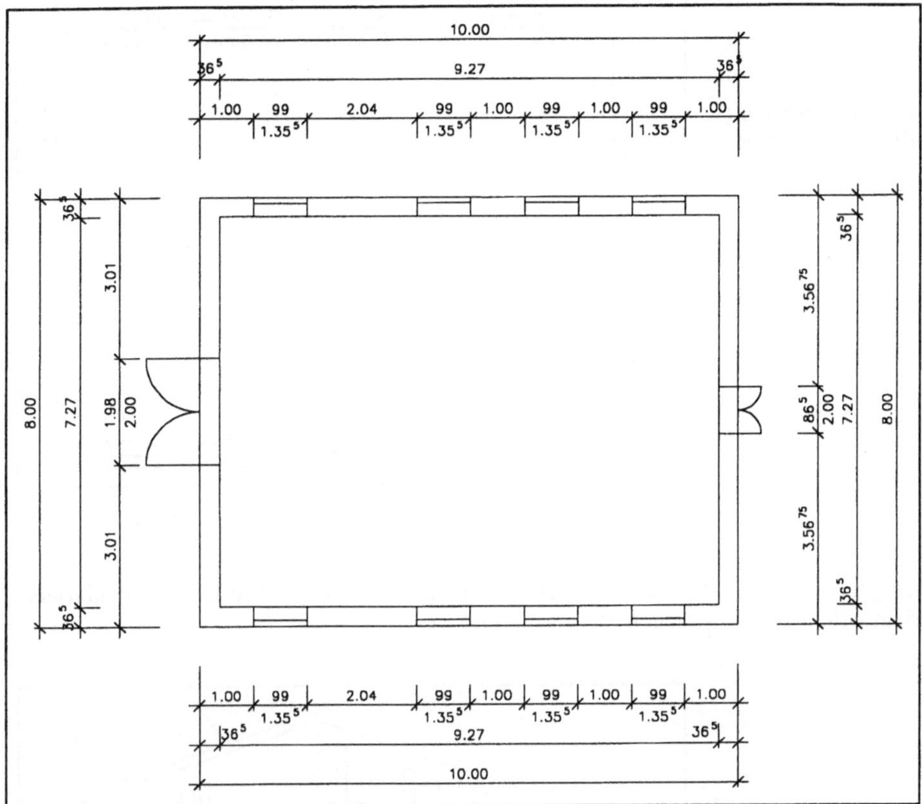

Bild 5-34: Übung Öffnungen

Es soll nun die schematische Darstellung aufgehoben werden. Wählen Sie wieder den Punkt „Öffnungen editieren", erzeugen Sie den Auswahlsatz und wenden Sie die Funktion „Detaillierung/Schema" an (Bild 5-35).

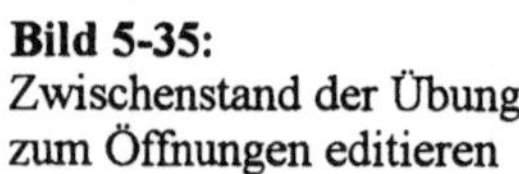

Bild 5-35:
Zwischenstand der Übung
zum Öffnungen editieren

In einer geeigneten 3D-Ansicht und gefrorenem 2D-Teil sollte Ihre Bildschirmdarstellung dem Bild 5-36 entsprechen.

Bild 5-36:
Zwischenergebnis der
Übung zum Editieren von
Öffnungen

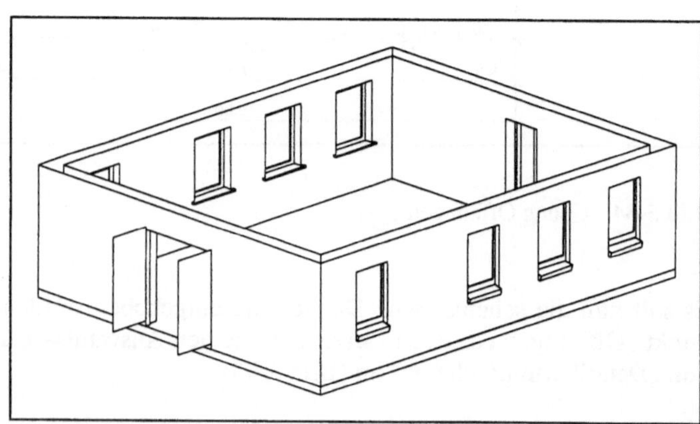

Löschen Sie jetzt die beiden rechten Fenster. Das Ergebnis in einer geeigneten 3D-Ansicht sollte der folgenden Abbildung (Bild 5-37) entsprechen. Zur Elementewahl wird das Dialogfenster durch Anklicken der Schaltfläche „Wahl" vorübergehend verlassen.

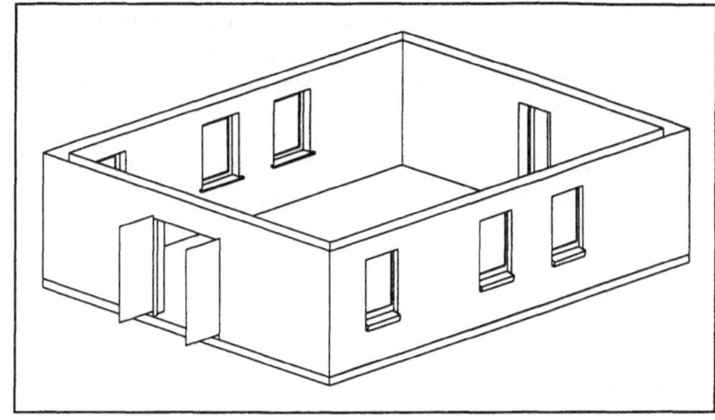

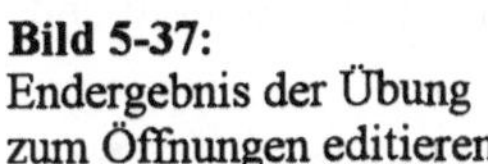

Bild 5-37:
Endergebnis der Übung
zum Öffnungen editieren

5.7 Manuelles Erzeugen einer nichthomogenen Außenwand

Nachdem Sie mit den Funktionen für die Konstruktion von Außen- und Innenwänden sowie Öffnungen vertraut sind, können Sie die folgenden Übung absolvieren.

Ziel der folgenden Übung ist es, ein nichthomogenes Außenmauerwerk zu konstruieren. Da dieses mit der Außenwandfunktion nicht möglich ist, muß die Wand manuell erzeugt werden. Sie lernen gleichzeitig die einzelnen Zeichnungselemente einer Wand kennen und sind anschließend in der Lage, auf Fehlermeldungen zu reagieren und Reparaturen an Wänden vorzunehmen.

Das Ergebnis der Übung ist im Bild 5-38 zu sehen. In einem Teil der Außenwand soll zum Abschluß eine Öffnung eingefügt werden. Läßt sich die Öffnung in die Wand einsetzen, sind alle Elemente richtig gezeichnet.

Bild 5-38:
Ergebnis der Übung
„Nichthomogene Außenwand"

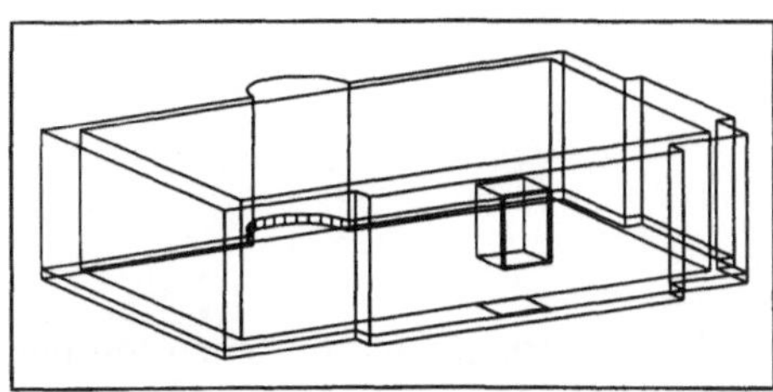

Zeichnen Sie einen geschlossenes Außenmauerwerk in eine Ecke Ihres Zeichenbereiches. Nutzen Sie dabei die Vorgabewerte. Dadurch werden alle notwendigen Einstellungen für die Übung getroffen. Es werden die notwendigen Layer angelegt, Fußpunkte und Wandhöhen erhalten Vorgabewerte.

Setzen Sie nun den Layer „Vorkonstruktion" (Menüpunkt „Vorkonstruktion" im Menü „Acad-Bau" und zeichnen Sie mit Rechtecken und einem Kreis ein dem Bild 5-39 entsprechendes Gebilde.

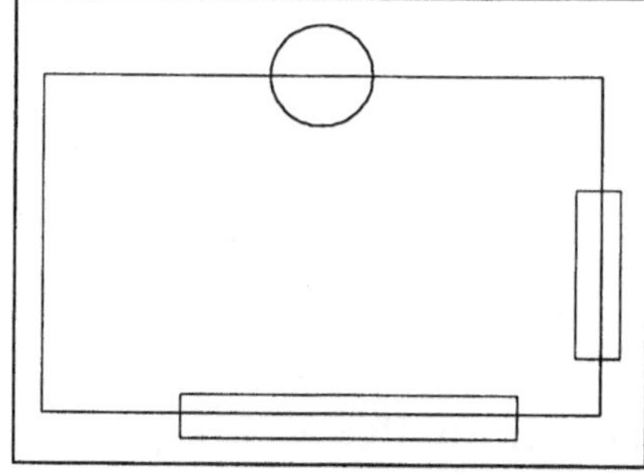

Bild 5-39:
Vorkonstruktion

Um aus diesem Gebilde ein geschlossenen Polylinienverlauf zu erhalten, bietet ACAD-BAU die Funktion POLMENGE an. Aktivieren Sie die Funktion POLYGONFLÄCHEN BEARBEITEN im Untermenü für die Vorkonstruktion. In älteren Versionen vor ACAD-BAU 5.1 finden Sie die Polmengen-Funktion im Expertenmenü.

Bestätigen Sie die Addition und wählen Sie alle Vorkonstruktionsobjekte. Die Frage, ob die Objekte aus dem Auswahlsatz gelöscht werden sollen, beantworten Sie mit der Vorgabe Ja. Das Ergebnis der Polmengenoperation ist in der nächsten Abbildung (Bild 5-40) zu erkennen.

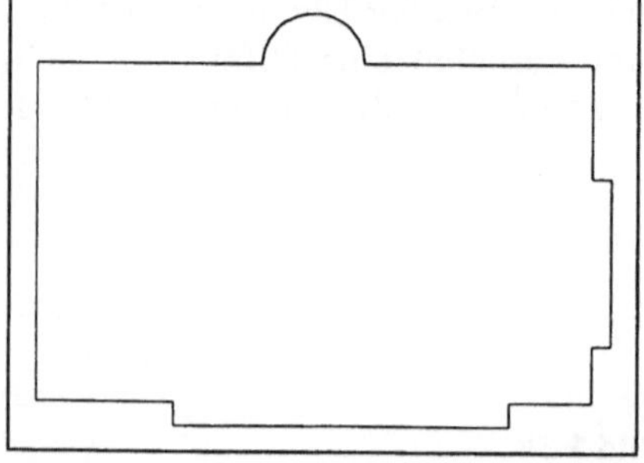

Bild 5-40:
Ergebnis der Polmengen-Operation

Aus dieser Vorkonstruktion leiten Sie nun eine Wandschale ab. Wenden Sie dazu die Funktion WANDSCHALE ZEICHNEN (Menü „Wand/Decke") an. In Versionen vor 5.1 steht dafür im Expertenmenü die Funktion WANDSCHALE OHNE MATERIAL ZEICHNEN zur Verfügung. Diese Funktion erzeugt eine Wandschale, d.h. 2D- und 3D-Teil auf dem entsprechenden Gewerk. Zur Wahl stehen die Gewerke IWAND, MWTRAG, DAEMM und ASCHALE.

Aktivieren Sie die Funktion WANDSCHALE ZEICHNEN und bestätigen Sie die Vorgabewerte.

In der isometrischen Ansicht sollte anschließend folgende Darstellung (Bild 5-41) zu sehen sein. Im Hintergrund ist der geschlossene Außenmauerwerksverlauf zu erkennen.

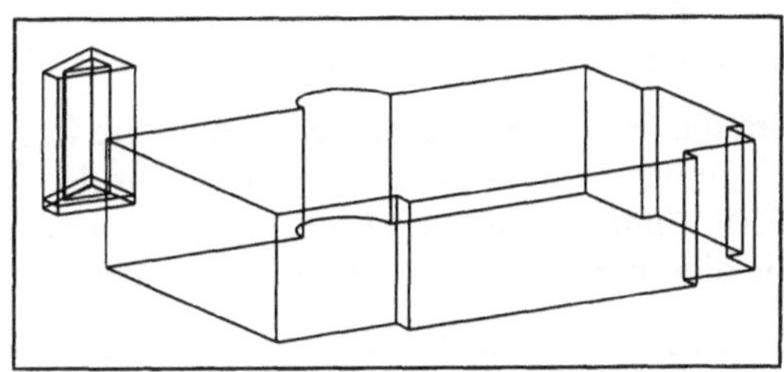

Bild 5-41:
Äußerer Außenmauerwerksverlauf

Zum Erzeugen der inneren Wandschale zeichnen Sie eine rechteckige Vorkonstruktion in die Außenschale, wie Sie es in der folgenden Abbildung sehen (Bild 5-42).

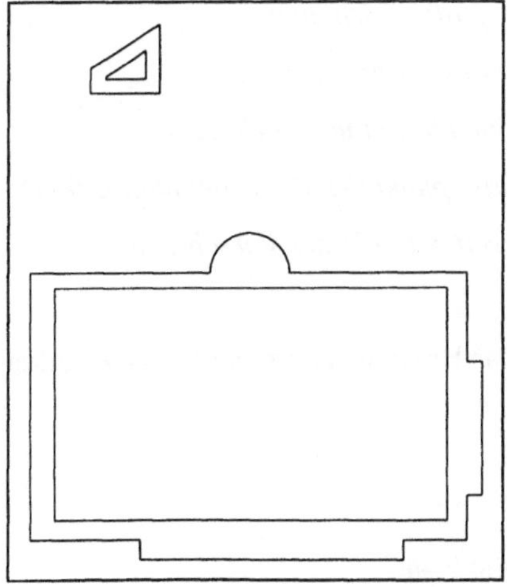

Bild 5-42:
Innere Wandschale

Leiten Sie analog zur Außenschale die Innenschale ab. Das Ergebnis in der isometrischen Ansicht sollte dem Bild 5-43 entsprechen.

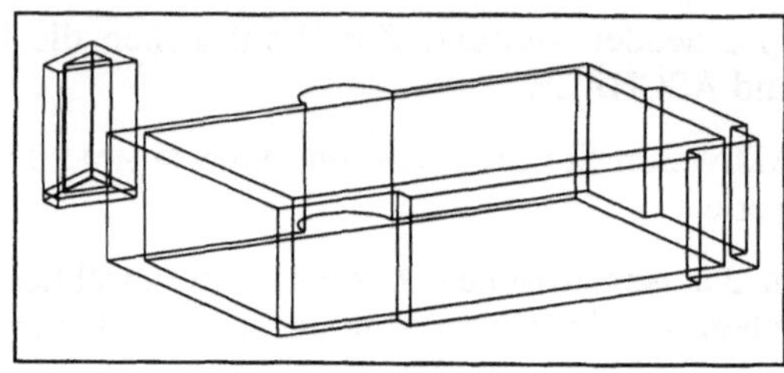

Bild 5-43:
Erzeugte Innenschale

Das Geschoß in der Ebene 0 wird durch zwei Geschoßgrenzlinien (Glinien) begrenzt, wobei die obere G-Linie auf der Ebene 1 liegt.

Um die G-Linien zu erzeugen, setzen Sie in der Gewerksteuerung das Gewerk GLINIE. Die äußere Kontur ist die Grundlage für den Verlauf der G-Linie. Der AutoCAD-Befehl GPOLY mit der Option „Punkt wählen" zeichnet eine bestehende Kontur nach. Nutzen Sie diesen Befehl und klicken Sie zwischen beide Wandschalen.

Es wird nun eine G-Linie erzeugt, die allerdings auf dem z-Niveau 0 zu liegen kommt. Die korrekte Lage ist allerdings unterhalb der Deckenlage. Da in unserem Beispiel die Decke eine Stärke von 18 cm haben soll, muß die G-Linie um 18 cm in den negativen z-Bereich geschoben werden. Dazu nutzen Sie den AutoCAD-Befehl SCHIEBEN, in einer Ihnen vielleicht noch unbekannten Art.

Befehl: Schieben

Objekte wählen: LETZTES

Objekte wählen: <ENTER>

Basispunkt der Verschiebung: 0,0,-18

zweiter Punkt der Verschiebung: <ENTER>

Das Ergebnis ist im Bild 5-44 zu erkennen.

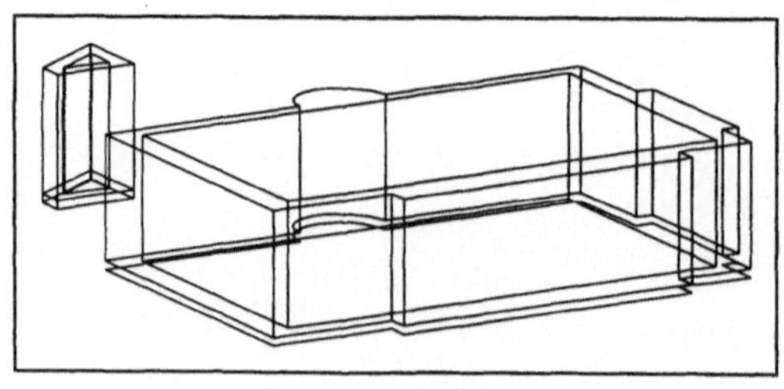

Bild 5-44:
Erzeugte G-Linie

Die zweite G-Linie liegt auf der Ebene 1. Um dort eine G-Linie zu erzeugen, nutzen Sie die Funktion AUF EBENE KOPIEREN. Diese Funktion finden Sie unter dem Menüpunkt „Layer/Layertools".

Aktivieren Sie diese Funktion und wählen Sie das letzte Objekt. Die Abfrage nach der Zielebene bestätigen Sie.

Die gerade erzeugte G-Linie liegt direkt über der zuerst erzeugten G-Linie, korrekte Lage wäre die obere Kante des Mauerwerkes. Nutzen Sie den AutoCAD-Befehl SCHIEBEN auf die oben beschriebene Art und Weise, um die G-Linie richtig zu positionieren.

Jeder Innenraum ist durch eine Raumgrenzlinie (R-Linie) gekennzeichnet. Um diese zu erzeugen, setzen Sie das Gewerk RLINIE. In der Draufsicht können Sie nun mit dem Befehl GPOLY die R-Linie erzeugen. Wählen Sie beim Befehl GPOLY wieder die Option „Punkt wählen" und klicken Sie in den Innenraum. Da die R-Linie der Ebene 0 einen z-Wert von 0 besitzt, liegt die gerade erzeugte Linie an der richtigen Stelle. Es fehlt nun noch die Decke, um ein komplettes Geschoß zu erhalten. Die Decke besteht aus einer Polylinie mit Objekthöhe.

Setzen Sie das Gewerk DECKE mit der Option „3D Setzen" in der Gewerksteuerung. Nutzen Sie den Befehl GPOLY mit der Option „Punkt wählen" und klicken Sie zwischen die beiden Schalen. Die Objekthöhe können Sie mit Hilfe des Befehls EIGENÄNDERN aus dem Menü „Ändern" erzeugen. Bei der Objektwahl nutzen Sie den AutoCAD-Objektfang LETZTES. Ändern Sie die Objekthöhe von 0 auf -18.

Anmerkung: Ab Version 5.1 von ACAD-BAU stehen auch Funktionen für das Restaurieren von R- und G-Linien im Untermenü „Sonderfunktionen" zur Verfügung.

Mit der Decke sind weitere Informationen verbunden, sogenannte externe Elementedaten (EED's). Diese müssen der Deckenlage zugewiesen werden. Dazu steht in ACAD-BAU die Funktion EED'S AN DECKENLAGE ZUWEISEN zur Verfügung. Aktivieren Sie diese Funktion im Untermenü „Wand/Decke" und wählen Sie die Option „Decke komplett". Diese Funktion ist bei älteren Versionen von ACAD-BAU vor 5.1 im Expertenmenü untergebracht.

In älteren Versionen vor 5.1 befindet sich im Menü „Frage" die Funktion TELLME/WANDDATEN LISTEN, ab Version 5.1 nutzen Sie WANDAUFBAU PRÜFEN im Untermenü „Wand/Decke". Aktivieren Sie diese Funktion und klicken Sie die gerade erzeugte Wand an. Es kommt zu einer Fehlermeldung. Zwar sind alle Elemente der Wand vorhanden, trotzdem wird die Wand als solche nicht erkannt. Es würde sich zum derzeitigem Stand auch keine Öffnung in die Wand einsetzen lassen.

Damit ACAD-BAU die Wand erkennt, muß der Schalenaufbau präzisiert werden. Es ist dazu erforderlich, daß Sie den Abstand (da hier nicht mit Maßen gearbeitet wurde) zwischen den Wandschalen messen. Da die Wand mehrere Wandstärken besitzt, messen Sie den Abstand an der Stelle, wo Sie die Öffnung einsetzen möchten. Der AutoCAD-Befehl ABSTAND, mit den AutoCAD-Objektfängen „Nächster" und „Lot", liefert Ihnen die notwendigen Ergebnisse. In unserem Beispiel ist der Abstand zwischen den Schalen der südlichen Außenwand 100 cm.

Rufen Sie die Funktion WANDAUFBAU MANUELL ZUWEISEN aus dem Untermenü „Wand/Decke" auf. In Versionen vor ACAD-BAU 5.1 aktivieren Sie die Funktion SCHALENAUFBAU UPDATEN/ZUWEISEN aus dem Expertenmenü. Bei der Objektwahl wählen Sie mit KREUZEN den gemessenen Wandzug gleicher Stärke (Bild 5-45). Tragen Sie den gemessenen Wert unter tragendes Mauerwerk ein und schließen Sie das Dialogfenster durch Betätigung der OK-Schaltfläche. Die Wand ist nun komplett (Bild 5-46).

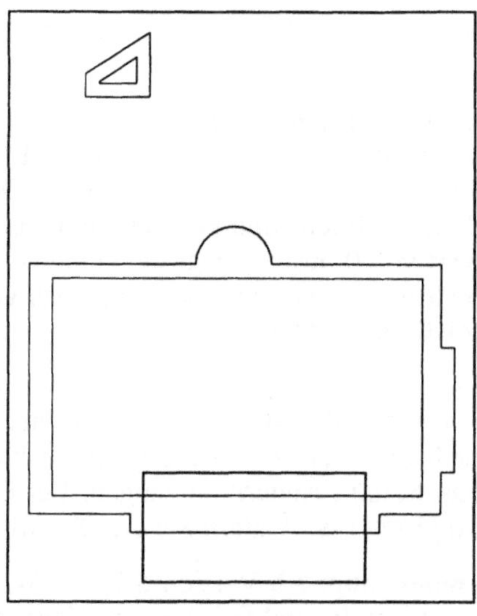

Bild 5-45:
Objektwahl der Wandschalen mit Kreuzen

In der Version 5.0 kommt es an dieser Stelle zu einer Fehleintragung im Punkt „Dämmung". Wenn Sie mit dieser Version arbeiten, wählen Sie im Dialogfenster den Punkt „Standardauswahl", dann „Einschalig STD". Wählen Sie dort irgendeinen Wert und schließen Sie das Dialogfenster. Nun läßt sich der Wert unter „Tragendes Mauerwerk" ändern.

Wenn Sie nun mit der Funktion WANDAUFBAU PRÜFEN die Wand anklicken, dürfte es zu keiner Fehlermeldung mehr führen. Sie können nun eine Öffnung an der Stelle einsetzen, an welcher Sie den Schalenaufbau aktualisiert haben (Bild 5-47).

Der zuerst gezeichnete homogene Außenwandverlauf wird nicht mehr benötigt und kann gelöscht werden.

Bild 5-46:
Vollständige Außenwand

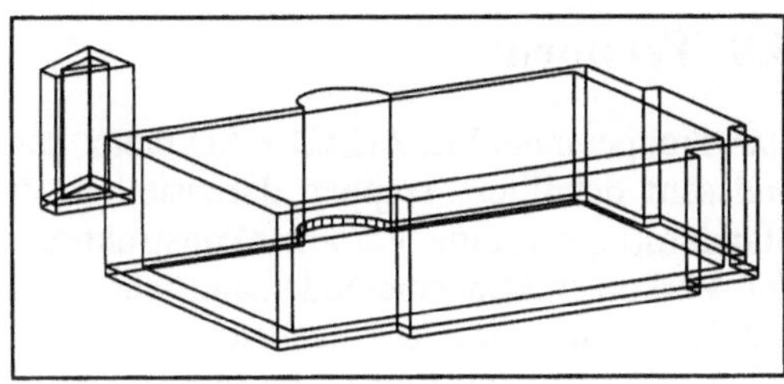

Bild 5-47:
Vollständige Außenwand mit
eingesetzter Öffnung

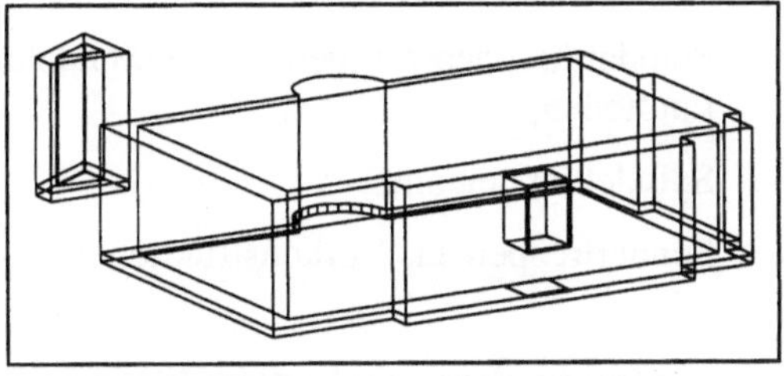

5.8 Treppen

Das Treppenmodul in ACAD-BAU bietet dem Anwender die Möglichkeit, sehr effektiv und sehr detailliert Treppen darzustellen. Zu diesem Zweck steht zum einen für die Standardtreppen eine Variantenkonstruktion zur Verfügung. Zum anderen können mit der Vorkonstruktionsmethode sämtliche Sondertreppen generiert werden. Hierbei wird mit Hilfe einer frei einzugebenden Lauflinie (Vorkonstruktion) und zweier äußerer Wangenbegrenzungslinien eine freie Treppenkonstruktion erzeugt.

Alle Treppen werden in 2D und 3D zur Verfügung gestellt und können als Objekte, auch nach dem Einfügen, in der Zeichnung komfortabel nachbearbeitet werden. Die Treppenwerte können über Editierung unter Berücksichtigung der Schrittmaßregel optimiert werden. Folgende Treppenarten sind möglich:

– Standardtreppen mit geraden, gewendelten Läufen sowie geraden und gewendelten Laufteilen,

– Spindeltreppen und

– Sondertreppen aus Vorkonstruktionen.

5.8.1 Standardtreppenkonstruktion

Standardtreppen konstruieren Sie mit der gleichnamigen Funktion aus dem Untermenü „Treppen" des Menüs „Acad-Bau". Das Dialogfenster „Treppenkonstruktion" öffnen Sie durch Auswahl der Funktion „Standardtreppen" im Untermenü „Treppen" (Bild 5-48).

Bild 5-48:
Dialogfenster
„Treppenkonstruktion"

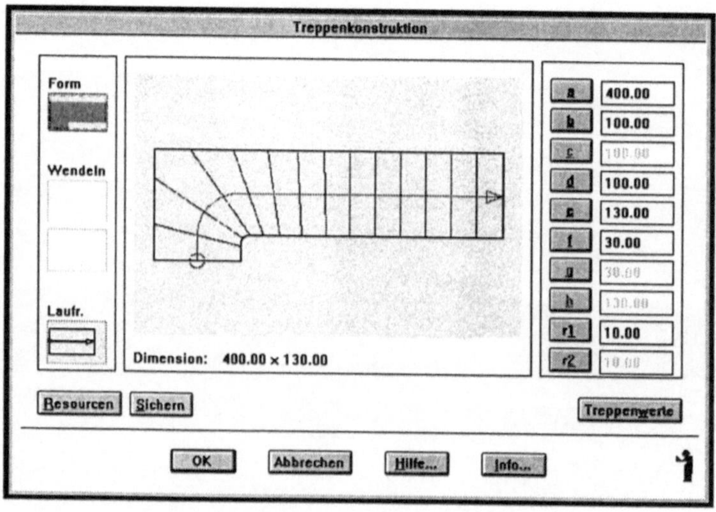

Mit dem Zeigefeld „**Form**" können Sie schnell und übersichtlich die Grundgeometrie einer Treppe bestimmen. Durch wiederholtes Picken derselben Fläche ändert sich in der Anzeige die Farbe des gewählten Rechtecks. Alle Bereiche (Bild 5-49) können so ausgeleuchtet werden.

Mit dieser Ausleuchtung (bei der Standardfarbeinstellung mit roten Feldern) wird angezeigt, welcher Treppenbereich als Podest oder Zwischenpodest gelten soll. Der Bereich 1 und 3 läßt sich wie auch der Bereich 5 und 7 nur wechselseitig anzeigen.

Damit entstehen die folgenden Möglichkeiten:

Sichtbare Bereichskombinationen:

(1, 2, 4, 6, 5) - (3, 2, 4, 6, 7)

(1, 2, 4, 6, 7) - (3, 2, 4, 6, 5)

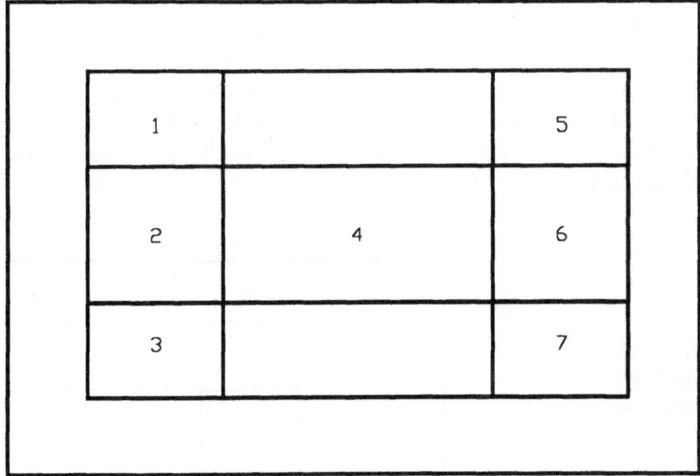

Bild 5-49:
Treppenbereiche

Durch weiteres Anklicken der Bereiche 1 oder 3, 5 oder 7 können diese abgeschaltet werden. Übrig bleibt dann eine gerade einläufige Treppe.

Sichtbare Bereichskombinationen:

(2, 4, 6)

(3, 2, 4, 6) - (1, 2, 4, 6)

(2, 4, 6, 7) - (2, 4, 6, 5)

Werden Zwischenpodeste aktiviert (Bereiche 3, 2, 4, 6, 7, wobei 2 und 4 durch zweimaliges Picken als Zwischenpodeste hervorgehoben sind), so ändert sich die Darstellung der Lauflinie im Bereich „Anzeige" von zuvor rund auf rechteckig. Hiermit kann entschieden werden, ob die dargestellte Treppe in diesem Bereich gewendelt oder gewinkelt sein soll.

Mit den beiden Schaltern für das „Wendeln" ist es möglich, Zwischenpodeste in der jeweils angezeigten Orientierung in die Wendelung mit einzubeziehen. Damit wird eine Verformung des Zwischenpodestes erreicht, welche durch den in % eingestellten Verzug (Treppenvariablen) der Stufen im gewinkelten Bereich bestimmt wird. Diese Schalter sind nur bei Treppen mit Zwischenpodesten aktiv.

Die **Laufrichtung** wird durch die Orientierung der Lauflinie bestimmt und kann mit diesem Feld umgeschaltet werden. Die Laufrichtung zeigt immer vom Kreissymbol der Lauflinie zum Pfeilsymbol und führt stets vom Antritt zum Austritt, also von unten nach oben. Dieses Feld zeigt nicht an, ob die zu konstruierende Treppe eine Links- oder Rechtstreppe ergibt.

Die **Varianten a, b, c, d, e, f, g, h** beeinflussen die Preview-Anzeige des Variantenprozessors zur Laufzeit, d.h. eine Veränderung der Werte bewirkt eine sofortige Anzeige. Durch Picken in die Buchstabenfelder a bis h kann jeder der Werte durch Zeigen aus der aktuellen Zeichnung abgegriffen werden. Ebenso ist eine Veränderung der Werte über die direkte Eingabe in die Textfelder möglich. Die Bedeutung der einzelnen Varianten sind im Bild 5-50 dargestellt und können auch durch Anklicken des Info-Buttons nachgelesen werden.

Bild 5-50:
Variablen des
Variantenprozessors

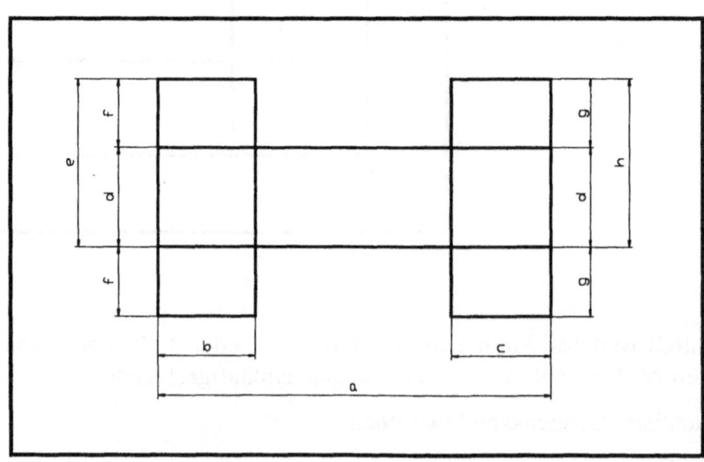

Da sich die Werte teilweise gegenseitig bedingen, erhält man dann eine Fehlermeldung, wenn z.B. der Wert b und c zusammen größer sind als der Wert a. Um leichter eine symmetrische Treppe einzugeben oder zu verändern, sind die Werte h und g sowie e und f gekoppelt. Das bedeutet, bei einer Veränderung des Wertes h um + 10 cm verändert sich Wert g ebenfalls um + 10 cm. Wird jedoch g verändert, bleibt h unberührt. Analog hierzu verhalten sich die Werte e und f.

Die **Varianten r1 und r2** beschreiben die Innenradien bei gewendelten Treppen. Diese können voneinander unabhängig eingegeben werden. Durch Picken in den Beschriftungsbutton (r1 oder r2) lassen sich diese Werte ebenfalls aus der Zeichnung abgreifen. Durch Eingabe des Wertes 0, wird der Bogen zur Ecke ausgebildet.

Mit dem Button **„Ressourcen"** wird der Zugang zur ACAD-BAU-Datenbank RESI geöffnet. Es lassen sich hier alle erzeugten Varianten, die unter einem eigenen Namen in einer Gruppe „Treppen" ablegt wurden, abrufen. Diese Varianten aktualisieren dabei die Einträge in der Variantenkonstruktionsbox. Mit **Sichern** können Sie eigene Varianten und Änderungen an vorhandenen Varianten unter eigenem Namen speichern.

Die angezeigten Werte für die **Dimension** ergeben die Seitenlängen eines die Treppe umfassenden Rechtecks bei geradem An- und Austritt.

Der Knopf **„Treppenwerte"** öffnet das Dialogfenster „Treppenberechnung" (Bild 5-51). Hier werden durch Vorgabe der Treppen- und Fußpunkthöhe sowie durch Eingabe der Anzahl von Auftritten oder Steigungen die nach der Schrittmaßregel optimierten Werte als Kontrolle angezeigt. Bei Veränderung der Vorgabewerte werden die Kontrollwerte sofort nachgeführt.

Bild 5-51:
Treppenberechnung

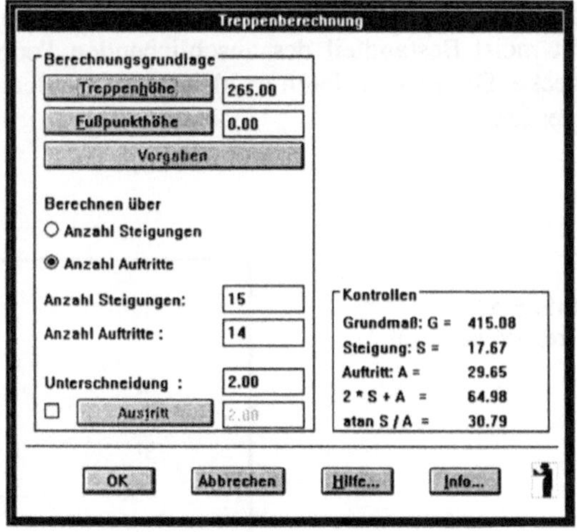

In ACAD-BAU wird bei der Vorgabe des Wertes für die Treppenhöhe von einer Geschoßtreppe ausgegangen. Deshalb entspricht diese vom Programm übergebene Treppenhöhe dem Abstand zwischen OKFF Geschoß A und OKFF Geschoß B. Dies gilt auch für unterschiedliche Fußbodenaufbauten in beiden Geschossen. Beim Picken in den Treppenhöhe-Button kann der Benutzer die gewünschte Treppenhöhe durch Zeigen aus seiner Zeichnung abgreifen. Ein anderer Wert kann auch durch Ändern des Zahlenwertes direkt ins Textfeld eingegeben werden. Eine Änderung der Treppenhöhe wirkt sich nicht auf die Geschoßhöhe aus.

Das Nullniveau des Fußpunktes, die Fußpunkthöhe, ist, bezogen auf das jeweils aktuelle Geschoß, die Oberkante des Rohfußbodens. Der Wert für den Fußbodenaufbau wird beim Aufruf des Variantenprozessors somit als Voreinstellung ins Feld Fußpunkthöhe übergeben. Soll ein anderer Wert für den Fußpunkt gelten, kann dieser durch direkte Eingabe geändert oder durch Picken auf den Knopf Fußpunkthöhe durch Zeigen aus der Zeichnung abgegriffen werden.

Der Button „Vorgaben" öffnet eine Liste mit der Tabelle der geschoßbezogenen Fußpunkthöhen. Aus dieser Liste kann ein Wert für die Fußpunkthöhe gewählt werden.

Mit dem Radiobutton „Anzahl Steigungen-Anzahl Auftritte" wird eingestellt, über welchen Wert, Anzahl der Steigungen oder Anzahl der Auftritte, gerechnet werden soll.

Ist der Schalter „Anzahl Auftritte" markiert, so können durch Verändern des Wertes „Anzahl Steigungen" die restlichen Treppenwerte beeinflußt werden.

Ist der Schalter „Anzahl Steigungen" markiert, so können durch Verändern des Wertes „Anzahl Auftritte" die restlichen Treppenwerte beeinflußt werden.

Die Unterschneidung ist ein waagerechtes Maß, um das die Vorderkante einer Stufe über die Breite der Trittfläche der darunterliegenden Stufe vorspringt. Auch dieses Maß wird bei der Ermittlung der optimalen Treppe berücksichtigt (Bild 5-52).

Der Austritt definiert die Breite der Austrittsstufe (Bild 5-52). Da die Treppenlauflänge als Maß von Vorderkante Antrittsstufe bis Vorderkante Austrittstufe definiert ist, wird die Stufenbreite des Austritts nicht in der Treppe selbst mitberücksichtigt. Der Austritt ist meist Bestandteil des anschließenden Podestes oder der anschließenden Geschoßdecke. Dieser Wert kann wahlweise in der Berechnung der Treppenwerte berücksichtigt werden.

Bild 5-52:
Treppenvariablen

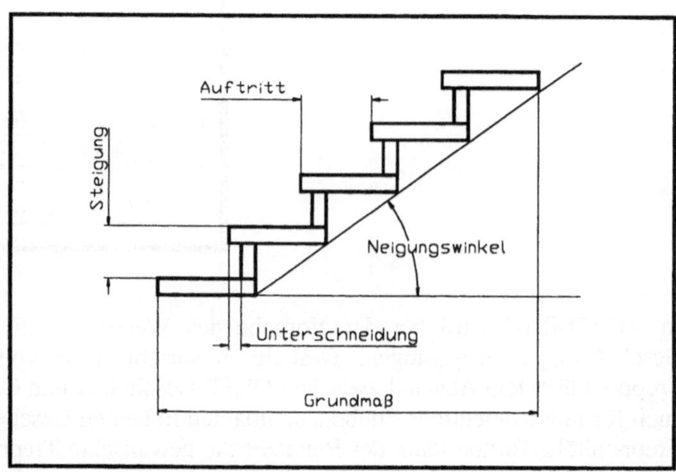

Das Grundmaß (G) ist die Summe der Auftrittsbreiten.

Die Steigung (S) beschreibt das lotrechte Maß von der Trittfläche einer Stufe zur Trittfläche der folgenden Stufe.

Der Wert für den Auftritt (A) für den Treppenauftritt beschreibt das waagerechte Maß von der Vorderkante einer Treppenstufe bis zur Vorderkante der folgenden Treppenstufe in der Laufrichtung gemessen.

Das Feld „2·S+A= Schrittmaßregel" zeigt das Ergebnis nach der Schrittmaßregel berechnet an. Der sich ergebende Wert sollte etwa 63 cm betragen.

Die Neigung „atan S/A" gibt die Neigung der errechneten Treppe in Grad an.

Nach der Plazierung des Treppenblockes in der Zeichnung wird automatisch das Dialogfenster „Treppen" geöffnet, es kann nun eine weitergehende Detaillierung der konstruierten Treppe erfolgen (Bild 5-53).

Bild 5-53:
Dialogfenster „Treppen"

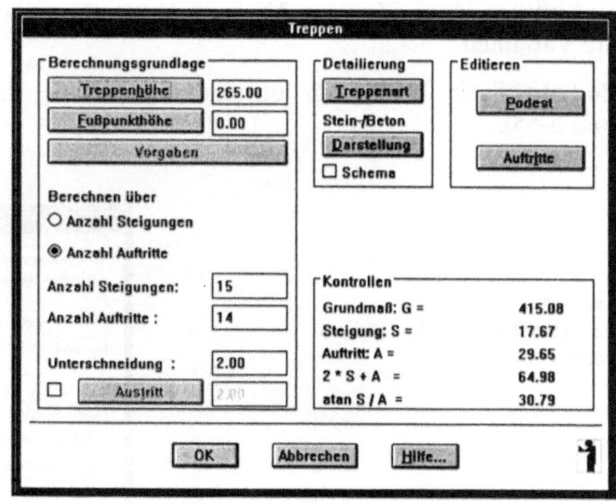

Der Button „Treppenart" bietet verschiedene Grundtreppenarten im Dialogfenster „Einstellung der Treppenarten" zur Auswahl (Bild 5-54). Dabei wird die aktuelle Einstellung unterhalb des Buttons angezeigt.

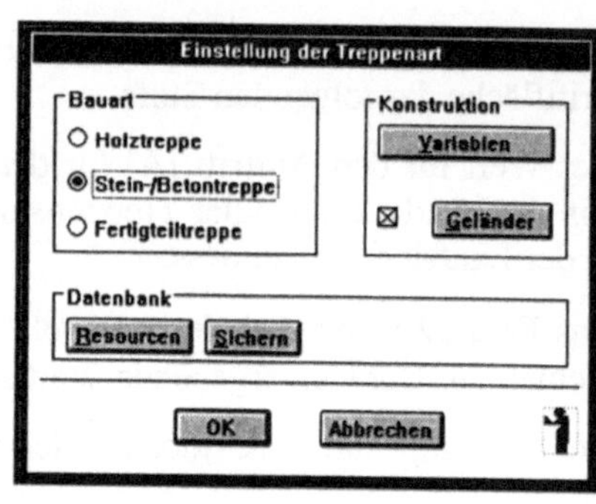

Bild 5-54:
Dialogfenster „Einstellung der Treppenart"

Mit „Bauart" wird ausgewählt, ob Holz-, Stein/Beton- oder Fertigteiltreppen konstruiert werden sollen.

Über den Button „Ressourcen" wird der Zugang zur ACAD-BAU-Datenbank RESI geöffnet. Es lassen sich hier alle erzeugten Varianten, die unter einem eigenen Namen in einer Gruppe Treppen ablegt wurden, abrufen. Diese Varianten aktualisieren dabei die Einträge in der Treppen-Variantenkonstruktionsbox. Mit „Sichern" speichern Sie Ihre Varianten.

Die Schaltfläche „Variablen" öffnet die Dialogbox „Einstellung der Treppenvariablen" (Bild 5-55).

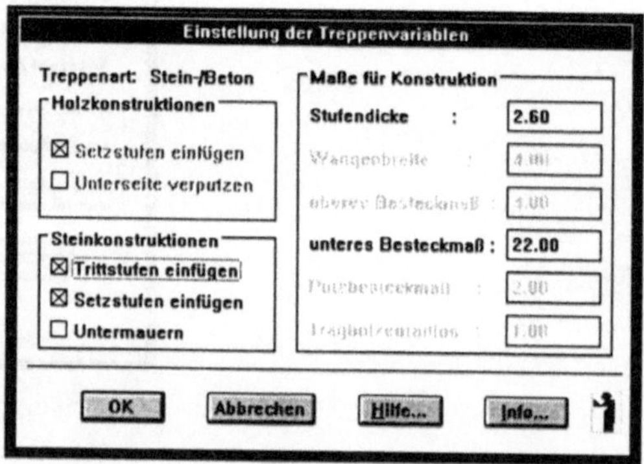

Bild 5-55:
Dialogfenster „Einstellung der Treppenvariablen"

Wird als Treppenart eine Holzkonstruktion gewählt, kann hier weiter unterschieden werden. Es stehen gestemmt/eingeschnittene, zentriert- und beidseitig aufgesattelte Konstruktionsarten zur Verfügung.

Mit dem Schalter „Setzstufen einfügen" können Setzstufen in die Konstruktion einge-setzt werden. Dabei geht das Programm von einer theoretische Dicke 0 aus. Sind keine Setzstufen gewünscht, wird dieser Schalter deaktiviert.

Soll die Unterseite einer Holztreppe verkleidet werden, ist der Schalter „Unterseite verputzen" einzuschalten.

„Verziehen beim Wendeln" ist der Verzugswert bei Wendeltreppen, welcher von 0 bis 100% angegeben wird. 0% bedeutet keinen Verzug. 100% entspricht dem maximal möglichen Verzug. „Verziehen beim Spindeln" ist der Verzugswert bei Spindeltreppen, welcher von 0 bis 100% angegeben wird. 0% bedeutet keinen Verzug. 100% entspricht dem maximal möglichen Verzug.

Unter „Stufendicke" wird der Wert für die Dicke der Stufen bei Holz- und Fertigteiltreppen eingegeben.

Die Wangenbreite ist die winkelrechte Breite der Treppenwange (Holztreppen).

In den übrigen Feldern sind die Werte für Sattelwangenbreite, Sattelwangenabstand, (der Abstand zwischen den Sattelwangen einer aufgesattelten Treppe) und die Sattelbreite einzutragen.

Das senkrechte obere Besteckmaß gibt den senkrechten Abstand von der Vorderkante der Treppenstufe bis zur oberen Wangenkante an. Das senkrechte untere Besteckmaß gibt den Abstand der unteren Hinterkante der Treppenstufe bis zur unteren Wangenkante an. Das senkrechte Putzbesteckmaß gibt den Abstand der unteren Hinterkante der Treppenstufe bis zur Verkleidung an. Dieser Wert kann nicht größer als das untere Besteckmaß sein.

Der Tragbolzenradius ist der Radius für die Stufenverbindungen bei Holzfertigteiltreppen.

Mit dem Schalter für das **Geländer** des Dialogfensters „Einstellung der Treppenart" läßt sich ein Geländer über die Dialogbox „Einstellungen für Geländer" generieren (Bild 5-56). Zusätzlich kann die gewünschte Einstellung mit dem Schaltkästchen aus- und eingeschaltet werden.

Bild 5-56:
Dialogfenster „Einstellungen für Geländer"

Für Handlauf, Geländerstäbe und Geländerpfosten ist die Bauart zu wählen und die entsprechenden Werte wie Radius oder Breite einzutragen. Die Geländerhöhe ist der senkrechte Abstand zwischen Auftrittoberkante und Handlaufoberkante.

Über „Min. u. max. Stababstand" werden die Plazierungsgrenzen für die Geländerstäbe bestimmt. Mit „Geländer links, rechts" können die Geländer unabhängig voneinander geschaltet werden. Sind die Schalter für Geländerstäbe und Geländerpfosten aktiv, werden diese Bauteile generiert.

Der Button **„Darstellung"** des Dialogfensters „Treppen" ermöglicht die Manipulation der 2D-Darstellung. Es öffnet sich das Dialogfenster „Einstellungen für 2D-Darstellung" (Bild 5-57).

Bild 5-57:
Dialogfenster „Einstellungen für 2D-Darstellung"

Über „2D aktuelle Ebene" kann die 2D-Darstellung in der aktuellen Ebene aus- oder eingeschaltet werden. Da eine Geschoßtreppe die Verbindung zwischen zwei Geschossen herstellt, kann mit „2D nächste Ebene" festgelegt werden, ob beim Erzeugen der Treppe bereits die 2D-Darstellung für das Folgegeschoß generiert werden soll.

„Schnitt darstellen" bewirkt eine Schnittdarstellung der Treppe im Grundriß. Ist die Schnittdarstellung aktiviert, können Sie über „Schnitt ab Höhe" die Höhe des Schnittes bezogen auf die aktuelle Fußpunkthöhe einstellen.

Wird ein Treppenloch gewünscht, ist der Schalter „Treppenloch darstellen" zu aktivieren. Das Treppenloch wird abhängig von der eingestellten Durchgangshöhe erzeugt.

Weiterhin ist es möglich, die Darstellung der Lauflinie ein- oder auszuschalten. Bei Darstellung der Lauflinie ist die Pfeillänge variierbar. Der Kreisradius bezieht sich ebenfalls auf die Lauflinie. Das Kreissymbol bildet den Beginn der Lauflinie, der Radius kann hier eingestellt werden.

Die Auswahl eines Textschema-Blockes ermöglicht eine individuelle Beschriftung der Treppe. Ist der Schalter „Betexten" aktiv, wird die Treppenbeschriftung formatiert durch einen Textschemablock in die Zeichnung eingetragen. Über die Skalierung kann die Beschriftungsgröße für Treppen eingestellt werden.

Um z.B. ein Podest in die Treppe einzufügen, ist die Schaltfläche **„Podest"** des Dialogfensters „Treppen" anzuklicken. Die Optionen der Podest-Funktion sind auch aus dem Screen-Menü wählbar. Es wird nach dem Picken des Punktes eine Editieransicht der Treppe dargestellt, an der nun durch Zeigen festgelegt wird, wo das Podest eingefügt werden soll.

Ist diese Editierung erfolgreich und für das Programm zulässig ausgeführt, erhält der Punkt „Podest" eine Markierung als Kennzeichnung des erfolgreich durchgeführten Vorgangs.

5.8.2 Spindeltreppen konstruieren

Der Ablauf der Konstruktion einer Spindeltreppe entspricht vom Ablauf her der Standardtreppenkonstruktion. Das nach Aufruf der Funktion erscheinende Dialogfenster weicht aber von dem für die Standardtreppen ab (Bild 5-58).

Im Dialogfenster „Spindeltreppen" sind spezifische Angaben für Spindeltreppen einzugeben, es ist ohne Preview-Funktionalität zu arbeiten, da weniger Parameter einstellbar sind.

Es sind der Innenradius, der Außenradius und der Bogenwinkel für die Spindeltreppe festzulegen. Des weiteren ist die Option „Spindelkern" zu beachten. Bei Aktivierung dieser Option erhält die Treppe eine Spindel statt eines Treppenauges. Die Laufrichtung (links oder rechts) ist ebenfalls festzulegen.

Bild 5-58:
Dialogfenster „Spindeltreppe"

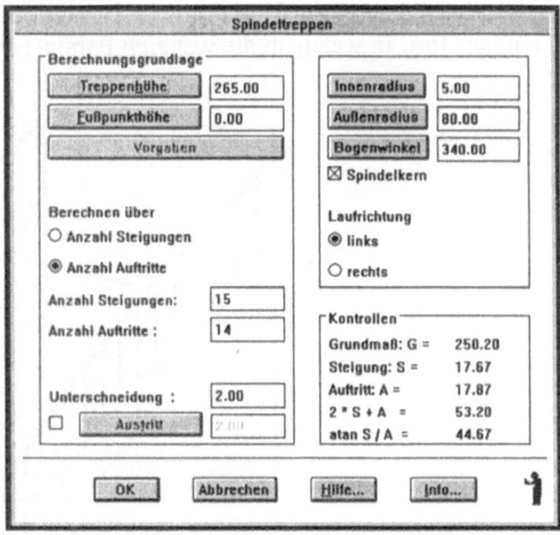

Nach dem Plazieren der Spindeltreppe öffnet sich wieder das oben beschriebene Dialogfenster „Treppen" für die Detaillierung der Konstruktion.

5.8.3 Treppen mit Vorkonstruktion

Diese Art der Treppenkonstruktion setzt eine Vorkonstruktionspolylinie voraus, welche auf dem Vorkonstruktionlayer für Treppen gezeichnet wird (Bild 5-59). Da es sich bei Treppenkonstruktionen oft um parallel verlaufende Wangen handelt, bietet der Dialog an dieser Stelle außer einem Anpicken der Linie auch die Möglichkeit, diese zuerst zu versetzen und dann zu wählen. Damit besteht die Möglichkeit, aus einer Lauflinie durch Versatz auch die Wangen zu generieren.

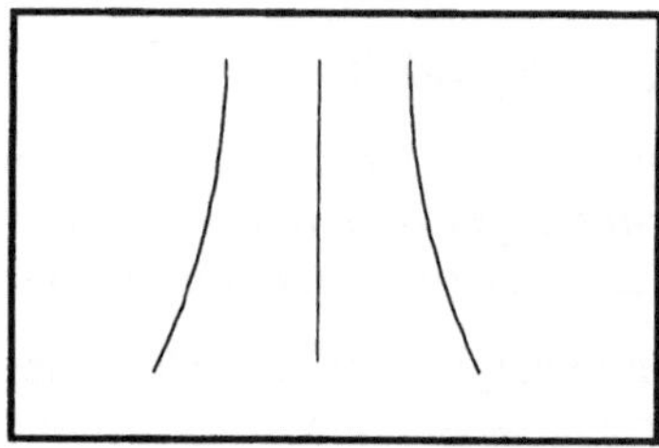

Bild 5-59:
Treppenvorkonstruktion

Beim Verlauf der Vorkonstruktion ist ein Überschneiden der Linien erlaubt. Durch Anpicken der jeweiligen Startpunkte beim Auswählen der Vorkonstruktion wird auch die Laufrichtung der Treppe festgelegt. Nach dem Lauflinie und Wangen ausgewählt sind, prüft das Programm durch Scannen der Linien, ob aus dieser Form eine Treppe generiert werden kann (Bild 5-60).

Auch dieser Dialog setzt sich mit dem Öffnen des bereits beschriebenen Dialogfensters „Treppen" fort, in welchem die weiteren Parameter einzustellen sind.

Bild 5-60:
Treppe aus
Vorkonstruktion

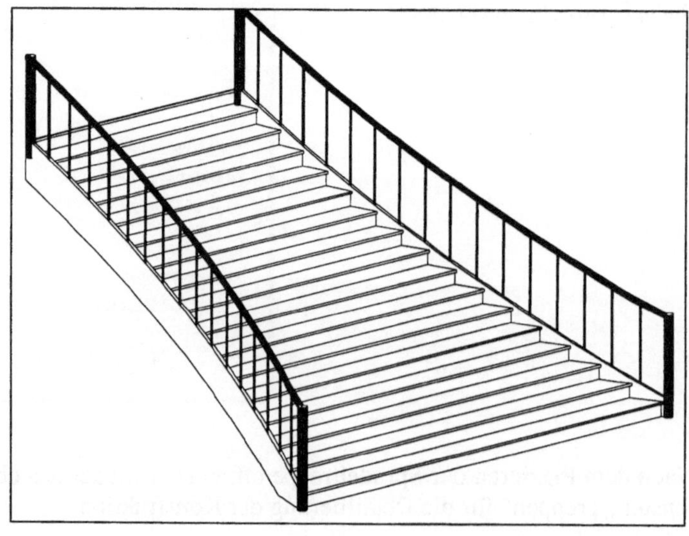

5.8.4 Treppen editieren

Dieser Punkt fordert den Benutzer auf, eine fertige Treppe anzupicken. Ist die Treppe gewählt, öffnet sich wieder das oben beschriebene Dialogfenster „Treppen". Die Möglichkeiten beim Editieren einer Treppe entsprechen im Prinzip der Detaillierung einer zu konstruierenden Treppe.

5.9 Dächer

5.9.1 Definitionen

Ein **Dach** bildet den oberen Abschluß eines Hauses und es besteht aus der Dachkonstruktion sowie der Dachhaut. Die Dachkonstruktion trägt Schnee- und Windlasten, weiterhin dient sie als Unterlagefläche für die Dachhaut. Eine Dachhaut muß regendicht sein. Man unterscheidet Dächer unter anderem nach der Dachneigung in Flachdächer (bis etwa 3% Steigung), flach geneigte Dächer (mit weniger als 25% Steigung) und Steildächer (mit mehr als 25% Steigung).

Der **First** ist die höchste Dachlinie. Er verläuft vorwiegend horizontal, es treten aber auch geneigte Firste auf.

Als **Traufe** wird die unterste, horizontal verlaufende Dachlinie bezeichnet. Sie dient der Aufnahme und Ableitung des Regenwassers.

Der **Ortgang** ist die Verbindung zwischen First- und Traufenanfang bzw. First- und Traufenende und stellt zugleich die seitliche Begrenzung der Dachfläche dar.

Jedes geneigte Dach mit Ortgang bildet unterhalb des Ortganges eine dreieckige bzw. (beim Mansardendach) eine trapezförmige Wandfläche, den **Giebel**.

Kehle nennt man eine Dachlinie, welche durch das Zusammentreffen zweier Dachflächen eine einspringende (negative) Kante gebildet wird.

Das Gegenteil der Kehle ist der **Grat**, eine ausspringende, positive Kante.

Der **Dachüberstand** ist der Teil des Daches, welcher über die Außenwand hinausragt. Er schützt das Haus vor Witterungseinflüssen wie Schlagregen, Schneelawinen vom Dach und Sonneneinstrahlung.

Die **Dachneigung** gibt den Winkel zwischen Dach und der horizontalen Linie des Hauses an und kann in Grad oder Prozent angegeben werden, zum Beispiel entsprechen 20° etwa 36% Steigung.

5.9.2 Dachformen

Das **Flachdach** besitzt eine ebene Dachfläche.

Als Grundform aller geneigten Dächer ist das **Pultdach** anzusehen (Bild 5-61).

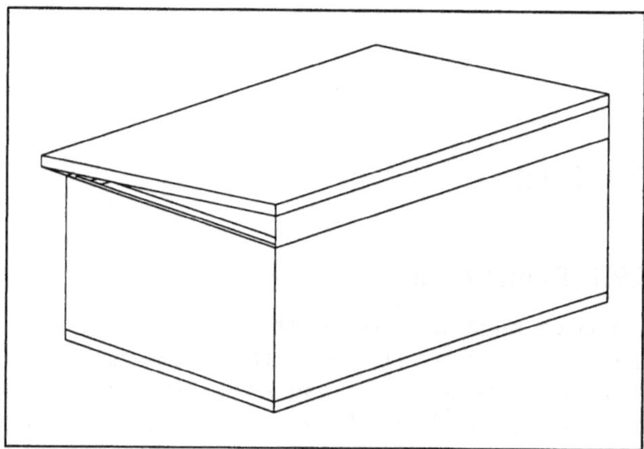

Bild 5-61:
Pultdach

Der Begriff **Sheddach** ist vom englischen Wort „shed" (= Halle) abgeleitet. Ein Sheddach besteht aus Pultdächern, welche „zusammengeschoben" sind. Dadurch wird ermöglicht, daß große Hallen mit Oberlichtbändern versehen werden können. Auch die Bezeichnung „Sägedach" ist gebräuchlich.

Ein **Zeltdach** besteht aus vier gleich großen und gleich geneigten Dachflächen, welche an einer Stelle in der Spitze zusammentreffen (Bild 5-62).

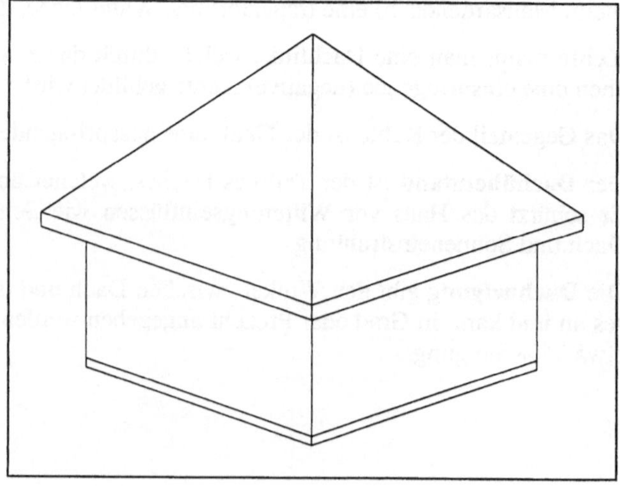

Bild 5-62:
Zeltdach

Das **Satteldach** kann als Verbindung zweier Pultdächer, welche an der Firstlinie zusammentreffen, angesehen werden (Bild 5-63). Es sind verschiedene Formen möglich. Die Variationsmöglichkeiten betreffen die Traufenhöhen, die Firstlage und die Dachflächenneigungen.

Bild 5-63:
Satteldach

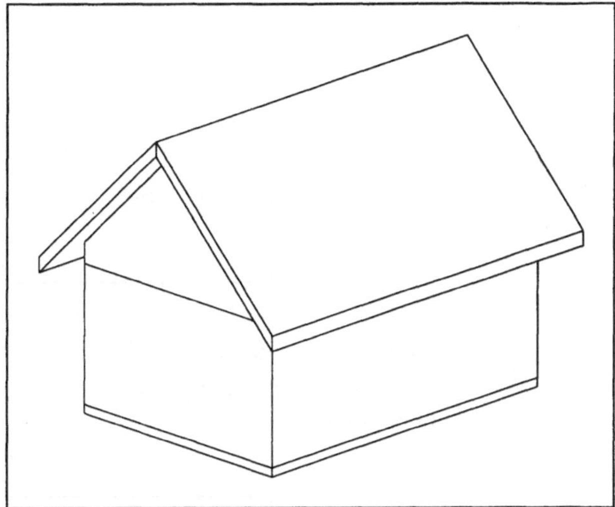

Ein **Walmdach** entsteht durch das schräge „Abschneiden" der Giebel eines Satteldaches bis zur Traufenhöhe. Dadurch entstehen neue Dachflächen, die Walme (Bild 5-64).

Walme sind Dreiecke, welche von der Walmtraufe und den beiden Graten (ausspringende, positive Kanten) gebildet werden. Der Anfallspunkt ist der Punkt, an dem die Grate mit dem First zusammentreffen. Hauptdachflächen sind die trapezförmigen Flächen, welche vom First, zwei Graten und der Traufe umschlossen sind.

Es sind drei Arten der Walmneigung möglich:

1. Die Walmneigung und die Hauptneigung sind gleich.

   In der Draufsicht liegen die Grate in der Winkelhalbierenden, der Anfallspunkt hat von der Walmtraufe die gleiche Entfernung wie von der Haupttraufe.

2. Der Walm ist steiler als die Hauptfläche.

   In der Draufsicht liegt der Anfallspunkt näher zur Walmtraufe als zur Haupttraufe.

3. Der Walm ist flacher geneigt als die Hauptfläche.

   In der Draufsicht liegt der Anfallspunkt weiter von der Walmtraufe entfernt als von der Haupttraufe.

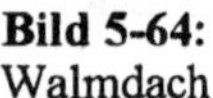

Bild 5-64:
Walmdach

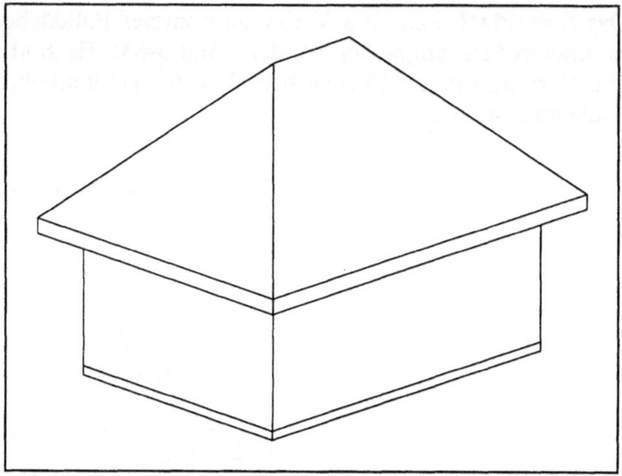

Beim **Krüppelwalmdach**, auch Schopfdach genannt, liegt die Walmtraufe höher als die Haupttraufe, dadurch entsteht der Krüppelwalm mit der Krüppelwalmtraufe und den Krüppelwalmgraten (Bild 5-65).

Bild 5-65:
Krüppelwalmdach

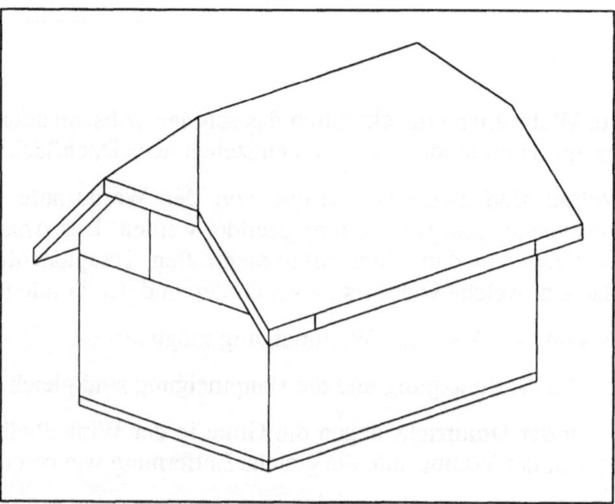

Mansardendächer, benannt nach dem französischen Baumeister J. Hardouin-Mansart, besitzen durch das „Herausknicken" der ursprünglichen Satteldachflächen einen größeren, für den Ausbau besser geeigneten Dachraum, die Mansarde (Bild 5-66).

Es treten drei Formen von Mansardendächern auf:

1. Einfaches Mansardendach

   Der Dachflächenknick wird Dachbruch oder Mansardenlinie genannt.

2. Mansardenkrüppelwalmdach

   Der obere Teil bis zur Mansardenlinie wird abgewalmt, es entsteht die Mansard-Krüppelwalm-Traufe.

3. Mansardenwalmdach

   Es besitzt außer einer Walmtraufe auch eine Walm-Mansardenlinie.

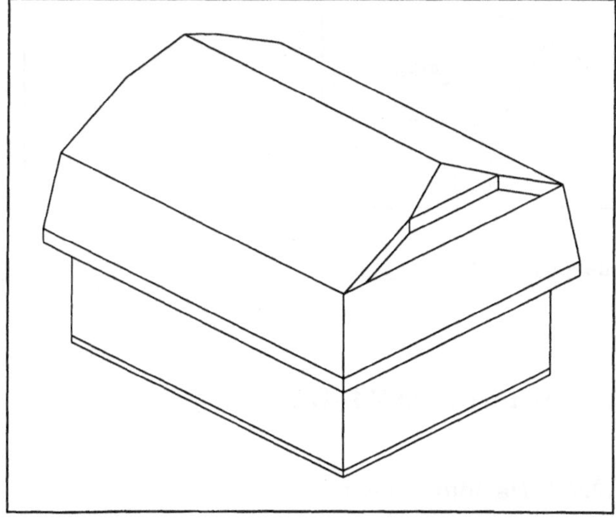

Bild 5-66:
Mansardendach mit
Krüppelwalmen

5.9.3 Dachaufbauten

Als Beispiele für mögliche Dachaufbauten wird eine Auswahl von Gauben vorgestellt (Bilder 5-67 bis 5-70). Je nach Region ist auch die Schreibweise „Gaupe" anzutreffen.

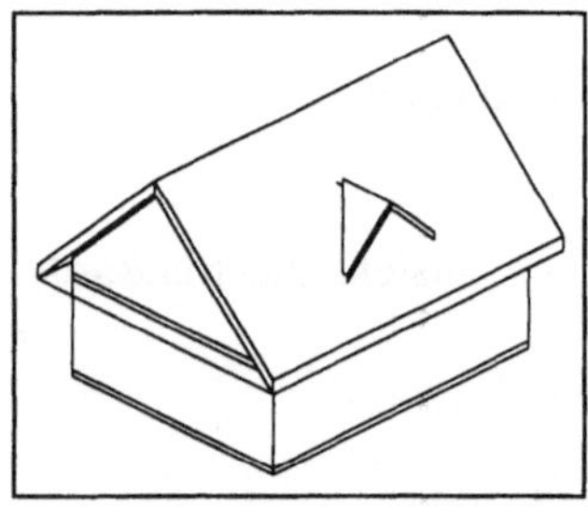

Bild 5-67: Spitzgaube

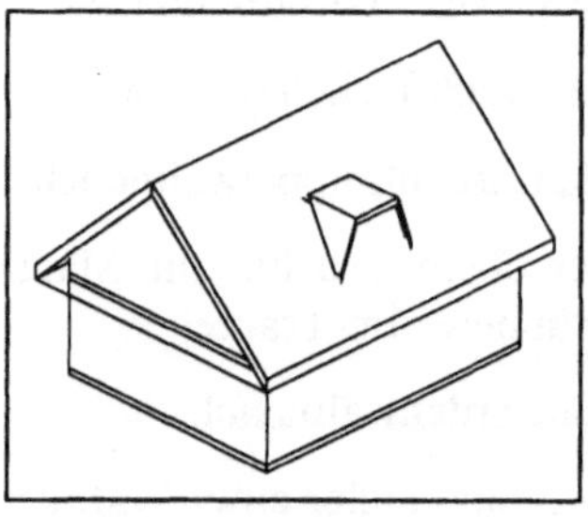

Bild 5-68: Trapezgaube

Bild 5-69: Fledermausgaube

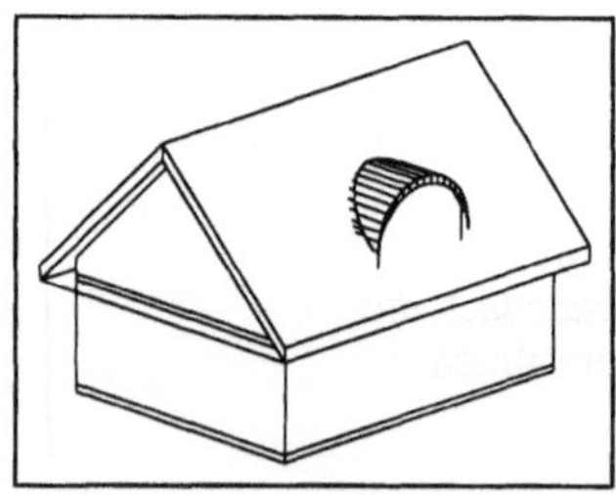

Bild 5-70: Rundgaube

5.9.4 Dächer in ACAD-BAU

5.9.4.1 Dachfunktionen

In ACAD-BAU können Dächer auf unterschiedliche Art und Weise konstruiert werden. Dabei gehen alle Methoden von der Dachüberstandslinie aus. Diese Polylinie mit einem festgelegten z-Wert wird aus der Außenwandkontur abgeleitet. Es besteht die Möglichkeit, diese Polylinie mit den dazu geeigneten AutoCAD-Befehlen zu editieren. Weiterhin kann die Dachüberstandslinie als Traufenkante genutzt werden.

Sattel-, Walm- und Krüppelwalmdach können aus First und Traufe, aus Traufe und Dachneigung oder First und Dachneigung abgeleitet werden.

Mit dem Programm FREIE DACHSEITE kann ein Dach aus der Firstlinie und der Dachneigung konstruiert werden.

Alle Dächer bestehen aus 3D-Flächen. Das Gewerk 3DACHI ist das konstruktive Element. Es beschreibt die innere Dachfläche. Die Außenhaut (Gewerk 3DACHA) wird automatisch durch das Versetzen der Dachinnenfläche gebildet.

Als Dachfläche werden alle 3D-Flächen auf dem Gewerk 3DACHI akzeptiert. So ist es möglich, 3D-Objekte aus AutoCAD zu nutzen. Es ist aber darauf zu achten, daß die 3D-Objekte, wie zum Beispiel Kuppel, Kegel usw., in ihren Ursprung zerlegt werden müssen.

Es ist machbar, mehrere Dachflächen miteinander zu verschneiden. Das Vereinigen von Dächern, Gauben und Nebendächern geschieht weitestgehend automatisch. Dachprofile können mit Hilfe der Vorkonstruktion konstruiert werden. Die Höhe der Dächer ist frei wählbar. Löcher können im nachhinein in die Dachfläche geschnitten werden.

Alle Dachfunktionen sind in den folgenden drei Dialogfenstern enthalten. Diese Dialogfenster werden über gleichnamige Menüfunktionen, unter dem Punkt „Dächer" im Menü „Acad-Bau" zusammengefaßt, aufgerufen.

Im Dialogfenster „**Dachnebenfunktionen**" sind alle Funktionen zusammengefaßt, welche nicht unmittelbar mit der Dachflächenkonstruktion zusammenhängen, trotzdem aber bei jeder Konstruktion benötigt werden (Bild 5-71).

Bild 5-71:
Dialogfenster „Dachnebenfunktionen"

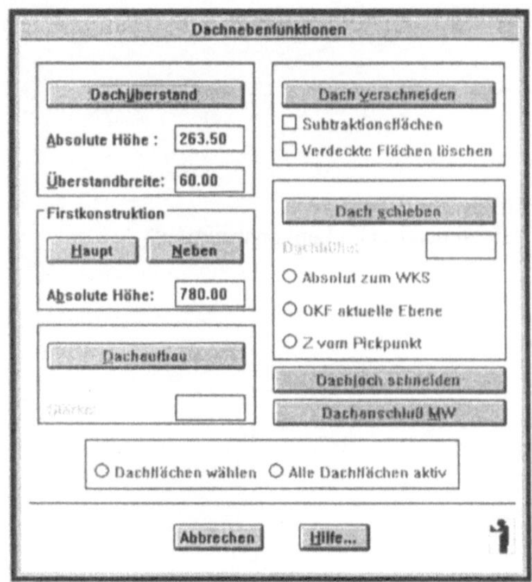

Nachdem die Dachüberstandslinie mit Hilfe der Funktion DACHÜBERSTAND aus dem Dialogfenster „Dachnebenfunktion" erzeugt wurde, kann die eigentliche Dachkonstruktion durchgeführt werden. Im Dialogfenster „Standard-Dachkonstruktion" werden die dafür notwendigen Werkzeuge zur Verfügung gestellt (Bild 5-72). Alle notwendigen Einstellungen für die Standarddächer (Satteldach, Gerades Dach, Walmdach und

Krüppelwalmdach) sowie für Sonderdachkonstruktionen können hier vorgenommen werden.

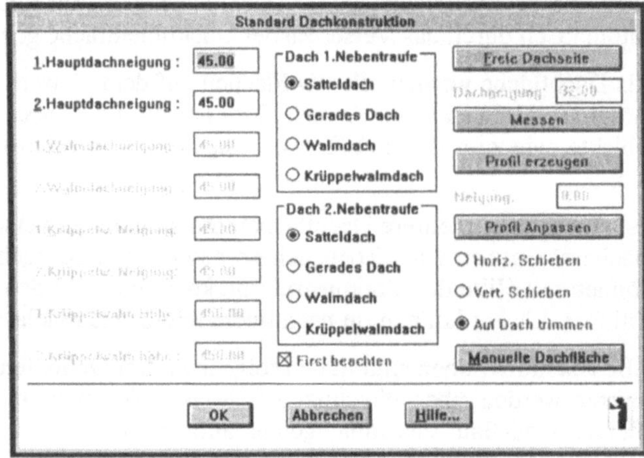

Bild 5-72:
Dialogfenster „Standard-Dachkonstruktion"

Beliebige Formen von Dachgauben können in ACAD-BAU leicht erzeugt werden. Es ist erforderlich, eine Vorkonstruktion der Gaubenkante zu zeichnen, aus der dann automatisch die Gaube generiert wird. Alle Einstellungen für die Gaubenkonstruktion werden im Dialogfenster „**Gaubenkonstruktion**" festgelegt (Bild 5-73).

Bild 5-73:
Dialogfenster „Gaubenkonstruktion"

Die ausführliche Beschreibung einer automatischen Gaubenkonstruktion finden Sie in einer der folgenden Übungen.

Die Funktion **DACHAUFBAU** generiert automatisch die Dachaußenhaut. Voraussetzung dafür ist, daß eine Dachinnenhaut existiert.

Die Verbindung zwischen Dach und Mauerwerk kann entweder durch VERSCHNEIDEN oder durch die Funktion DACHANSCHLUß MAUERWERK durchgeführt werden. Um mit der Funktion VERSCHNEIDEN arbeiten zu können, ist es erforderlich, daß die Traufenlinie einen kleineren z-Wert hat als die Geschoßlinie. Dieser Umstand bedeutet, das Dach schneidet das Außenmauerwerk. Falls es nötig ist, kann die Höhenlage des Daches durch den AutoCAD-Befehl SCHIEBEN oder die Funktion DACH SCHIEBEN aus dem Dialogfenster „Dachnebenfunktionen" geändert werden.

In ACAD-BAU läßt sich Mauerwerk immer mit einem Dach verschneiden. Dazu dient die Funktion VERSCHNEIDEN aus dem Untermenü „Wand/Decke". Der Aufruf dieser Funktion öffnet ein Dialogfenster (Bild 5-74). Es sind zwei Auswahlsätze zu erzeugen. Sie müssen die Dachflächen und das Mauerwerk auswählen. Die Verschneidungsoption sind durch Anklicken einer Ikone zu aktivieren. Es kann Mauerwerk über dem Dach, unter dem Dach und bis zu einem bestimmten z-Wert verschnitten werden.

Die acht Ikonen für die Optionen des Mauerwerkverschneidens interpretieren Sie folgendermaßen:

– gelbe Flächen bleiben erhalten,

– blaue Flächen werden bis zur Dachfläche verschnitten,

– hellblaue Flächen werden bis an die Dachfläche angepaßt.

Die drei vertikal angeordneten Ikonen dienen zum Verschneiden der Decke, die farbliche Interpretation erfolgt wie beim Mauerwerk.

Bild 5-74:
Dialogfenster „Dach verschneiden"

5.9.4.2 Übungen

5.9.4.2.1 Standarddächer

Satteldächer

Satteldächer lassen sich auf drei verschiedenen Wegen erzeugen:

1. Methode: Traufe-Dachneigung

2. Methode: Traufe-Firstlage

3. Methode: First-Dachneigung

Übung zur 1. Methode: **Traufe - Dachneigung**

Erzeugen Sie zuerst ein Gebäude aus einschaligem Mauerwerk mit den Abmessungen
11 m x 9 m. Die Höhe soll 2,635 m betragen.

Mit Hilfe der Funktion DACHÜBERSTAND im Menüpunkt „Dachnebenfunktionen" wird
die Dachüberstandslinie erzeugt. In das Feld „absolute Höhe" des Dialogfensters
„Dachnebenfunktionen" geben Sie den Wert 250 cm ein, in das Feld „Überstandsbreite"
ist der Wert 60 cm einzutragen (Bild 5-75).

Bild 5-75:
Dialogfenster „Dachnebenfunktionen"

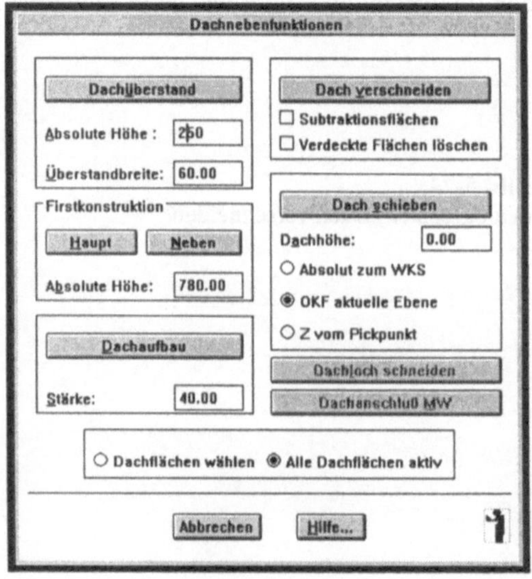

Jetzt kann das Dach erzeugt werden. Öffnen Sie das Dialogfenster „Standard-Dachkonstruktion".

Die 1. Hauptdachneigung beträgt 35°, die 2. Hauptdachneigung 45°. In den Auswahlfeldern „Dach 1. Nebentraufe" und „Dach 2. Nebentraufe" wählen Sie die Option
„Satteldach". Durch Anklicken der OK-Schaltfläche schließen Sie das Dialogfenster.

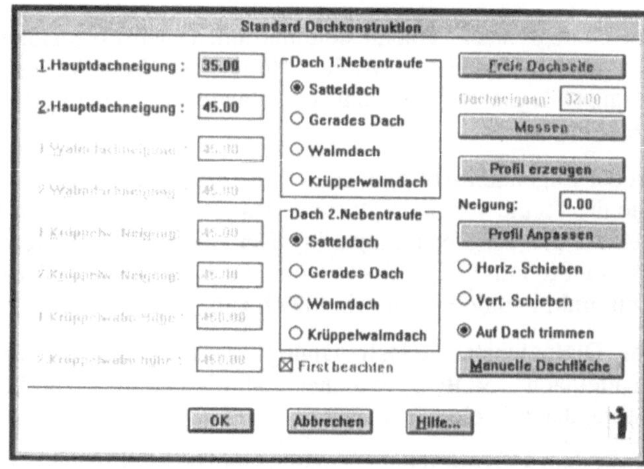

Bild 5-76:
Dialogfenster „Standard-
Dachkonstruktion"

Wählen Sie die Haupttraufen und Giebelseiten durch Picken der entsprechenden Linien.
Das Programm erzeugt nun automatisch die Dachinnenseite (Bild 5-77). Diese Methode
ist der einfachste und schnellste Weg, da keine Firstlinie gezeichnet werden muß.

Hinweis zu allen Dachübungen: Erhalten Sie die Fehlermeldung „Haupttraufenlinien
liegen nicht auf den Nebentraufenlinien" unzutreffenderweise, wiederholen Sie die
Wahl der Haupt- und Nebentraufen sowie der Giebel. Jedoch wählen Sie dabei die
Option „Punkte". Ursache für diesen Fehler ist meist eine Ungenauigkeit der AutoCAD-
internen Rundung.

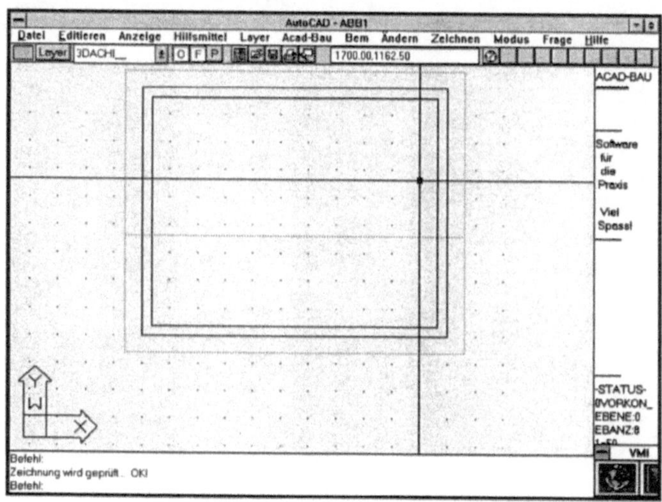

Bild 5-77:
Satteldach, 1. Methode
„Traufe-Dachneigung"

Übung zur 2. Methode: Traufe - Firstlage

Erzeugen Sie ein Gebäude mit den gleichen Maßen wie bei der vorherigen Übung. Auch die Dachüberstandslinie wird analog zur 1. Methode, ebenso mit den gleichen Maßen wie bei der vorherigen Maßen, erzeugt.

Im Dialogfenster „Dachnebenfunktionen" wird die Höhe des Firstes festgelegt. Geben Sie dazu in das Feld „absolute Höhe" den Wert 700 ein. Durch Klicken auf das Feld „Haupt" legen Sie fest, daß ein Hauptfirst konstruiert wird und das Dialogbox wird geschlossen.

In der folgenden Abfrage wählen Sie die Option „Abstand". Als Bezugslinie verwenden Sie die rechte vertikale Dachüberstandslinie am unteren Ende. Als Referenzpunkt nutzen Sie die Vorgabe (Endpunkt). Der Abstand vom Referenzpunkt soll 400 cm betragen. Picken Sie nun mit Hilfe des Objektfanges LOT die andere vertikale Linie. Zum jetzigem Zeitpunkt kann der Hauptfirst noch verschoben werden.

Im Dialogfenster „Dach Dialog" wählen Sie als erste und zweite Nebentraufe „Satteldach". Stellen Sie sicher, daß die Option „First beachten" aktiv ist. Das hat zur Folge, daß alle eingetragenen Dachneigungen unwirksam sind.

Nach dem Verlassen des Dialogfensters durch Klicken auf die OK-Schaltfläche wird das Satteldach konstruiert (Bild 5-78). Dazu klicken Sie auf die entsprechenden Traufen- bzw. Giebellinien.

Bild 5-78:
Satteldach, 2. Methode
„Traufe-Firstlage"

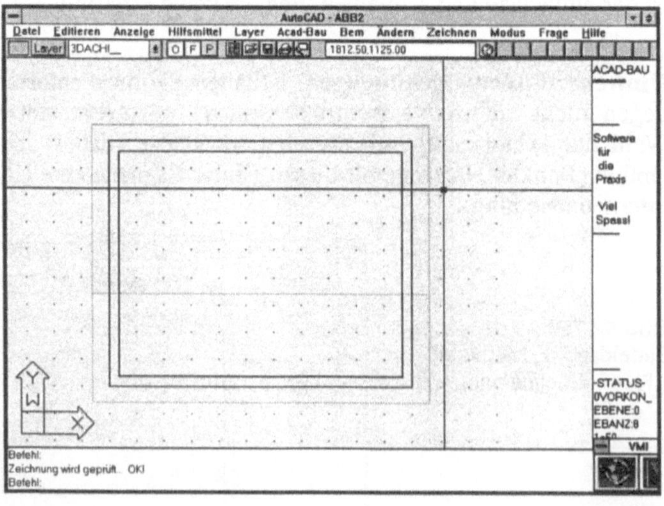

Übung zur 3. Methode: First - Dachneigung

Konstruieren Sie ein Gebäude mit den gleichen Abmaßen wie in den beiden Übungen zuvor. Die Dachüberstandsbreite soll 60 cm betragen. Bei dieser Konstruktionsmethode ist die Höhe des Dachüberstandes egal, da alle Werte durch die Firstlage und die Dachneigung festgelegt sind.

Der Hauptfirst soll eine Höhe von 700 cm und einen Abstand von 400 cm zur unteren Dachüberstandslinie haben.

Im Dialogfenster „Dach Dialog" wählen Sie eine Dachneigung von 40°. Schließen Sie das Dialogfenster. Wählen Sie jetzt die Firstlinie und zwei Traufenpunkte. Bei der Aufforderung „3. Traufenpunkt:" betätigen Sie die ENTER-Taste. Die andere Dachseite soll eine Neigung von 20° haben. Erzeugen Sie diese Seite analog zur Konstruktion der ersten Seite.

In einer geeigneten 3D-Ansicht ist zu erkennen, daß das Dach nicht genau mit dem Außenmauerwerk abschließt. Das Dach kann jedoch zu diesem Zeitpunkt noch geschoben werden (Bild 5-79). Der endgültige Maueranschluß ist aber auch bei dieser Höhenlage des Daches durchführbar.

Es sei darauf hingewiesen, daß First- und Dachüberstandslinie reine Hilfslinien sind und nach Konstruktion das Innendaches nicht mehr benötigt werden. Sie können diese Linien jetzt löschen.

Bild 5-79:
Satteldach, 3. Methode
„First-Dachneigung"

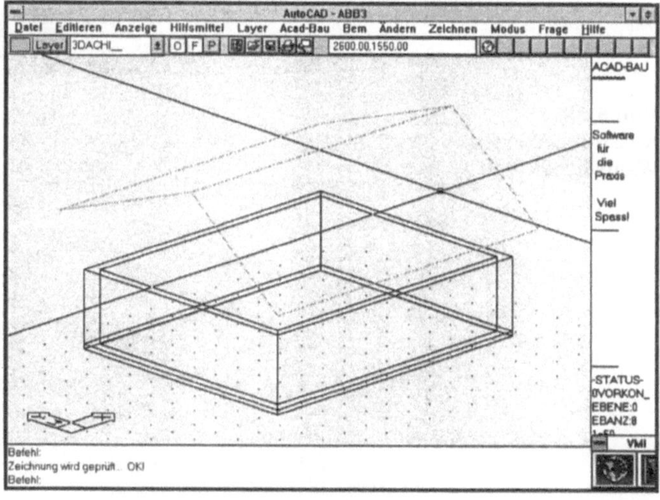

Walmdächer

Walmdächer können auf zwei verschiedene Arten definiert werden:

1. Eingabe aller Dachneigungen

2. Festlegung einer Firstlage

Zeichnen sie ein Gebäude mit den Maßen 11 m x 9 m. Der Dachüberstand soll eine Höhe von 250 cm und eine Breite von 80 cm haben. Den Hauptfirst zeichnen Sie mit einer Höhe von 700 cm horizontal in die Mitte Ihres Gebäudes.

Im Dialogfenster „Dach Dialog" wählen Sie als erste und zweite Nebentraufe „Walmdach". Die erste Walmdachneigung soll 60°, die zweite Walmdachneigung 45° betragen. Stellen Sie sicher, daß die Option „First beachten" aktiv ist. Verlassen Sie das Dialogfenster durch Anklicken der OK-Schaltfläche.

Da der Menüpunkt „First beachten" aktiv ist, sind die Werte für die Hauptdachneigung nicht relevant. Die Hauptdachneigung ergibt sich aus dem Dachüberstand und der Firstlage.

Klicken Sie nun die 1. Haupttraufenlinie, die 2. Haupttraufenlinie, die Firstlinie, die 1. Walmtraufenlinie und die 2. Walmtraufenlinie an. Das Dach wird nun vom Programm erstellt.

In einer geeigneten perspektivischen Ansicht ist das Ergebnis zu erkennen (Bild 5-80).

Bild 5-80:
Konstruktion eines
Walmdaches

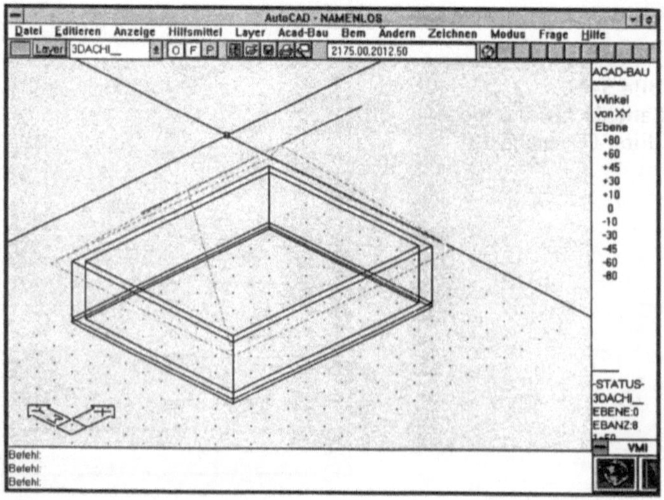

Krüppelwalmdächer

Krüppelwalmdächer können analog den Walmdächern auf zwei Arten erzeugt werden:

1. Eingabe aller Dachneigungen

2. Festlegung einer Firstlage

Konstruieren Sie ein Gebäude mit den Maßen 11 m x 9 m. Die Höhe des Dachüberstandes soll 250 cm, die Breite 80 cm betragen. Der Hauptfirst wird mit einer Höhe von 700 cm mittig und horizontal in das Gebäude gezeichnet. Im Dialogfenster „Dach Dialog" aktivieren Sie „Krüppelwalmdach" für die 1. und 2. Nebentraufe. Die 1. und 2. Krüppelwalm-Neigung soll 45° betragen. Als Krüppelwalmhöhen legen Sie 560 cm fest. Achten Sie darauf, daß die Option „First beachten" aktiv ist. Schließen Sie das Dialogfenster durch Anklicken der OK-Schaltfäche.

Klicken Sie nach den Anfragen des folgenden Dialogs der Reihe nach die 1. Haupttraufe, die 2. Haupttraufe, die Firstlage, die 1. Krüppelwalmtraufe und die 2. Krüppelwalmtraufe an.

Bild 5-81 zeigt das Ergebnis in einer perspektivischen Ansicht.

Bild 5-81:
Konstruktion eines
Krüppelwalmdaches

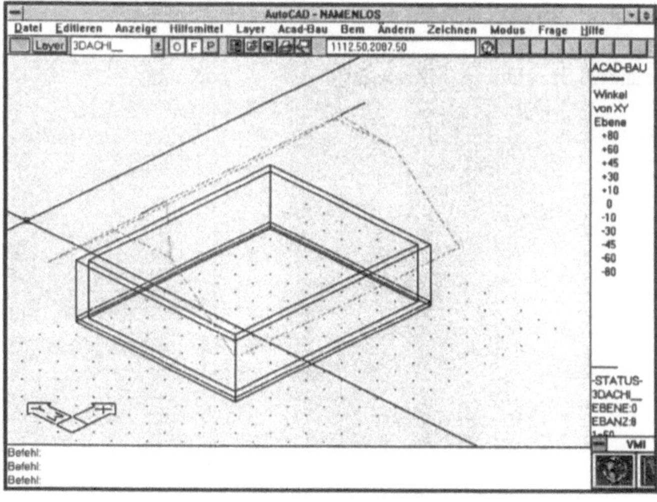

Mit diesen Standarddachkonstuktionen lassen sich auch Kombinationen aus Sattel-, Walm- und Krüppelwalmdach erzeugen.

5.9.4.2.2 Mehrteilige Dächer

Mehrteilige Dächer lassen sich in ACAD-BAU leicht mit Hilfe der Funktion DACH VERSCHNEIDEN aus dem Dialogfenster „Dachnebenfunktionen" erzeugen. Dabei ist folgendermaßen vorzugehen. Man zeichnet alle Dachflächen soweit wie möglich mit den Standarddachfunktionen. Anschließend verschneidet man alle Dachflächen mit der Funktion DACH VERSCHNEIDEN aus dem Untermenü „Dachnebenfunktionen". Diese Methode ist sehr effektiv. Eine andere Möglichkeit ist, die Dächer sofort in der gewünschten Form zu konstruieren. Dieser Weg erfordert ein höheres Maß an dreidimensionaler Vorstellungskraft beim Konstruieren. Deshalb ist die erstgenannte Methode zu favorisieren.

Ein Beispiel für ein mehrteiliges Dach ist dieses Haus in Kreuzform. Den Grundriß können Sie dem Bild 5-82 entnehmen. Die Giebelseiten sollen 4 m betragen, die Hauslängen 3 m. Für das Außenmauerwerk können Sie die Standardwerte übernehmen.

Bild 5-82:
Grundriß des Hauses in Kreuzform

Die Dachüberstandslinie soll in einer Höhe von 263.5 mit einer Überstandsbreite von 60 cm konstruiert werden (Bild 5-83).

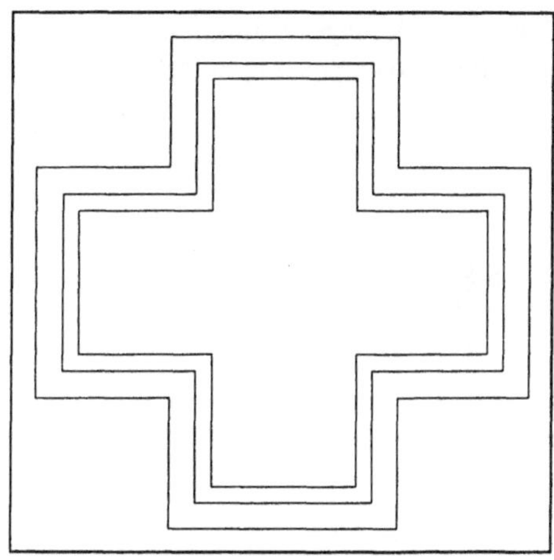

Bild 5-83:
Haus in Kreuzform mit Dachüberstandslinie

Dieses Dach läßt sich sehr gut mit der Funktion DACH VERSCHNEIDEN konstruieren.

Zeichnen Sie das erste Krüppelwalmdach mit den Standardwerten. Es ist zu beachten, daß die Haupttraufenlinien dabei durch Punkte zu wählen sind, da die vorhandene Dachüberstandslinie nicht die für dieses Dach notwendige Traufenlinie beschreibt. Die Krüppelwalmtraufen lassen sich durch Linien wählen.

Die Punkte für die erste Haupttraufenlinie sind P1 und P2, die Punkte der zweiten Haupttraufenlinie sind P3 und P4. Daraus folgt, daß sich die erste Krüppelwalmtraufe zwischen P1 und P3, die zweite Krüppelwalmtraufe zwischen P2 und P4 befinden (Bild 5-84).

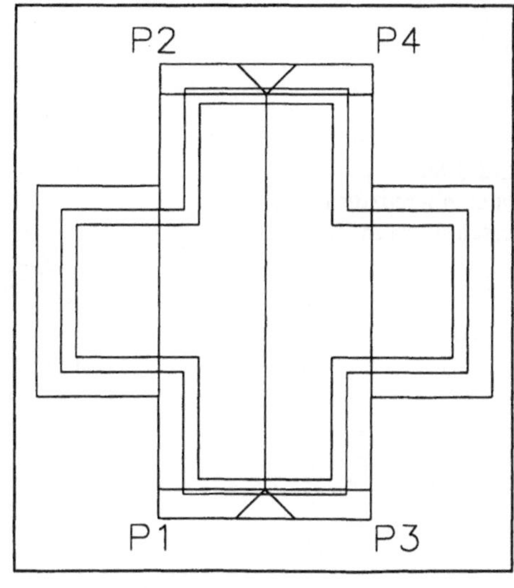

Bild 5-84:
Haus in Kreuzform mit dem ersten Krüppelwalmdach

Das zweite Krüppelwalmdach erzeugen Sie analog, in der folgenden Abbildung ist der erreichte Zwischenstand zu sehen (Bild 5-85).

Bild 5-85:
Haus in Kreuzform mit zwei Krüppelwalmdächern

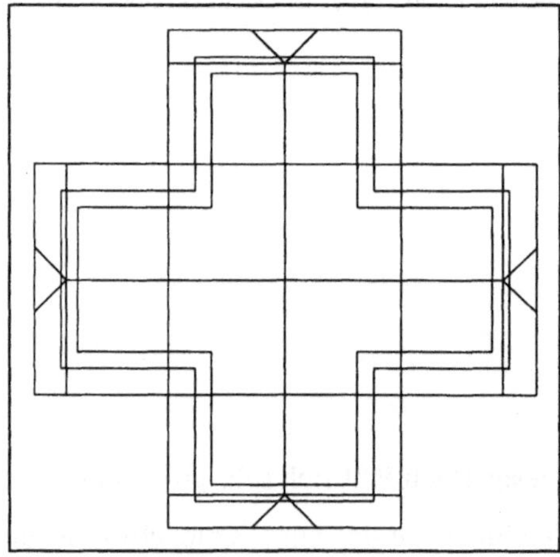

In der isometrischen Ansicht ist zu erkennen, daß die Darstellung unter den Dachflächen nicht korrekt ist. Die überflüssigen Dachflächen müssen noch entfernt werden. Dazu benutzen Sie die Funktion DACH VERSCHNEIDEN aus dem Menü „Dachnebenfunktionen". Aktivieren Sie die Option „Verdeckte Flächen löschen" und verlassen Sie die Dialogbox durch anklicken der Schaltfläche „Dach verschneiden". In einer geeigneten 3D-Sicht mit verdeckten Linien erhalten Sie eine Darstellung analog Bild 5-86.

Bild 5-86:
Haus in Kreuzform mit verschnittenem Dach

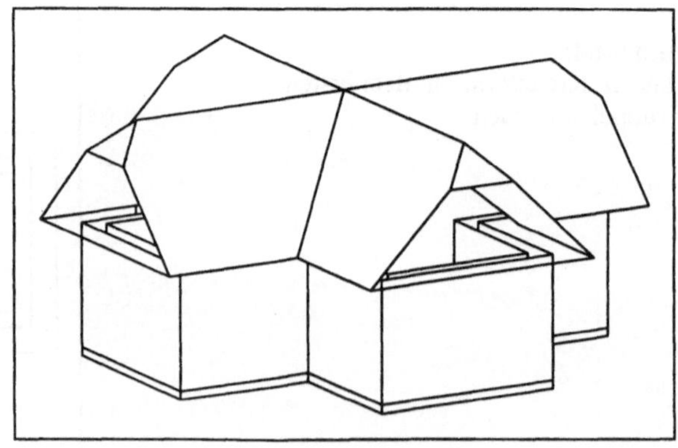

Soll das Dach sofort in der richtigen Form gezeichnet werden, d.h. ohne auf die Funktion DACH VERSCHNEIDEN zurückzugreifen, ist der folgende Weg möglich.

Zeichnen Sie das Außenmauerwerk und die Dachüberstandslinie analog zum ersten Beispiel.

Bei der Konstruktion der Hauptfirste ist eine Besonderheit zu beachten. Das Dach wird in vier Teildächer gegliedert. Bei vier Teildächern werden acht Giebelseiten zur Dachkonstruktion benötigt, wobei sich vier Giebelseiten in der Mitte des Gebäudes befinden. Es ist deshalb erforderlich, daß die Firste in L-Form gezeichnet werden, um vier getrennte Firstteile zu erhalten (Bild 5-87).

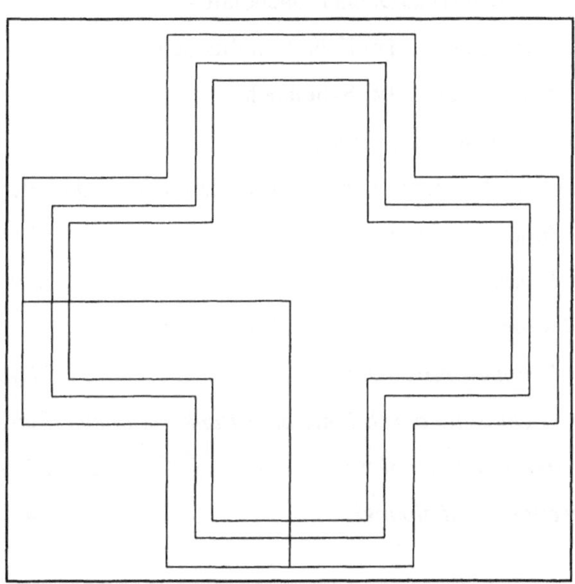

Bild 5-87:
Haus in Kreuzform mit First in
L-Form

Zeichnen Sie die Hauptfirste in einer Höhe von 570 cm ein. Der First verläuft vom Mittelpunkt der südlichen, horizontalen Dachüberstandslinie bis zum Mittelpunkt des Hauses. Die Koordinaten des Mittelpunktes erhalten Sie aus den Koordinatenfiltern.

Menü/Acad-Bau/Dächer/Dachnebenfunktion

Hauptfirst / Höhe 570	klicken auf Haupt
. . ./. . ./. . /<vom Punkt>:	*mit von der unteren horizontalen Dachüberstandslinie*
. . ./. . ./. . /<zum Punkt>:	*.y*
von:	*mit von der linken vertikalen Dachüberstandslinie*
benötige x und z:	*@*
. . ./. . ./. . /<zum Punkt>:	*mit von der linken vertikalen Dachüberstandslinie*

Den anderen First können Sie analog erzeugen.

Für die Teildächer lassen sich die Standarddachfunktionen nutzen. Da an den Giebelseiten Krüppelwalme existieren, aktivieren Sie für eine Nebentraufe die Option
„Krüppelwalmdach". Im folgenden Dialog wählen Sie die Haupttraufenlinien, die Firstlinie und die Krüppelwalmtraufe durch Linien. Die Giebelseite müssen Sie durch Punkte
wählen.

Südliches Dach

Menü/Acad-Bau/Dächer/Dachdialog

1. Nebentraufe: [x] Krüppelwalmdach

2. Nebentraufe   [x] Satteldach

alle Standardwerte lassen

[x] First beachten, Dialogfenster durch Anklicken der OK-Schaltfläche verlassen

1. Haupttraufenlinie: *Linie zwischen P1 und P2 anklicken*

2. Haupttraufenlinie: *Linie zwischen P3 und P4 anklicken*

Firstlage durch Linie oder Punkte bestimmen: *südlichen First anklicken*

1. Krüppelwalmtraufe: *Linie zwischen P2 und P3 anklicken*

2. Giebelseite durch Linie oder Punkte wählen: *Punkte*

erster Traufenpunkt: *P1*

zweiter Traufenpunkt: *P4*

Es sollte sich folgende Darstellung ergeben (Bild 5-88).

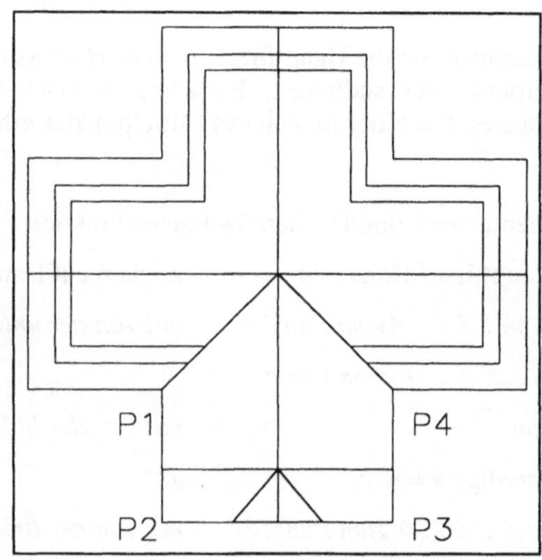

Bild 5-88:
Haus in Kreuzform mit südlichem Dach

Die anderen Teildächer können Sie analog erstellen.

Nach dem Mauerwerksanschluß und dem Dachaufbau erhalten Sie in einer perspektivischen Ansicht die folgende Darstellung (Bild 5-89).

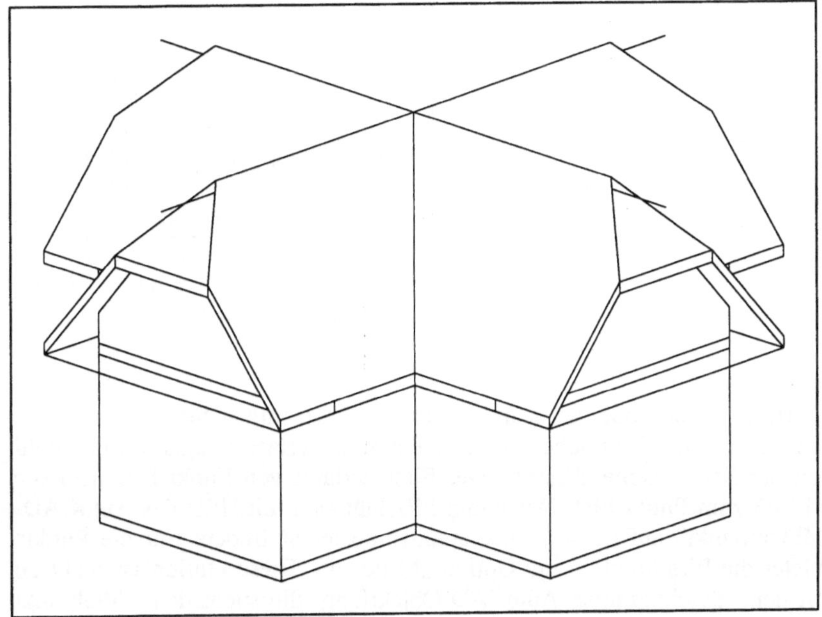

Bild 5-89: Haus in Kreuzform mit allen Teildächern

Obwohl die Funktion DACH VERSCHNEIDEN sehr effektiv arbeitet, ist es bei einigen Dachformen günstig, die Teildächer sofort in der richtigen Form zu konstruieren. Die nächste Übung zeigt ein solches Beispiel.

Es wird folgender Grundriß benötigt. Beginnen Sie mit der Außenwand am Punkt P1. Die Seitenlängen sollen folgende Maße haben:

600, 300, 300, 300, 600, 300, 300, 300.

Die Standardwerte für das Außenmauerwerk können übernommen werden.

Den Dachüberstand (Menü „Dachnebenfunktionen") konstruieren Sie in einer Höhe von 263.5 cm mit einer Überstandsbreite von 60 cm (Bild 5-90).

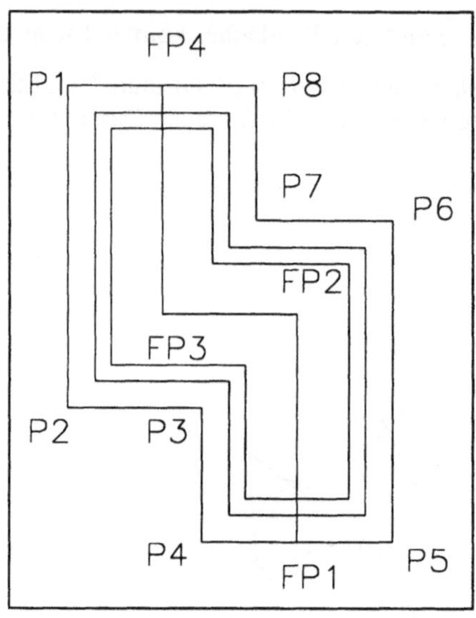

Bild 5-90:
Grundriß mit Dachüberstandslinie und First

Der Hauptfirst wird in einer Höhe von 5 m gezeichnet. Dazu tragen Sie im Dialogfeld „Dachnebenfunktionen" eine Firsthöhe von 500 ein und verlassen dieses Dialogfeld durch Anklicken der Schaltfläche „Haupt". Der First verläuft von Punkt FP1 über die Punkte FP2 und FP3 zum Punkt FP4. Der Punkt FP1 läßt sich mit Hilfe des AutoCAD-Objektfangs „MITtelpunkt" auf der Dachüberstandslinie leicht finden. Für die Punkte FP2 und FP3 bietet die Firstfunktion die Option „Mitte" an. Diese Option ist nicht zu verwechseln mit dem gleichnamigen AutoCAD-Objektfang. Sie sucht den Mittelpunkt zwischen zwei zu wählenden Bezugspunkten. Für den Punkt FP4 können Sie den AutoCAD-Objektfang LOT verwenden (Bild 5-90).

First:

. . ./Mitte/. . ./. . ./<vom Punkt:>:   *mit von Dachüberstandslinie zwischen P4 und P5*

. . ./Mitte/. . ./. . ./<zum Punkt>:   *Mitte*

>> 1. Bezugspunkt wählen: *end P3*

>> 2. Bezugspunkt wählen.:   *end P6*

. . ./Mitte/. . ./. . ./<zum Punkt>:   *Mitte*

>> 1. Bezugspunkt wählen: *end P2*

>> 2. Bezugspunkt wählen.:   *end P7*

. . ./Mitte/. . ./. . ./<zum Punkt>:   *lot zwischen P1 und P8*

Das mehrteilige Dach können Sie aus drei Standarddächern zusammensetzen.

Dach im Süden:

Menü/Acad-Bau/Dächer/Dach Dialog

   1. Nebentraufe: [x] Satteldach

   2. Nebentraufe: [x] Krüppelwalmdach

[x] First beachten

   1. Haupttraufenlinie durch Linie oder Punkte wählen <Linie>:   <Enter>

      Linie zwischen P4 und P3 anklicken

   2. Haupttraufenlinie durch Linie oder Punkte wählen <Linie>:   <Enter>

      Linie zwischen P5 und P6 anklicken

   1. Giebelseite durch Linie oder Punkte wählen <Linie>: Punkte <Enter>

      P3 und P6 anklicken

   2. Krüppelwalmtraufe durch Linie oder Punkte wählen <Linie>:   <Enter>

      Linie zwischen P4 und P5 anklicken

Das Dach im Norden können Sie analog zum Dach im Süden erzeugen.

Das in der Draufsicht waagerecht verlaufende Dach können Sie folgendermaßen konstruieren:

Menü/Acad-Bau/Dächer/Dach Dialog

   1. Nebentraufe: [x] Satteldach

   2. Nebentraufe: [x] Satteldach

[x] First beachten

   1. Haupttraufenlinie durch Linie oder Punkte wählen <Linie>:   <Enter>

      Linie zwischen P3 und P3 anklicken

   2. Haupttraufenlinie durch Linie oder Punkte wählen <Linie>:   <Enter>

      Linie zwischen P7 und P6 anklicken

   1. Giebelseite durch Linie oder Punkte wählen <Linie>: Punkte <Enter>

      P2 und P7 anklicken

   2. Giebelseite durch Linie oder Punkte wählen <Linie>: Punkte <Enter>

      P3 und P6 anklicken

Die Außenhaut des Daches wird mit Hilfe der Funktion DACHAUFBAU erzeugt. Dazu tragen Sie im Dialogfenster „Dachnebenfunktionen" unter dem Punkt „Dachaufbau" den Wert 20 ein. Durch Klicken auf die Schaltfläche „Dachaufbau" verlassen Sie das Dialogfenster.

Zum Schluß der Übung soll das Außenmauerwerk bis an die Innenhaut des Daches gezogen werden. ACAD-BAU bietet dazu die Funktion DACHANSCHLUß MW (MW bedeutet Mauerwerk) im Dialogfenster „Dachnebenfunktionen" an. Im momentanen Zustand der Zeichnung ist diese Funktion allerdings nicht aktiv. Um sie zu aktivieren, ist es erforderlich, eine neue Ebene anzulegen.

Legen Sie eine neue Ebene an. Klicken Sie auf „Dachanschluß MW" im Dialogfenster „Dachnebenfunktionen". In der Draufsicht ist nun die folgende Darstellung zu sehen (Bild 5-91).

Bild 5-91:
Mehrteiliges Dach in der Draufsicht

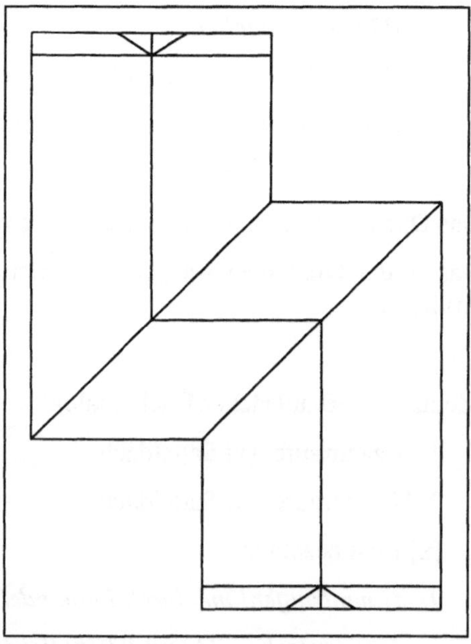

In einer geeigneten 3D-Ansicht, nach dem AutoCAD-Befehl „VERDECKT", ergibt sich eine Darstellung analog Bild 5-92.

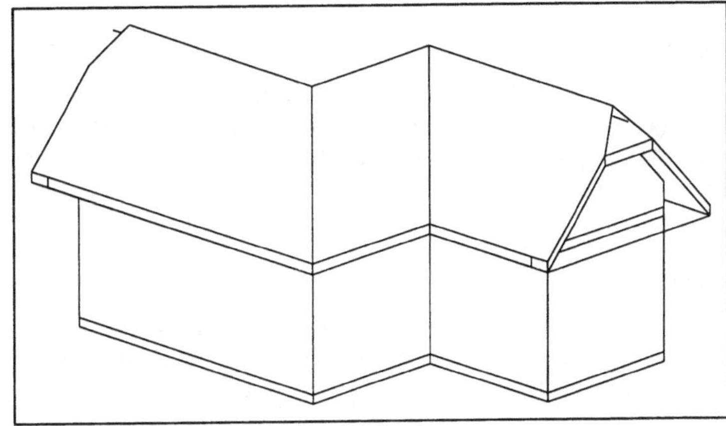

Bild 5-92:
Mehrteiliges Dach in
3D-Ansicht

Bei Dächern mit unterschiedlichen Firsthöhen läßt sich wiederum die Funktion DACH VERSCHNEIDEN sehr effektiv anwenden. Eine andere Möglichkeit bietet die Nebenfirstfunktion, welche in der folgenden Übung vorgestellt wird. Die Nebenfirstfunktion bietet die Möglichkeit, Punkte auf einer Dachfläche festzulegen. Solche Punkte lassen sich im allgemeinen sehr umständlich bestimmen. Sie werden z.B. auch beim Einsetzen von Dachfenstern benötigt. In diesem Fall kann die Nebenfirstfunktion zwar „zweckentfremdet", aber effektiv eingesetzt werden.

Übung: Dachkonstruktion mit Haupt- und Nebenfirst

In der folgenden Übung soll ein Dach mit Haupt- und Nebenfirst konstruiert werden. Zeichnen Sie dazu den folgenden Grundriß (Bild 5-93):

Die Maße ab P1:   1200, 500, 800, 400, 400, <schließen>

Bild 5-93:
Grundriß für die Dachkonstruktion mit Haupt-
und Nebenfirst

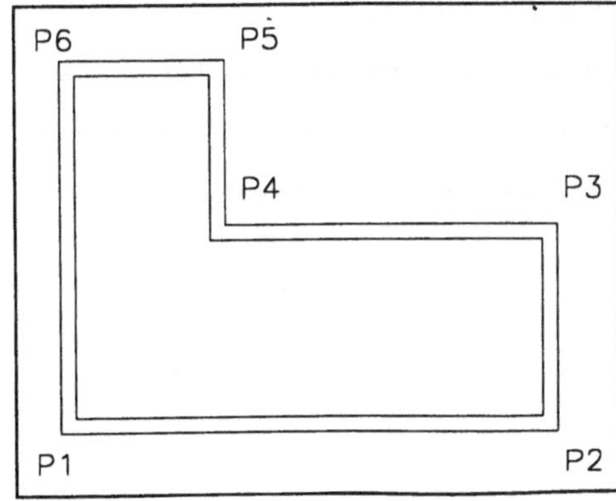

Zeichnen Sie den Dachüberstand mit einer Breite von 80 cm in einer Höhe von 263.5 cm.

Hauptfirst

Der Hauptfirst verläuft in einer Höhe von 650 cm mittig zwischen P2 und P3 (der Dachüberstandslinie) horizontal auf die Dachüberstandslinie zwischen P1 und P6. Die AutoCAD-Objektfangmöglichkeiten MITtelpunkt und LOT leisten dabei die nötige Unterstützung.

Nebenfirst

Die Höhe des Nebenfirstes soll 520 cm betragen. Sie wird in dem Dialogfenster „Dachnebenfunktionen" festgelegt. Durch das Klicken auf die Schaltfläche „Neben" verlassen Sie das Dialogfenster.

Der Nebenfirst schneidet das Hauptdach an einem bestimmten Punkt. Dieser Punkt ist abhängig von der Höhe des Nebenfirstes und von der Hauptdachneigung. Die Höhe des Nebenfirstes haben Sie im Dialogfenster festgelegt.

Im folgenden Dialog werden Sie aufgefordert, die geplante Hauptdachneigung einzugeben. In unserem Beispiel soll sie 45° betragen. ACAD-BAU hat nun alle nötigen Informationen, um den Schnittpunkt mit dem Hauptdach zu berechnen.

Menü/Acad-Bau/Dächer/Dachnebenfunktionen

Nebenfirst Höhe: 520 / auf „Neben" klicken

Nebenfirst/. . ./. . ./. . ./<von Punkt>:	*mit zwischen P2 und P3*
. . ./ FIrst/. . ./. . ./. . ./<zum Punkt>:	*FI <Enter>*
Firstlinie wählen:	*Hauptfirst anklicken*
Geplante Dachneigung eingeben oder messen:	*45*
Richtung z. Traufenlinie d. Hauptdachseite:	*im Orthomodus nach oben klicken*
Nebenfirstrichtung nach Punkt:	*im Orthomodus in Richtung Hauptfirst klicken*
. . ./. . ./. . ./. . ./<zum Punkt>:	*<Enter>*

Nachdem Sie den Nebenfirst konstruiert haben, sollte sich folgende Darstellung ergeben (Bild 5-94).

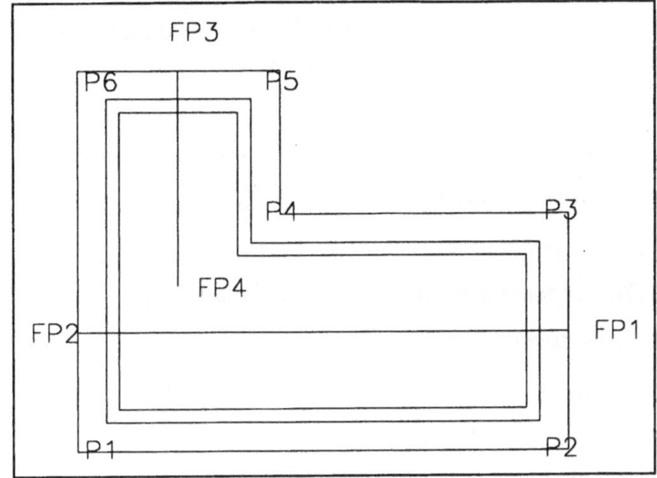

Bild 5-94:
Haupt- und Nebenfirst

Der nächste Schritt ist die Konstruktion der Dachinnenfläche. Da Ihnen die Firstlage und die Hauptdachneigung bekannt ist, können Sie hier nach der Methode „Firstlage/Dachneigung" verfahren. Alle anderen Methoden, ausgenommen die manuelle Konstruktion, führen zu einem fehlerhaften Ergebnis, da der Schnittpunkt des Nebenfirstes mit dem Hauptdach auf diesen Angaben beruht.

Südliche Dachseite:

Menü/Acad-Bau/Dächer/Dachdialog

Unter „Freie Dachseite" tragen Sie 45 ein, durch Klicken auf die Schaltfläche „Freie Dachseite" wird das Dialogfenster verlassen.

Firstlinie wählen:	*Hauptfirst anklicken*
1.Traufenpunkt wählen:	*P1 anklicken*
2.Traufenpunkt wählen:	*P2 anklicken*

Die Traufenpunkte für die nördliche Dachseite sind: P3, P4, FP4 und ein Punkt, dessen Koordinaten Sie mit Hilfe der Koordinatenfilter finden. Die Koordinaten des Punktes setzen sich aus dem x-Wert von P1 und dem y- und z-Wert von P4 zusammen.

Nördliche Dachseite:

Menü/Acad-Bau/Dächer/Dachdialog

Unter „Freie Dachseite" tragen Sie 45 ein, durch Klicken auf die Schaltfläche „Freie Dachseite" wird das Dialogfenster verlassen.

Firstlinie wählen: *Hauptfirst anklicken*

1.Traufenpunkt wählen: *P3 anklicken*

2.Traufenpunkt wählen: *P4 anklicken*

3.Traufenpunkt wählen: *FP4 anklicken*

4.Traufenpunkt wählen: *.x von P1*

benötige y und z: *end von P4*

Sie erhalten das folgende Ergebnis (Bild 5-95).

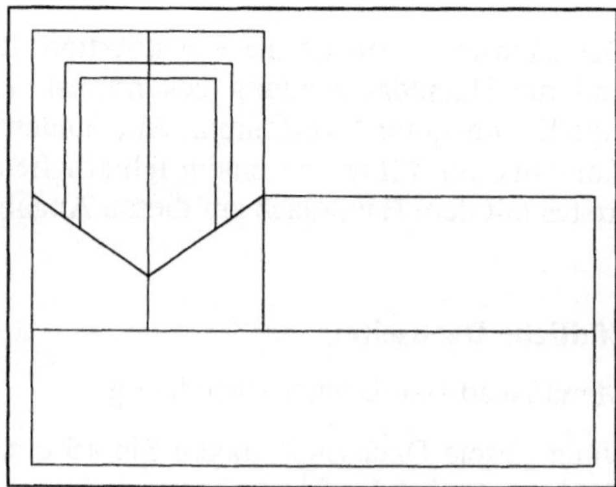

Bild 5-95:
Südliches und nördliches Hauptdach

In einer perspektivischen Ansicht von Nord-Ost ergibt sich das folgende Bild (Bild 5-96).

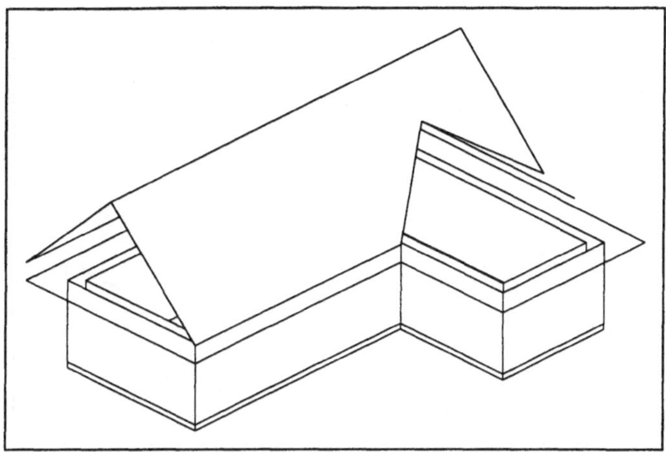

Bild 5-96: Südliches und nördliches Hauptdach in perspektivischer Ansicht

Das Nebendach läßt sich mit der Funktion MANUELLE DACHFLÄCHE erzeugen. Wie Sie auf der obigen Abbildung erkennen können, liegt die Dachüberstandslinie unter der Traufenlinie des Hauptdaches (Bild 5-96). Der Grund dafür ist, daß das Hauptdach mit der Methode „Firstlage/Dachneigung" konstruiert wurde.

Um für die manuelle Dachkonstruktion des Nebendaches die richtige Höhenlage der Punkte P5 und P6 zu erhalten, ist es zweckmäßig, die Dachüberstandslinie auf die Traufenlinie des Hauptdaches zu schieben. Dazu können Sie den AutoCAD-Befehl SCHIEBEN nutzen.

Nachdem Sie die Überstandslinie auf die Traufenlinie geschoben haben, können Sie mit der Funktion MANUELLE DACHFLÄCHE die beiden Nebendachflächen leicht erzeugen. Alle Punkte finden Sie mit den AutoCAD-Objektfangmöglichkeiten. Es ist günstig, dabei in einer Perspektive zu arbeiten. Die Endpunkte der östlichen Nebendachfläche sind: FP4, P4, P5 (auf der Dachüberstandslinie) und FP3. Das westliche Nebendach läßt sich analog konstruieren.

Das Ergebnis ist im folgenden Bild zu erkennen (Bild 5-97).

Dieses Ergebnis läßt sich natürlich auch mit der Funktion DACH VERSCHNEIDEN erreichen. Dazu werden zwei Satteldächer, welche unter Benutzung der Standarddachfunktionen erzeugt werden, benötigt.

Bild 5-97:
Endergebnis mit Haupt- und
Nebendach

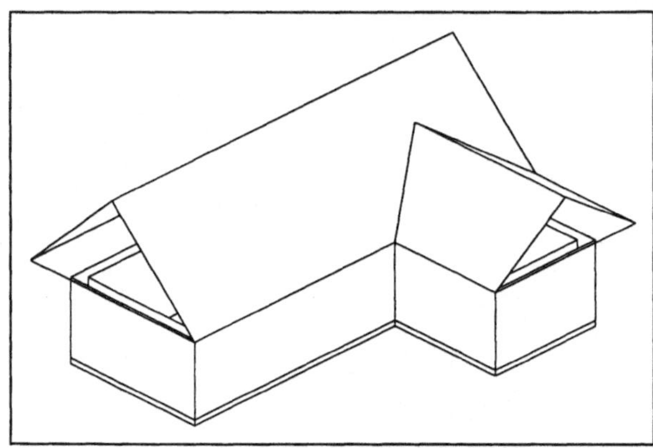

5.9.4.2.3 Gaubenkonstruktion

Die Gaubenkonstruktion läßt sich für die Erzeugung komplizierter Gauben verwenden,
wie Fledermaus-, Trapez-, Spitz- und Rundgaube. Voraussetzung für die automatische
Gaubenkonstruktion ist die Existenz der äußeren Dachhaut. Das heißt, der Dachaufbau
muß vor Beginn der Gaubenkonstruktion durchgeführt werden.

Da sich ACAD-BAU beim DACHANSCHLUß MAUERWERK an der inneren Dachhaut
orientiert, ist es notwendig, das Mauerwerk ebenfalls vor Beginn der Gaubenkonstruktion mit dem Dach zu verbinden. Durch die Gaube existiert eine weitere innere Dachfläche, die allerdings nicht mit dem Mauerwerk verbunden werden soll.

Ab der Version 5.01 lassen sich auch Öffnungen in das Gaubenmauerwerk einfügen.
Sollten Sie eine ältere Version besitzen, kommt es zu der Fehlermeldung „Wahrscheinlich keine R- oder G- Linie".

Für die folgende Übung zeichnen Sie einen Außenwandzug mit den Maßen 9 x 7 m und
einer Höhe von 263,5 cm. Die Dachüberstandslinie erzeugen Sie mit den Standardvor-
gabewerten.

Nach der Methode „Traufe/Dachneigung" konstruieren Sie ein Satteldach mit einer
Hauptdachneigung von 45°. Der Dachaufbau soll eine Höhe von 40 cm aufweisen.

Legen Sie eine neue Ebene an, um den Dachanschluß an das Mauerwerk durchzuführen.
In einer perspektivischen Ansicht ergibt sich die folgende Darstellung (Bild 5-98).

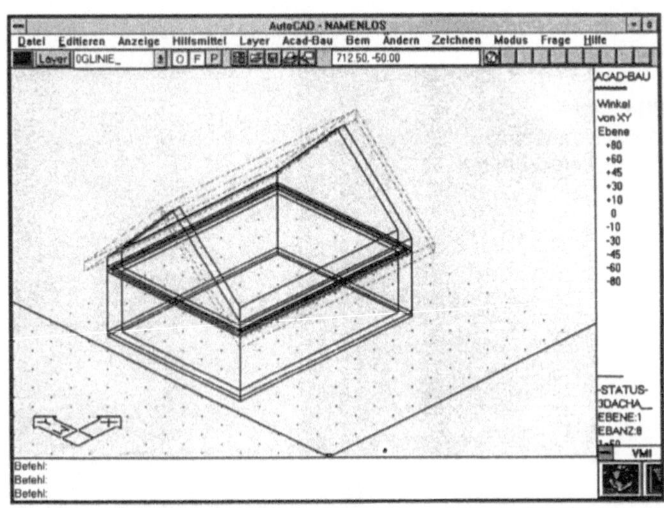

Bild 5-98:
Satteldach in
perspektivischer Ansicht

Auf der südlichen Dachseite soll nun eine Fledermausgaube konstruiert werden. Dazu
wechseln Sie in die Ansicht von Süd mit einem Betrachtungswinkel von 0°. Um in
dieser Ansicht eine Vorkonstruktion zeichnen zu können, ist es erforderlich, sich das
BKS entsprechend einzurichten. Nutzen Sie dazu den Befehl BKS mit der Option
ANSICHT.

In dieser Ansicht wird die Vorkonstruktion der Fledermausgaube gezeichnet. Dazu
setzen Sie den Vorkonstruktionslayer.

Menü/Acad-Bau/Vorkonstruktion/Vorkonstruktionslayer setzen

Da es in dieser Übung nur um das Prinzip der Gaubenkonstruktion geht, wird auf eine
Vorgabe von Maßen verzichtet.

Zeichnen Sie eine Polylinie und bearbeiten Sie diese mit PEDIT (Option „Kurvenlinie anpassen"), so daß Ihre Vorkonstruktion der folgenden Abbildung entspricht (Bild 5-99).

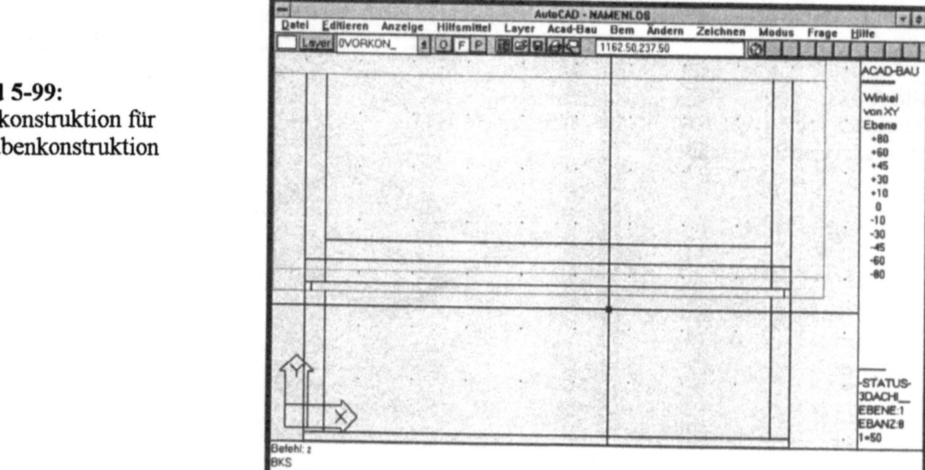

Bild 5-99:
Vorkonstruktion für
Gaubenkonstruktion

Für die weitere Bearbeitung ist es notwendig, daß Sie wieder in das Weltkoordinatensystem wechseln. Nutzen Sie dazu den Befehl BKS und bestätigen Sie die Vorgabe „WKS".

In einer perspektivischen Ansicht ergibt sich die nun folgende Darstellung (Bild 5-100). Es ist zu erkennen, daß Ihre Vorkonstruktion nicht die richtige Lage aufweist. Die Vorkonstruktion muß nun so positioniert werden, daß die Dachfläche von ihr geschnitten wird. ACAD-BAU nimmt Ihnen diese Arbeit ab.

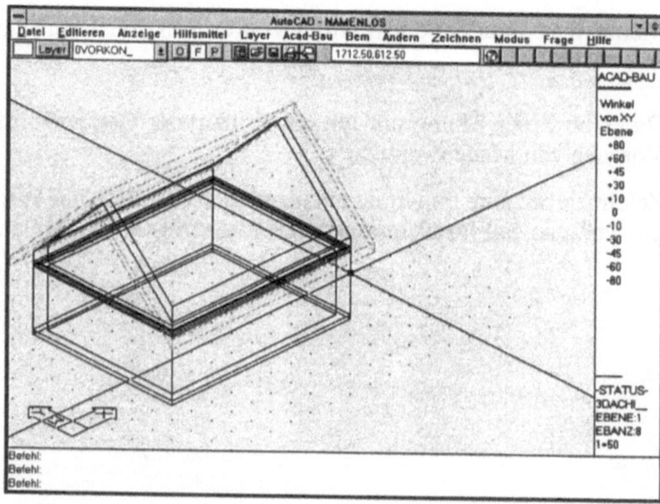

Bild 5-100:
Vorkonstruktion in
perspektivischer Ansicht

Im Dialogfenster „Standard-Dachkonstruktion" aktivieren Sie den Schalter „Horiz. Schieben" und klicken dann auf die Schaltfläche „Profil anpassen" (Bild 5-101).

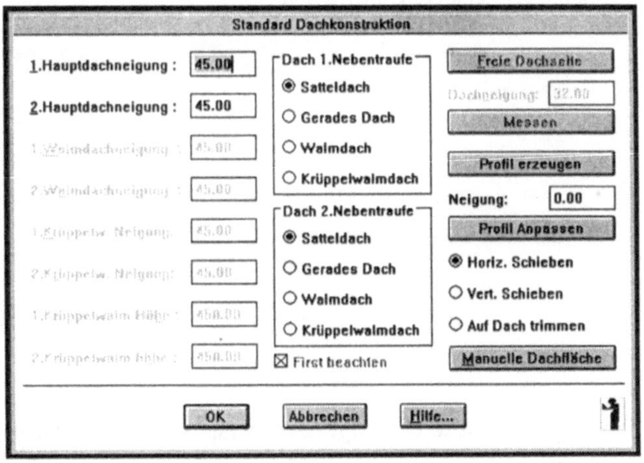

Bild 5-101:
Dialogfenster „Standard-Dachkonstruktion"

Nun kann die eigentliche Gaube erzeugt werden. Dazu öffnen Sie das Dialogfenster „Dachgaube". Sie haben hier noch verschiedene Möglichkeiten der Gaubengestaltung.

In den Eingabefeldern „Vorderer Dachüberstand", „Linker Dachüberstand" und „Rechter Dachüberstand" kann der jeweilige Dachüberstand festgelegt werden. Die bei der Vorkonstruktion gezeichnete Polylinie wird dabei als Dachkante genommen, d.h. die Gaubenwandkonstruktion wird um diesen Wert von ACAD-BAU automatisch zurückgesetzt.

Mit den Schaltern „Von Außenseite rechnen" oder „Von Innenseite rechnen" können Sie festlegen, ob Ihre Vorkonstruktion die Innen- oder Außendachhaut darstellt.

Die Stärke des Gaubendachaufbaus läßt sich durch Sie im Eingabefeld „Dachaufbau" definieren.

Mit dem Einstellen der Schalter „Unterseite Dach" oder „Unterseite OKF" legen Sie fest, ob das Mauerwerk der Gaube bis zur aktuellen Geschoßdecke oder bis zum Dach generiert wird.

Durch Klicken auf den Schalter „Mauerwerk" haben Sie die Möglichkeit, die Außenmauerwerksart für die Gaube zu wählen.

Da aber in dieser Übung auf eine Vorgabe von Maßen verzichtet wurde, können Sie die Standardeinstellungen übernehmen und durch Anklicken der OK-Schaltfläche das Dialogfenster schließen (Bild 5-102).

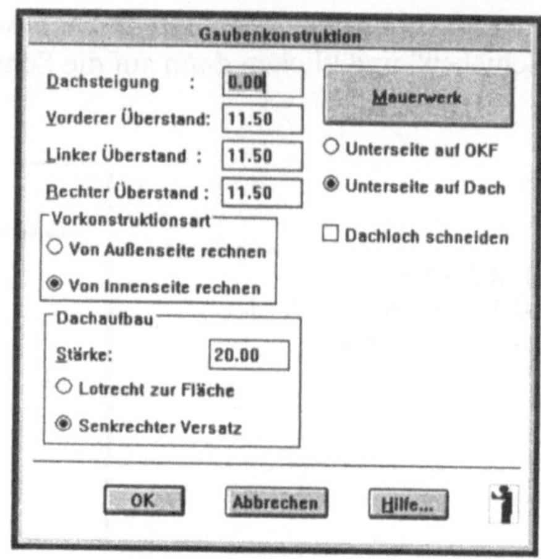

Bild 5-102:
Dialogfenster „Gaubenkonstruktion"

Das Ergebnis ist in der folgenden perspektivischen Ansicht zu sehen (Bild 5-103).

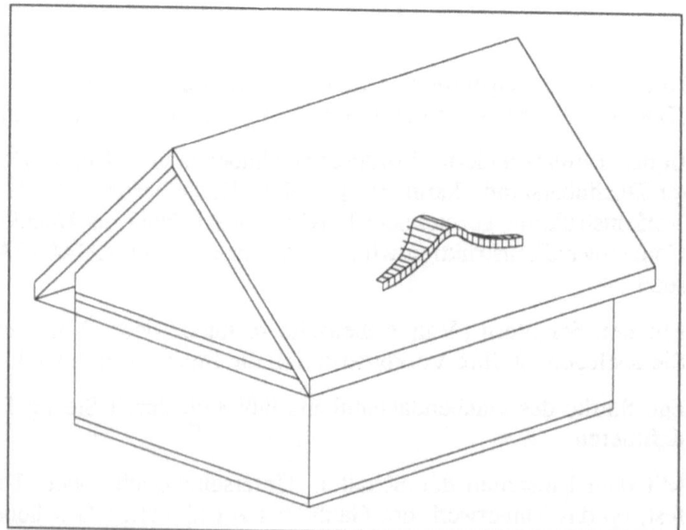

Bild 5-103:
Endergebnis der
Gaubenkonstruktion

Hinweis:

Soll die Gaube auf der nördlichen Hauptdachseite konstruiert werden, genügt es nicht, die Vorkonstruktion in der Ansicht von Nord mit einem Blickwinkel von 0° und einem der Ansicht entsprechenden BKS zu zeichnen. Der z-Wert der Vorkonstruktion ist im allgemeinen gleich Null und somit liegt die Vorkonstruktion wiederum auf der südlichen Seite.

Es gibt aber verschiedene Wege, die Vorkonstruktion auf das Norddach zu verlegen. Eine Möglichkeit besteht darin, die Vorkonstruktion durch die Funktion HORIZONTALES SCHIEBEN auf das Süddach zu schieben, um anschließend in einer Ansicht von West die Vorkonstruktion am Endpunkt des Firstes und am Mittelpunkt der westlichen Außenwand zu spiegeln. Diese Vorgehensweise ist nur möglich, wenn die Neigungen der Hauptdachseiten gleich sind.

Eine andere Möglichkeit ist es, die Vorkonstruktion mit einer 3D-Polylinie zu zeichnen, und zwar mit einem entsprechendem z-Wert, so daß die Vorkonstruktion sofort auf der Nordseite konstruiert wird. Die Funktion HORIZONTALES SCHIEBEN plaziert dann die Polylinie auf dem Norddach.

5.9.4.2.4 Dächer mit Abschleppungen

Dächer mit Abschleppungen lassen sich leicht mit der Funktion FREIE DACHSEITE konstruieren (siehe auch Methode „First/Dachneigung"). Die Firsthöhe und -lage sowie die angegebene Dachneigung sind hier ausschlaggebend für die Dachkonstruktion. Die Dachüberstandslinie liefert lediglich die x- und y- Koordinaten für die Dachendpunkte.

Für diese Übung ist zunächst ein Grundriß (Außenmauerwerk mit den Standardwerten) mit den folgenden Maßen ab P1 zu zeichnen:

300, 200, 400, 200, 300, 700, 1000, schließen.

Auch für den Dachüberstand können Sie die Standardwerte (Höhe 263,3 und Breite 60) nutzen. Nachdem Sie den Dachüberstand erzeugt haben, sollte sich folgendes Bild ergeben (Bild 5-104).

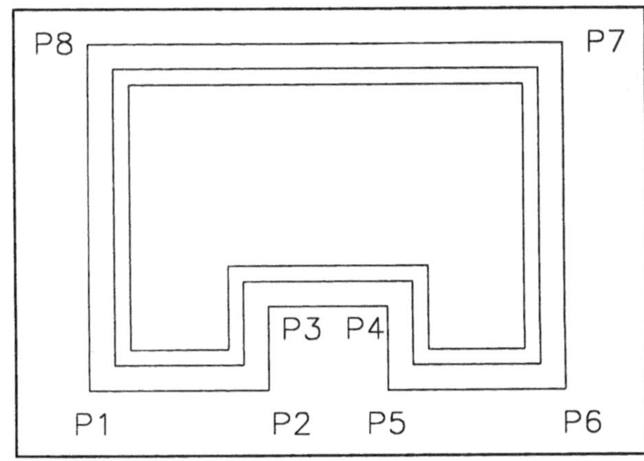

Bild 5-104:
Grundriß mit Dachüberstandslinie
für Dach mit Abschleppung

Der Dachüberstand zwischen den Punkten P5 und P6 soll um 100 cm vergrößert werden. Dazu bietet sich der Befehl STRECKEN an. Es ist vorteilhaft, den Befehl aus dem
Menü „Ändern" zu wählen, da dort der Objektwahlmodus KREUZEN voreingestellt ist.
Legen Sie das Fenster für die Objektwahl so, wie es in der folgenden Abbildung dargestellt ist (Bild 5-105). Der Basispunkt der Verschiebung ist P5, der zweite Punkt der
Verschiebung kann über die relative Koordinateneingabe:

   @100<-90

festgelegt werden.

Bild 5-105:
Objektwahlfenster

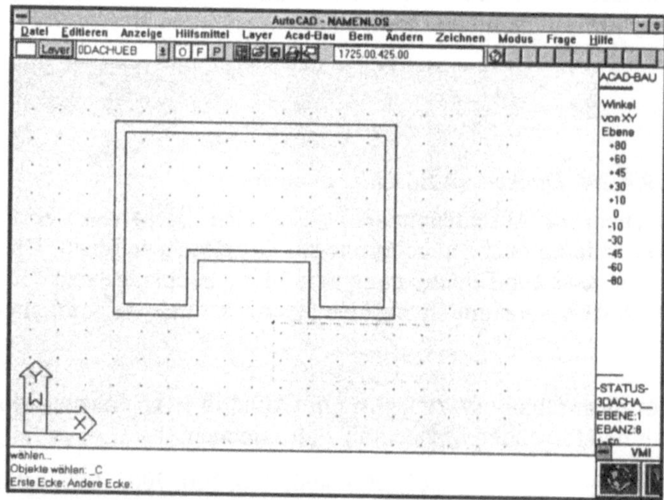

Das Ergebnis der Streckung ist in der folgenden Abbildung zu erkennen (Bild 5-106).

Bild 5-106:
Ergebnis des Streckens

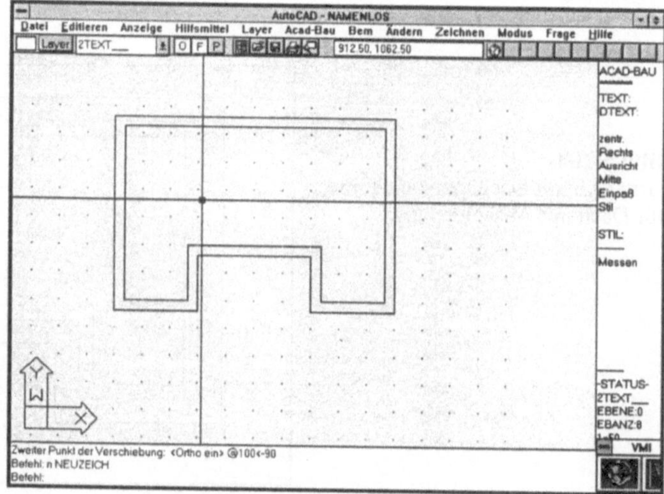

Da das Dach mit Hilfe der Funktion FREIE DACHSEITE erstellt werden soll, ist es notwendig, einen Hauptfirst zu zeichnen. Der Hauptfirst soll in diesem Beispiel in einer Höhe von 7 m mittig zwischen den Punkten P1 und P8 liegen (Bild 5-107).

Dazu tragen Sie im Dialogfenster „Dachnebenfunktionen" in das Feld „absolute Höhe" 700 ein und schließen das Fenster durch Klicken auf die Schaltfläche „Haupt".

Den Mittelpunkt zwischen P1 und P8 finden Sie mit dem AutoCAD-Objektfang MITtelpunkt. Für den zweiten Punkt nutzen Sie den AutoCAD-Objektfang LOT.

Bild 5-107:
Konstruierter Hauptfirst

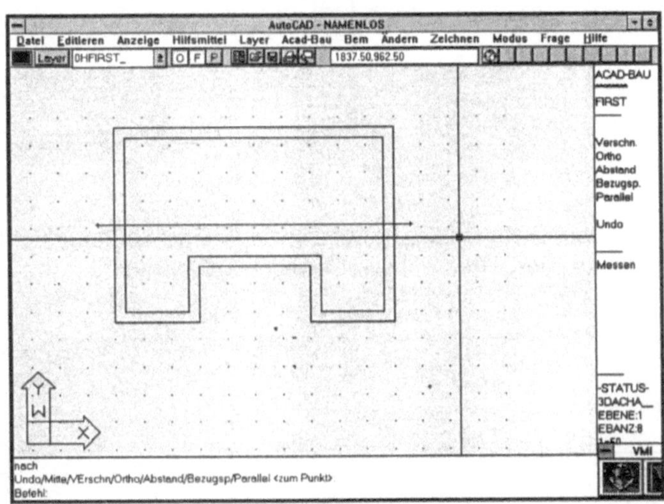

Die beiden Dachhälften werden nun mit Hilfe der Funktion FREIE DACHSEITE erzeugt. Dazu tragen Sie im Dialogfenster unter „Freie Dachseite" eine Dachneigung von 50° ein. Durch Klicken auf „Freie Dachseite" schließen Sie das Fenster.

Traufenendpunkte für das nördliche Dach sind die Punkte P7 und P8. Die südliche Dachseite erzeugen Sie analog. Als Traufenendpunkte dienen die Punkte P1, P2, P3, P4, P5 und P6.

In einer perspektivischen Ansicht ergibt sich die folgende Darstellung (Bild 5-108).

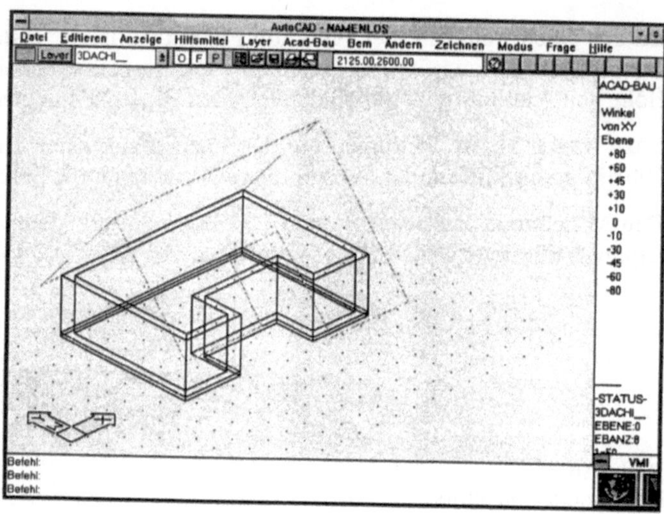

Bild 5-108:
Dachhälften in
perspektivischer Ansicht

Nach dem DACHANSCHLUß MAUERWERK und Ausführen der Funktion DACHAUFBAU von
20 cm ist diese Übung abgeschlossen (Bild 5-109).

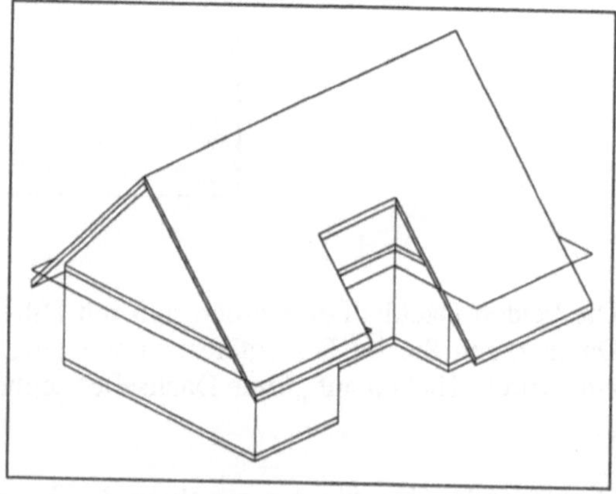

Bild 5-109:
Dach mit Abschleppung

5.10 Pfeiler und Stützen

Pfeiler und Stützen lassen sich in ACAD-BAU sehr komfortabel konstruieren. Nach dem Aufruf der Funktion PFEILER/STÜTZEN aus dem Menü „Sonderkonstruktionen" öffnet sich das folgende Dialogfenster (Bild 5-110).

Bild 5-110:
Dialogfenster „Pfeiler/ Stützen"

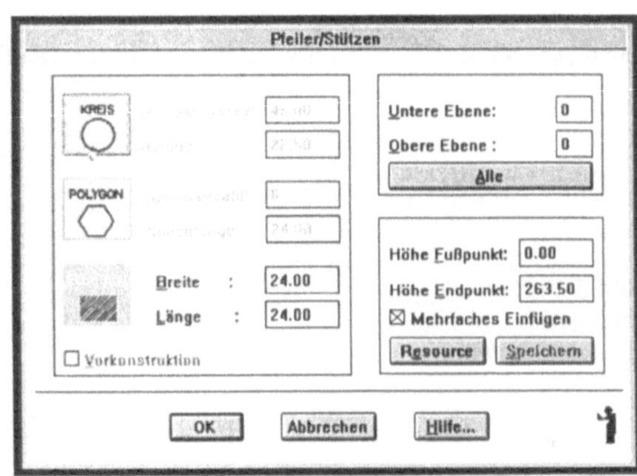

Pfeiler können frei im Raum stehen oder in Wände hineinragen. Sie beeinflussen die R-Linie und werden beim Raumbuch berücksichtigt.

Es gibt keine Funktion zum Löschen von Pfeilern. Deshalb ist auf das AutoCAD-Löschen zurückzugreifen. Dabei ist zu beachten, daß sowohl 2D- als auch 3D-Teil des Pfeilers gelöscht werden. Die R-Linie ist danach zu restaurieren. Eventuell zurückbleibende Löcher in den Wandschalen sind zu schließen (Funktion WANDSCHALE KOMPLETT SCHLIEßEN).

Für die Konstruktion von Pfeilern ist das Dialogfenster „Pfeiler/Stützen" zu öffnen. Klicken Sie die Ikone mit dem gewünschten Pfeilerquerschnitt an, tragen Sie dann die Maße für den Pfeiler ein. Weiterhin ist bei Bedarf die Höhe des Pfeilerfußpunktes und die Höhe des Pfeilers einzutragen, im Normalfall dürften aber die Vorgaben übernommen werden können.

Sollen mehrere gleichartige Pfeiler in einer Ebene eingefügt werden, muß die Option „Mehrfach einfügen" aktiviert bleiben.

5.11 Obergeschoß oder Keller

5.11.1 Erzeugen einer neuen Ebene

Wenn ein neues Geschoß ober- oder unterhalb der Ebene 0 gezeichnet werden soll, ist zunächst eine neue Ebene anzulegen. Dies erfolgt in der Dialogbox „Ebenensteuerung" durch das Setzen der entsprechenden Ebene (Bild 5-111). Hierbei ist zu bestimmen, ob das Geschoß als Obergeschoß oder nach unten (Keller) angelegt werden soll.

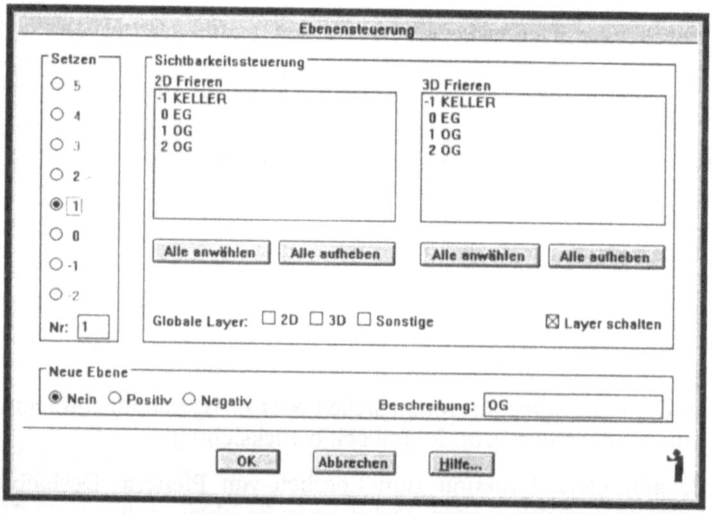

Bild 5-111:
Dialogbild
„Ebenensteuerung"

Der Punkt für die gewünschte Ebene ist zu aktivieren, danach verlassen Sie das Dialogfenster durch Anklicken der OK-Schaltfläche.

Alle nötigen Layersätze werden danach auf das neue Geschoß angelegt und in diesem verwaltet. Anschließend ermöglicht der Aufruf des Befehls AUßENWAND die Konstruktion von neuen Außenwandelementen, aber auch den Aufruf der Kopierfunktionen. Nach dem Aufruf der Außenwand-Funktion bietet ACAD-BAU drei Möglichkeiten an, das neue Geschoß zu zeichnen.

Bei der Konstruktion neuer Geschosse kann optional entweder das vorhergehende Geschoß komplett oder nur das vorhandene Außenmauerwerk kopiert werden. In einer freien Geschoßkonstruktion kann ein beliebiger neuer Außenmauerwerksverlauf eingegeben werden.

Komplett Kopieren

Nach dem Aufruf dieser Option werden sämtliche Informationen der vorhergehenden Ebene auf die neue Ebene übernommen. Das gesamte Geschoß wird durch eine vollständige Kopie erzeugt. Außen-, Innenwände, Öffnungen sowie weitere Konstruktionen werden übertragen.

Die Option „Komplettes Kopieren" ist nur bei der Entwicklung von Obergeschossen möglich.

Außenmauer Kopieren

Das Kopieren der Außenmauer meint eigentlich eine Kopie des Mauerwerkverlaufs. Der bestehende Grundriß wird auf der Basis des Außenmauerwerks übernommen. Über die Dialogbox zur Spezifizierung des Mauerwerks kann festgelegt werden, mit welchem Mauerwerk das neue Geschoß erstellt werden soll. Alle weiteren Konstruktionen für Innenwände, Öffnungen usw. werden danach durchgeführt.

Freie Konstruktion

Bei einer Freien Konstruktion besteht die Möglichkeit, in der neuen Ebene einen abweichenden Außenmauerwerksverlauf im Bezug auf die vorhergehende Ebene zu erzeugen. Bei neuen Ebenen wird die Fußpunkthöhe nicht mehr eingegeben, da sich diese auf die Grundkonstruktion der Ebene 0 bezieht. Der Wandaufbau kann für jedes Geschoß individuell bestimmt werden. Durch die Benutzung der Editierbefehle kann die Wandart und der Wandverlauf mehrfach, jedoch nur innerhalb eines Geschosses, verändert werden.

5.11.2 Bearbeiten der Ebenen

Ebenen verbinden

Nach dem Erzeugen neuer Ebenen müssen diese im Außenmauerwerk miteinander verbunden werden, um bei einer perspektivischen Ansicht eine geschlossene Außenfront zu generieren.

Der Befehl dazu lautet EBENEN VERBINDEN/DECKENSCHLUß und befindet sich im Menü „Wand/Decke".

Geschoßdecken

Programmintern kennzeichnet ACAD-BAU den Deckenverlauf durch 2D-Polylinien. Um bei der Generierung einer Ansicht mit der Verdecktdarstellung auch wirklich eine Decke zu sehen, müssen diese Polylinien mit Flächen belegt werden.

Dazu dient der Befehl DECKE SOLIDIFIZIEREN aus dem Menü „Wand/Decke". Eine Solidifizierung der Decke findet jeweils nur in der aktuellen Ebene statt und muß für jede weitere Ebene neu aufgerufen werden.

5.12 Bemaßung

Neben den bekannten Bemaßungsoptionen aus AutoCAD stehen in ACAD-BAU eine Reihe zusätzlicher Möglichkeiten zur Verfügung.

Im einzelnen sind das:

- Architektur-Bemaßung   für Grundrisse und Schnitte

- Automatische Bemaßung   für Grundrisse

- Schnittlinienbemaßung   innerhalb von Gebäuden

- Innenraumbemaßung   für Räume und Innenwände

- Höhenknotenbemaßung   für Niveauangaben in Grundriß und Schnitt

5.12.1 Architektur-Bemaßung

Zur architekturgerechten Bemaßung kann der Befehl ARCHITEKTUR-BEMAßUNG benutzt werden. Der Befehl generiert eine assoziative Kettenbemaßung durch Anwahl aller zu bemaßenden Punkte, Angabe der Lagerichtung der Maßkette und des Standortes der Hilfslinienendpunkte. Ist der Abstand zwischen zwei Bemaßungspunkten zu gering, um den Bemaßungstext auf der Maßlinie zu positionieren, so wird der Bemaßungstext hoch geschoben.

Nachkommastellen können bei allen *8.shx-Dateien hochgestellt werden. Ferner können alle Maße unter 1,00 m in cm-Werten ausgegeben werden. Die Maßstabsfunktion steuert die Größe der Darstellung der Bemaßung. Dabei gilt für alle größenbezogenen Bemaßungsvariablen die Formel BEMFKTR mal VARIABLE, wobei BEMFKTR mal Systemvariable DIMSCALE gleich dem Maßstabsfaktor ist. So werden z.B. für die Darstellung in einem Maßstab von 1=50 BEMFKTR auf 50 gesetzt. Im Pulldownmenü „BEM" kann ein Architektur-Bemaßungsstandard angewählt werden. Dieser Standard setzt alle nötigen Bemaßungsvariablen so, daß eine architekturgerechte Bemaßung generiert werden kann. Der Standard ist in der ACAD-BAU-Prototypzeichnung vordefiniert (ACAD-BAU.DWG), so daß diese Einstellungswerte immer zur Verfügung stehen, wenn eine neue Zeichnung erstellt wird.

5.12.2 Automatische Bemaßung

Bei dieser Variante kann das gesamte Gebäude bezüglich der vier Grundmaßketten automatisch bemaßt werden (Bild 5-112). Das Programm bemaßt jeweils die in einem Fenster selektierten Gebäudeteile oder auch das gesamte Bauwerk. Dabei können auch schrägliegende Bauteile vermaßt werden. Es werden jeweils nur die vollständig im Auswahlfenster liegenden Gebäudeteile bemaßt und ggf. die Bemaßung nach deren Lage ausgerichtet.

Die folgenden Grundmaßlinien werden dabei erzeugt:

    1.Reihe - Gebäudeecken - Außenmaße des Bauwerks

    2.Reihe - Bauteilkanten - Außenmauerwerksversprünge

    3.Reihe - Außen- und Innenwandmaße

    4.Reihe - Öffnungen

Bild 5-112:
Automatische Bemaßung

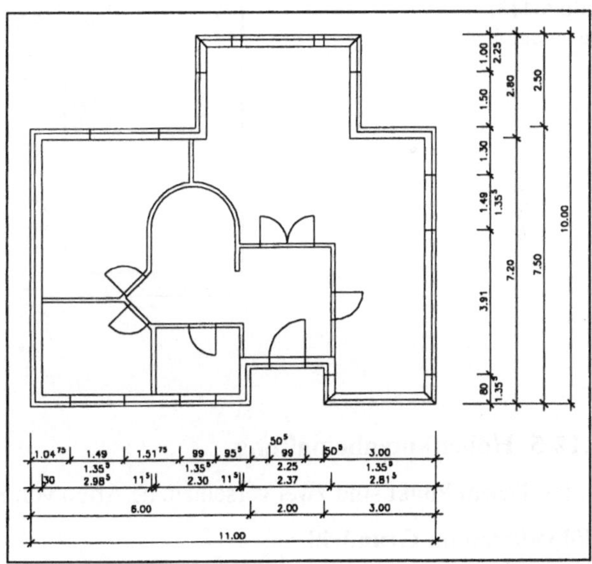

5.12.3 Schnittlinienbemaßung

Der Befehl SCHNITTLINIENBEMAßUNG ermöglicht die halbautomatische Bemaßung mittels Schnittlinienführung. Zunächst wird durch Objektwahl ein Auswahlsatz für die zu bemaßenden Objekte gebildet. Danach wird in der Draufsicht temporär eine Polylinie durch die zu schneidenden Wandteile geführt. Dabei werden die Schnittpunkte mit Geschoß- und Raumgrenzlinien bemaßt. Die Lage und Führung ist frei wählbar. Nach Beendigung des Befehls mit ENTER kann die Maßkette ausgerichtet und plaziert werden.

5.12.4 Innenraumbemaßung

Die Innenbemaßung ist eine Bemaßungsautomatik, in der einzelne Räume oder ganze Geschosse mit Innenwandabschnitten und Tür- bzw. Fensterausschnitten bemaßt werden (Bild 5-113). Beim Auswahlkriterium <WAHL> wird in den Raum gepickt und nach Identifizierung eine automatische Beschriftung der Wandabschnitte durchgeführt.

Bild 5-113:
Innenraumbemaßung

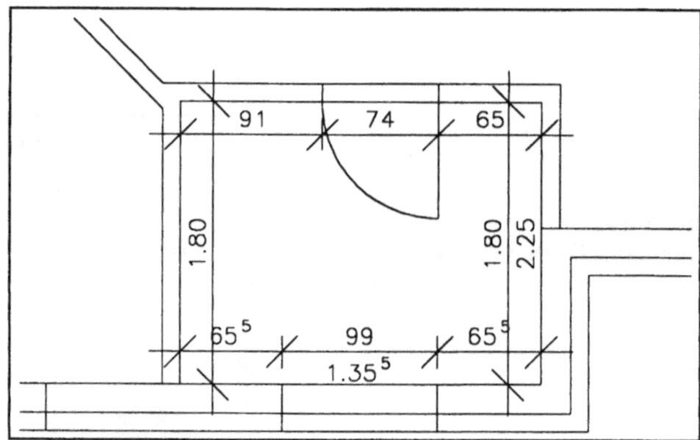

5.12.5 Höhenkotenbemaßung

Unter diesem Punkt sind zwei verschiedene Arten von Höhenkoten konstruierbar.

Höhenkoten im Grundriß

Die Höhenkoten im Grundriß sind immer mit der Option „Manuell" einzufügen. Hierbei stehen mehrere Bemaßungssymbole aus Ikonenmenüs zur Verfügung. Bemaßt werden alle Decken- und Bodenaufbauten. Die gewählte Höhenkote wird im Grundriß mit der automatisch ermittelten Höhenlage eingefügt.

Höhenkoten im Schnitt und in den Ansichten

Die Einfügung der Höhenkoten in den Ansichten und Schnitten erfolgt immer im Papierbereich (Bild 5-114). Das Programm bemaßt alle Deckenlagen mit Unterkante Decke und den Oberkanten Roh- und Fertigfußboden automatisch oder mit der Option „Manuell". Hierbei werden die konstruierten Bodenaufbauten berücksichtigt. In der automatischen Höhenkotenbemaßung kann nach Anwahl der Option „Führung" eine Linie außerhalb des Gebäudeteiles gezogen werden, an der die ermittelten Werte ausgerichtet werden. Die Führungslinie, die immer innerhalb des Ansichtsfensters liegen muß, kann auch als Schnittlinie mit beliebigen Lagen durch das Gebäude geführt werden.

Eine manuelle Bemaßung mit Höhenkoten der Ansichten und Schnitte ist ebenfalls möglich. Hierzu müssen die zu bemaßenden Punkte gepickt werden. Das Programm setzt danach ein auszuwählendes Symbol mit Höhenwert und eventueller Beschriftung am Pickpunkt ab. Für diese Bemaßungsart gelten auch die Einstellungen der Bemaßungsvariablen.

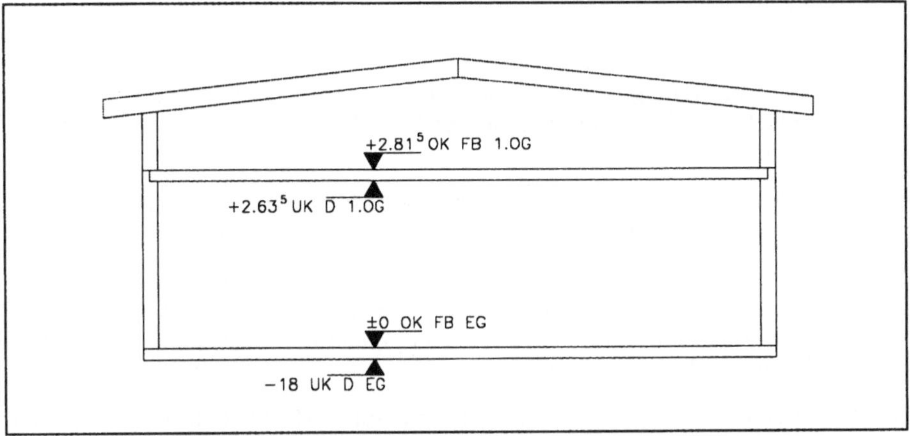

Bild 5-114:   Höhenkotenbemaßung im Papierbereich

5.12.6 Architekturbemaßung editieren

In diesem Befehlssatz ist die gesamte Editierung, die speziell von ACAD-BAU zur Verfügung gestellt wird, zusammengefaßt.

Mit SCHIEBEN können eine oder mehrere Bau-Bemaßungsketten in Ihrer Bemassungs-ausrichtung vom Gebäude weg oder zum Gebäude hin verschoben werden. Es ist dabei lediglich erforderlich, die zu verschiebenden Ketten anzuwählen (Picken oder kreuzen) und dann den Abstand und die Richtung frei zu bestimmen.

Das LÖSCHEN der gesamten Kette erfolgt durch Picken eines Punktes auf der Kette. Genauso gut ist es möglich, mit Kreuzen oder Fenster mehrere Ketten anzuwählen.

Ein UPDATE ist nötig bei Veränderungen in den geometrischen Daten z.B nach Strecken von Gebäudeteilen, sowie Änderungen im Maßstab, Textstil und Veränderungen der Variablen werden nach diesem Befehl für alle angewählten Teile aktualisiert. Alle Updatefunktionen können für einzelne Maßketten oder auch pauschal durch FENSTER oder KREUZEN angewählt werden.

Innerhalb der vollautomatisch oder manuell erzeugten Maßketten können nachträglich mit PUNKT HINZU noch Bemaßungspunkte eingefügt werden. Nach Anwahl der Option können die einzufügenden Punktwerte auf den jeweiligen Objekten gepickt und auf den danach zu bestimmenden Maßketten eingefügt werden. Alle anderen Maße auf der Kette werden automatisch korrigiert.

Der Befehl PUNKT ENTFERNEN ist die Umkehrung des vorherigen Befehls. Hierbei werden die Maßketten nach Entfernen der auf der Kette zu bestimmenden Punkte wieder geschlossen. Im Gegensatz zum Vorbefehl können Punkte nur jeweils aus einer Kette entfernt werden. Für die Bestimmung der Punkte ist es nicht erforderlich, die Punkte exakt zu bestimmen. Es genügt ein Picken in der Nähe des jeweiligen Bemaßungspunktes oder die Bestimmung der Punkte durch Setzen eines Auswahlfensters. Alle anderen Maße auf der Kette werden automatisch korrigiert.

Der Befehl BEM TEDIT ermöglicht das freie Plazieren von Bemaßungstexten. Hierbei wird der zu verschiebende Bemaßungstext angepickt und anschließend an einer anderen Stelle durch erneutes Picken abgesetzt.

Ein BEM UPDATE führt alle Änderungen in den Variablen durch. Mit diesem Befehl werden alle gewählten Bemaßungen auf die aktuellen Einstellungen angepaßt.

BEM NEUTEXT ermöglicht es, einen neuen Text anstelle des Bemaßungsergebnisses zu plazieren. Sollen z.B. Aufrundungsfehler ausgeglichen werden, kann ein Maßtext angewählt werden. Das Programm fordert dann dazu auf, einen neuen Text einzugeben. Die Maßkette wird in diesem Teil dann neu beschriftet.

BEM HOMETEXT setzt alle Plazierungen auf die von AutoCAD berechnete Textposition (i.d.R. die Mitte) zurück.

5.12.7 Bemaßungsvariablen

Die Dialogbox ermöglicht die Einstellung der speziellen ACAD-BAU-Bemaßungsvariablen (Bild 5-115). Sie können Ihre eingestellten Bemaßungsstile für eine weitere Verwendung abspeichern.

Bild 5-115:
Dialogfenster „ACAD-BAU-Bemaßungsvariablen"

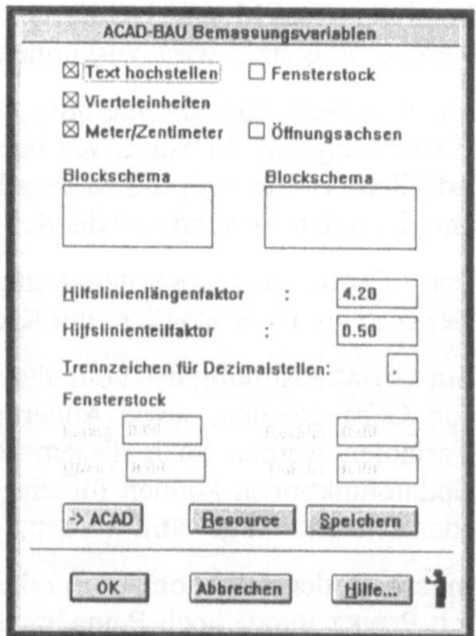

5.13 Raumbuch

5.13.1 Funktion des Raumbuches

Das Raumbuchprogramm dient zur Erfassung, Verwaltung und Ausgabe aller in der Zeichnung erzeugten Raumdaten. Alle Daten können auf dem Drucker oder in einer frei definierbaren ASCII-Datei ausgegeben werden. Die Datenerfassung erfolgt i.d.R. vollautomatisch.

Innerhalb des Raumbuchs ist es möglich, die Ausgabe über Suchkriterien wie z.B. Bauteildaten oder Raumbezeichnungen zu steuern und somit Geometriedaten mit der Raumbuchdatenbank zu verknüpfen. Diese Steuerung der Ausgabe erlaubt die Materialdaten (Stücklisten usw.) zu den Räumen zu erfassen und gezielt auszuwerten.

Folgende Daten werden automatisch erfaßt:

- Grundflächen brutto mit Rechenansatz und prozentualen Abzügen

- Wohnflächen bewertet nach DIN 276, mit Rechenansatz

- Umfangslänge der Räume

- Volumen der Räume als Kubaturen mit Rechenansatz

- Wandflächenberechnung mit Rechenansatz

- Stückliste aller Bauteile, die innerhalb der entsprechenden Räume eingefügt sind

- benutzerdefinierte Raumbuchdaten

Dem Raumbuch können beliebige Daten angefügt werden, welche der Benutzer selbst definiert. Grunddaten, welche häufig in das Raumbuch eingetragen werden, stellt das Programm standardmäßig zur Verfügung. Zu diesen Grunddaten gehören die Raumbezeichnung und die Raumgrößen. Die Datenerfassung erfolgt automatisch nach den jeweils in der Dialogbox angewählten Kriterien.

Das Raumbuch ermöglicht in der Hauptfunktion die Auswertung der Wohnflächen mit Rechenansatz und Teilflächenbeschriftung. Dabei wird nicht nur die DIN 276 berücksichtigt. Es können vom Benutzer definierte Flächen bewertet und in der Ausgabe verarbeitet werden. Das ACAD-BAU-Raumbuchprogramm stellt eine Kubaturberechnung zur Verfügung, mit der die Rauminhalte berechnet werden. Diese können ebenfalls mit Rechenansatz ausgegeben werden. Der Bodenaufbau ist für jeden Raum einzeln, oder für die gesamte Ebene, erfaßbar. Er kann über einen Schalter solidifiziert, das heißt mit Flächen bespannt, werden. Eine Öffnungsliste (mit allen Parametern oder nur mit Maßen) kann ebenfalls über das Raumbuchprogramm ausgegeben werden. Alle Daten, die vom Raumbuch gebildet werden, können in eine Datei oder auf einen Drucker ausgegeben werden. Die Ausgabe ist dabei in seinem Umfang unabhängig von der Werterfassung. Es können jedoch nur Werte ausgegeben werden, die vorher in der Erfassung ermittelt wurden. Die Neuerfassung der Raumbuchdaten findet über die Dialogbox Werterfassung statt. Das Raumbuch wird jeweils beim Aufruf aktuell geschrieben. Beim Aufruf des Raumbuchs öffnet sich zunächst immer eine „Verteilerbox" (nächstes Bild), in der auf die verschiedenen Funktionsbereiche verzweigt wird.

Mit der Version 5.1 erfuhr der Bereich Raumbuch eine gründliche Überarbeitung und Verbesserung. Es ist uns im Rahmen dieses Buches leider nicht möglich, alle Aspekte dieses Gebietes darzustellen. Sie benötigen weiterhin einige Kenntnisse der einschlägigen DIN-Normen, um die angebotenen Funktionen voll nutzen zu können.

Mit dem Raumbuch können Sie Raum- und Sachdaten verknüpfen. Als Raumtypen stehen reguläre, logische und benutzerdefinierte Räume zur Verfügung. Freie Flächen, z.B. für Balkone, Auffahrten, Terassen etc. können erfaßt, bewertet, verwaltet und ausgegeben werden.

Sie rufen die Raumbuch-Funktion über das Menü „Massenermittlung/Raumbuch" auf. Es öffnet sich die folgende Dialogbox, die sogenannte Verteilerbox (Bild 5-116). Begonnen mit der Bearbeitung wird mit dem Punkt „Werterfassung", die Funktionen werden dann von oben nach unten abgearbeitet.

Bild 5-116:
Die Raumbuch-Funktionen

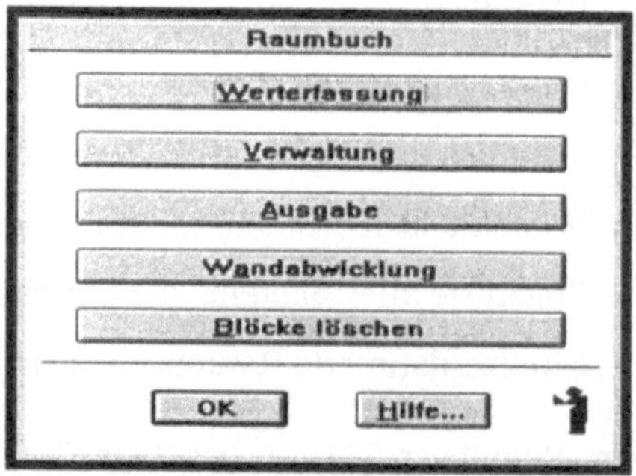

5.13.2 Werterfassung

Die Betätigung des Schalters „Werterfassung" öffnet die Dialogbox „Werterfassung" (Bild 117). In ihr werden Einstellungen vorgenommen, die dem Raumbuchprogramm mitteilen, welche Werte, in welcher Art, ermittelt werden sollen. Mit Verlassen der Box durch Anklicken der OK-Schaltfläche werden dann alle Rechenoperationen durchgeführt. Es ist also möglich, mehrere Befehle, wie Erstellung von Meterlinien, Wandflächenberechnungen usw., in einem Schritt durchzuführen.

Bild 5-117:
Dialogfenster „Werterfassung"

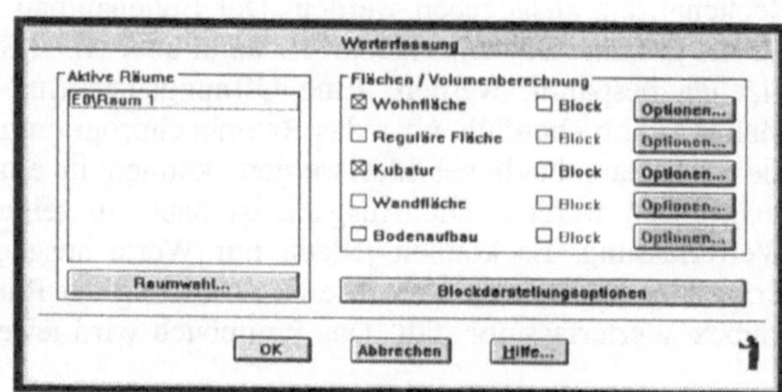

Für jede Ebene, in der das Raumbuch initialisiert werden soll, werden die Geometriedaten aller Räume innerhalb der aktuellen Ebene mit der Raumbuchfunktion
WERTERFASSUNG ermittelt oder aktualisiert, insofern sich Änderungen in den Geometriedaten ergeben haben (z.B. Veränderung eines Wandverlaufes).

Eine Werterfassung ist immer dann vonnöten, wenn Änderungen folgender Art auftreten:

– Erzeugung neuer Räume durch Anschließen von Innenwänden,

– Erzeugung neuer logischer Raumteilungen,

– Entfernen von Räumen durch Aufheben von Innenwandanschlüssen oder Löschen
  von Innenwänden,

– Hinzufügen oder Verschieben von Bauteilen (Blockeinfügungen),

– Veränderungen in der Größe der Räume durch Verschieben (mit dem Befehl
  STRECKEN von Innen- oder Außenwänden oder durch Veränderung von Verlauf
  und/oder Material von beliebigen Wänden),

– Teilung von Ebenen durch Splitlevelkonstruktion („SPLITLEVEL").

5.13.3 Verwaltung

Auf die Werterfassung folgt die Verwaltung. Auch dieser Bereich ist durch einen
komplett dialogorientierte Bedienung charakterisiert. Die folgende Abbildung zeigt das
entsprechende Dialogfenster (Bild 5-118). Sie können mit Textschemablöcken arbeiten,
Notizen anlegen und verwalten und Benutzerdaten eingeben.

Bild 5-118:
Dialogfenster
„Verwaltung"

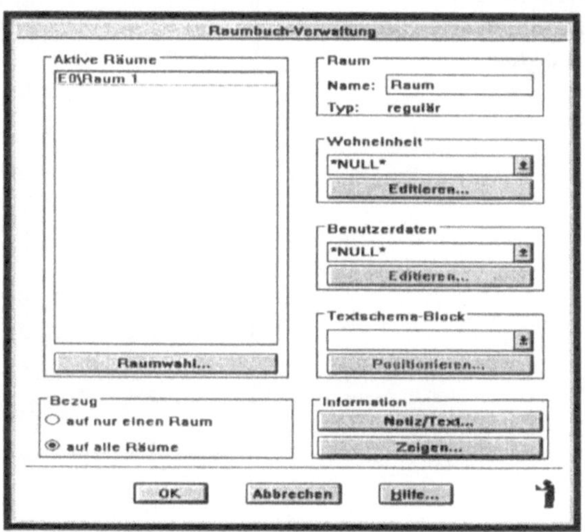

Unter dem Menüpunkt „Verwaltung" finden alle Beschriftungen und Veränderungen der Wohneinheiten und einzelnen Räume statt. Im Befehl WOHNEINHEIT können Sie eine Zusammenfassung von Räumen zu Wohneinheiten definieren. Es ist möglich, eigene Informationen an die Raumdaten anhängen und verwalten. Später sind nach diesen Einträgen Filterungen für die Raumbuchausgabe zu setzen.

Die Dialogbox unterteilt sich prinzipiell in zwei Teile: Die Wahl und Beschreibung der Räume und die Verwaltung aller vom Benutzer definierten Zusatzdaten.

Durch den Schalter „Raumwahl" verläßt das Programm nach Betätigung temporär das Dialogfenster und öffnet ein neues Fenster, um Ihnen die Selektion von Räumen zu ermöglichen.

5.13.4 Ausgabe

Nach der Philosophie des Raumbuches folgt auf Werterfassung und Verwaltung die Ausgabe des Raumbuches. Auch dort arbeiten Sie dialogorientiert (Bild 5-119). Für die Ausgabe stehen Ihnen dreizügige Listen zur Verfügung. ACAD-BAU ist in der Lage, die erfaßten Daten in verschiedenen Formaten auszugeben. So ist z.B. die Kommunkation zwischen ACAD-BAU und Datenbanken oder Tabellenkalkulationsprogrammen gewährleistet.

Die allgemeinen Listen können nach drei Kriterien sortiert werden, nach Räumen, nach Wohneinheiten und nach Ebenen. Pro-Raum-Listen enthalten auch die nach DIN geforderten Berechnungsansätze. Die anderen Listen für Bodenaufbauten, Stücklisten etc. sind vom Raumbuch eigentlich entkoppelt, aber berücksichtigen alle ausgewählten Daten der Räume.

Bild 5-119:
Dialogfenster „Raumbuch-Ausgabe"

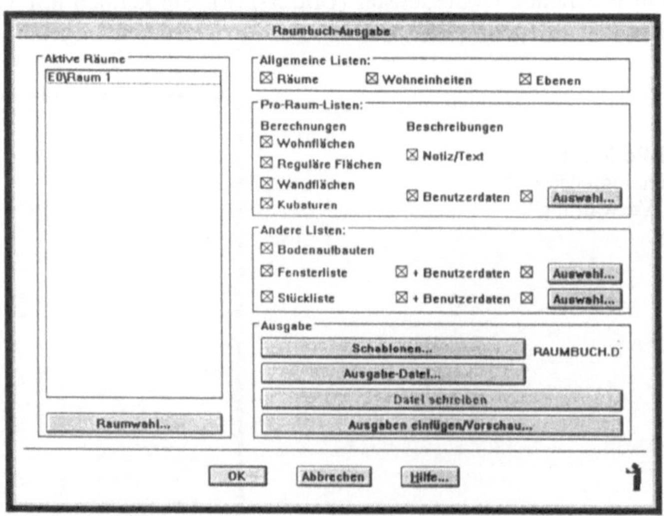

Die WANDABWICKLUNG zeichnet die Abwicklung der Wände von durch den Benutzer ausgewählten Räume im Papierbereich. Diese Abwicklungen sind zum Beispiel für die Erstellung von Fliesenplänen und ähnlichen Darstellungen sehr gut geeignet.

Mit der Funktion BLÖCKE LÖSCHEN können Sie Raumbuch-Elemente wieder aus Ihrer Zeichnung entfernen.

5.14 Ausgabe

Die Zusammenstellung einer Zeichnung und die Vorbereitung zum Plot finden im Papierbereich statt. Der Papierbereich bietet die Möglichkeit, verschiedene Ansichten des Modells, wie Grundrisse, Details und auch perspektivische Ansichten zusammen-zustellen, zu beschriften und als eine Zeichnung auszuplotten. Ist die AutoCAD-Systemvariable TILEMODE auf 0 gesetzt, so findet die Bearbeitung im Papierbereich statt.

Das Arbeiten im Papierbereich sollte mit dem Einfügen eines Zeichnungsrahmens beginnen. Damit findet eine gute Ausrichtung der Limiten, zur Orientierung der Zeich-nungsgrößen und des Maßstabs statt. Die Möglichkeit, einige Standardrahmen einzu-fügen, erhält man über den Befehl MAßSTAB. Im Screenmenü wird die Funktion SETUP gewählt. Dort stehen dann die Standardblattgrößen als Zeichnungsrahmen zur Ver-fügung. Es können auch Sondergrößen vorgegeben werden. Unter dem Punkt „Sonder" werden die Größen in x- und y-Richtung des Rahmens abgefragt. Die Eingabe erfolgt hier in Millimetern. Der im Papierbereich eingefügte Zeichnungsrahmen kann selbst-verständlich wieder gelöscht und durch einen anderen ersetzt oder ganz weggelassen werden.

In ACAD-BAU ist das Zusammenstellen eines Plots über das ACAD-BAU-MENÜ „LAYOUT" sehr komfortabel möglich. Um die im Folgenden beschriebenen Funktionen benutzen zu können, müssen Sie sich im Papierbereich befinden. Dazu betätigen Sie den Schalter <TILEMODE> wie oben beschrieben.

Hinweis: Alle Layer müssen eingeschaltet sein, um die Selektierung der Gewerk-gruppen nach 2D und 3D durchführen zu können.

5.14.1 Einfügen von Ansichten und Schnitten

Ansichten einfügen

Unter diesem Punkt öffnet sich ein weiteres Menü, daß die Standardansichten anbietet. Die Ansichten Nord, Ost, Süd, West werden jeweils mit einem Blickwinkel von 0 Grad durch Picken von zwei Ansichtsfensterpunkten im Papierbereich eingefügt. Dabei findet ein maßstabsgerechtes Einfügen der Ansicht statt. Es werden nur die 3D-Layer dargestellt. Das eingefügte Fenster kann jedoch mit den AF-Layer-Funktionen in der Darstellung beeinflußt werden.

Isometrie

Der Punkt „Isometrie" fügt eine isometrische Ansicht des Modells im Papierbereich ein. Abgefragt wird der Blickwinkel (die Richtung aus der man auf das Gebäude schaut) und der Höhenwinkel. Die Optionen decken sich mit dem AutoCAD-Befehl „APUNKT".

Perspektive

Diese Option fügt eine mit dem Befehl PERSPEKTIVE erstellt Ansicht des Modells in die Zeichnung ein. Unter dem Menüpunkt sind die einzelnen Optionen des Befehl erklärt. Die Perspektive wird dabei in ihren Grenzen auf den gepickten Rahmen angepaßt, ist also nicht maßstabsgesteuert.

Grundriß einfügen

Nach Anwahl des Punktes „Grundriß" muß aus dem sich öffnenden Menü die gewünschte Ebene angegeben werden. Anschließend wird im Screenmenü der Darstellungsmaßstab gewählt. Nun wird durch Picken von zwei Punkten das Ansichtsfenster in seiner Größe und Lage auf dem Bildschirm bestimmt. Der Befehl skaliert und zentriert den gewählten Grundriß automatisch im Ansichtfenster. Falls das Ansichtsfenster zu klein gewählt wurde (der Grundriß erscheint nur zum Teil), ist der Befehl zu wiederholen und das Ansichtsfenster entsprechend größer zu picken. Ein zu großes Ansichtsfenster kann mit STRECKEN im Papierbereich auch nachträglich verkleinert werden. Der nun sichtbare Grundriß ist eine reine 2D-Darstellung. Alle dafür nicht benötigten Layer werden durch den Befehl automatisch in diesem Ansichtsfenster gefroren. Es ist möglich, über die AF-Layer-Steuerung (AF=Ansichtsfenster), die Darstellung zu beeinflussen. Alle weiteren Ebenen (Geschoß-Grundrisse) können nach dem gleichen Muster im Papierbereich eingefügt werden. Sie erscheinen jeweils als kompletter 2D-Grundriß mit Bemaßung im gewählten Maßstab.

Grundrißschnitt

Dieser Befehl arbeitet nach dem gleichen Muster wie der zuvor Beschriebene. Es wird hierbei jedoch ein horizontaler Schnitt in einem Meter Höhe durch das Gebäude gelegt. Um dabei keine transparenten Decken zu erhalten, durch welche die darunter liegenden Geschosse noch sichtbar sind, sollte die entsprechende Decke vor der Anwendung dieses Befehls solidifiziert. Hierfür steht im Menü „Wand/Decke" der Befehl DECKE SOLIDIFIZIEREN zur Verfügung. Durch den Befehl VERDECKT bzw. VERDECKTE LINIEN ENTFERNEN beim Plotten verschwinden die in den unteren Geschossen liegenden Konstruktionen. Es kann aber auch ein „verdeckt" gerechnetes 2D-Bild bereits im Papierbereich dargestellt und evtl. noch weiter bearbeitet werden.

Schnitt einfügen

Dieser Befehl fragt zuerst nach dem Darstellungsmaßstab, der aus dem Screenmenü gewählt wird. Nachdem durch zwei Punkte ein Ansichtsfenster auf dem Bildschirm definiert wurde (Größe abschätzen!), erscheint das Modell zunächst in der Draufsicht. Es folgt eine Abfrage nach der SCHNITTBEZEICHNUNG (eine beliebige Bezeichnung kann eingegeben werden) und nach dem SCHNITTVERLAUF. Der Schnittverlauf wird durch Picken von zwei Punkten in der Draufsicht festgelegt. Es sind nur planare Schnitte möglich. Jetzt wird nach der BLICKRICHTUNG gefragt, die durch Picken in die gewünschte Richtung angegeben wird.

Der Schnitt erscheint nun skaliert und zentriert im Ansichtsfenster. Gleichzeitig wird der Schnittverlauf, die Schnittbezeichnung und die Blickrichtung im Modell eingetragen und erscheint nun auch in den bereits eingefügten Grundrissen.

Hinweis: Wird nach manueller Einfügung von Schnitten beim Einfügen eines weiteren Ansichtsfensters keine oder nur eine unvollständige Darstellung geliefert, so kann es sein, daß AutoCAD die Schnitteinstellung nicht zurückgesetzt hat. Um den Schnitt zu desaktivieren, muß über „MODELLBEREICH" oder „TILEMODE" in den Modellbereich geschaltet werden und der Befehl „DANSICHT" aufgerufen werden. Hier wird ein „S" für Schnitt eingegeben und anschließend „AUS" (auch wenn „AUS" bereits voreingestellt ist!). Der Befehl wird mit „X" für „eXit" verlassen.

Konstruktion der Einfügefunktionen

Nach Beantwortung der Abfrage der Darstellungsart (nur Außenschale und/oder transparente Fensterscheiben) muß der Darstellungsmaßstab im Screenmenü gewählt werden. Nun kann das Ansichtsfenster durch zwei Punkte auf dem Bildschirm positioniert werden. In den über diese Befehle eingefügten Ansichtsfenstern sind nur die 3D-Layer aktiv! Wird bei der Plotausgabe das Wegrechnen der verdeckten Linien aktiviert, so erscheint auf der Papierausgabe eine korrekte, nicht transparente Ansicht!

Es besteht die Möglichkeit, alle Ansichtsfenster intern in Dateien zu plotten und sie anschließend im Papierbereich als reine 2D-Zeichnungen, bestehend aus einzelnen Linien, darzustellen. Dies hat den Vorteil, daß bereits beim internen Plot die verdeckten Linien entfernt werden können, so daß Ansichten und Schnitte sich schon auf dem Bildschirm in ihrer tatsächlichen Erscheinung präsentieren und weiter editierbar sind, ohne das eigentliche Modell zu verändern. Diese Möglichkeit ist vor allem sinnvoll für Ansichten, Schnitte, Perspektiven und Isometrien. Es empfiehlt sich, im Regelfall die HPGL-Funktionen zu verwenden, da in diesen Funktionen die Farbzuordnung der Zeichenelemente erhalten bleiben.

Es gibt sicher auch Bereiche, in den für Details die Konstruktion in 3D wenig sinnvoll ist. Diese Details kann man auf eine fertig verdeckt gerechnete Zeichnung mit diesem Funktionssatz einfach im Papierbereich zeichnen, ohne den Aufwand der 3D-Konstruktion zu gehen.

Die Unterpunkte geben die verschiedenen Möglichkeiten für die Ansichts-, Grundriß-schnitt- oder Schnittfenster an. Je nachdem welche Art von Ansichtsfenstern umgerechnet werden sollen, ist die Option zu wählen. Der Vorgang ist im Berechnungsgang identisch. Lediglich die Layersteuerung ist unterschiedlich.

Hinweis: ACAD-BAU muß auf die Plotter-Konfigurationen „VPTOHPGL" und/oder „VPTODXB" zugreifen können, lesen Sie dazu im Installations-Tutorial nach.

Eine der Funktionen wird angewählt und das Ansichtsfenster am Rahmen gepickt. Es kann nun eine gewisse Zeit dauern, bis die verdeckten Linien entfernt sind, der temporäre Plot erstellt ist und als 2D-Linien-Modell wieder auf dem Bildschirm erscheint. Die einzelnen Linien des mitgeplotteten Rahmens können gelöscht werden, und der darunterliegende tatsächliche Rahmen des ausgeschalteten Ansichtsfensters ebenfalls. Es können in der 2D-Darstellung kleine Ungenauigkeiten beim Verdeckt-Rechnen auftreten. Diese kleinen Fehler können nun mit einfachen AutoCAD-Editierbefehlen korrigiert werden. Ebenfalls können hier die grafischen Feinheiten eines gelungenen Layouts einfach „hineingemalt" und Dächer oder Fassaden mit vorgegebenen oder eigenen Mustern schraffiert werden, falls dies nicht am Modell durchgeführt wurde.

5.14.2 Plotvorbereitung

Der letzte Punkt der Plotvorbereitung ist das Ausschalten der Ansichtsfensterrahmen, die sich auf dem Layer „VPAKTIV" befinden. Über die Gewerksteuerung oder den Layerdialog kann dieser Layer gefroren werden (Bild 5-120).

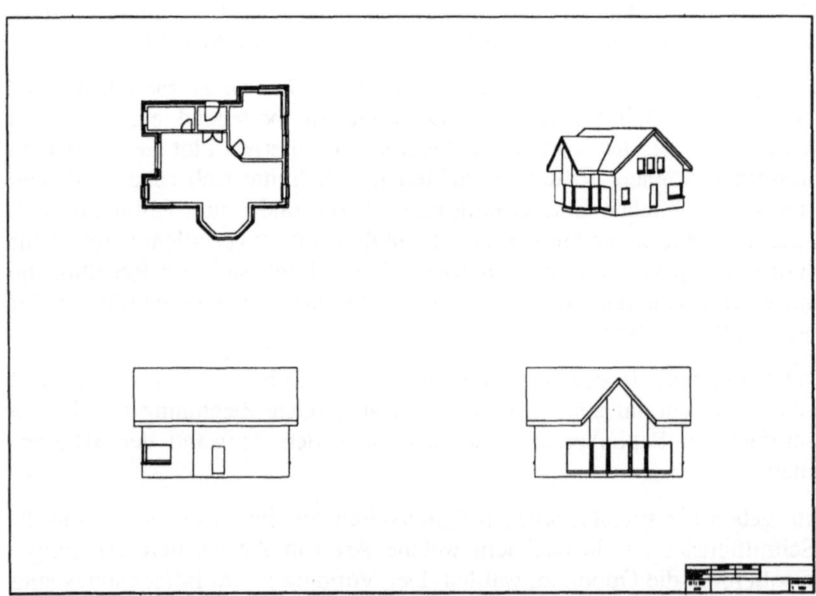

Bild 5-120:   Geplottete Zeichnung

Abschließend kann die Ausgabe der Zeichnung als Plot aktiviert werden.

6 Komplexbeispiele

6.1 Konstruktion von Innen- und Außenwänden

Das erste Komplexbeispiel geht von dem in Bild 6-2 dargestellten Grundriß aus. Zielstellung ist die Konstruktion von Innen- und Außenwänden. Nach dem Einrichten der Zeichnung mit den gewünschten Einstellungen für LIMITEN, FANG und RASTER beginnt die Arbeit mit dem Aufruf der Außenwandfunktion.

Die entsprechenden Werte für die zu erstellende **Außenwand** werden in das sich öffnende Dialogfenster eingetragen. Für unser Beispiel werden folgende Werte vorgegeben (Bild 6-1):

Tragendes Mauerwerk:	24.0 cm
Luftschicht:	6.0 cm
Dämmung:	5.0 cm
Außenschale:	11.5 cm

Nach Anklicken der Schaltfläche „Standardauswahl ..." kann die Festlegung dieser Wandparameter über die jeweiligen Auswahlikonen erfolgen.

Die vorgegebenen Werte für eine Wandhöhe von 263.5 cm und eine Deckenstärke von 18 cm werden übernommen.

Bild 6-1:
Festlegung der Wandparameter

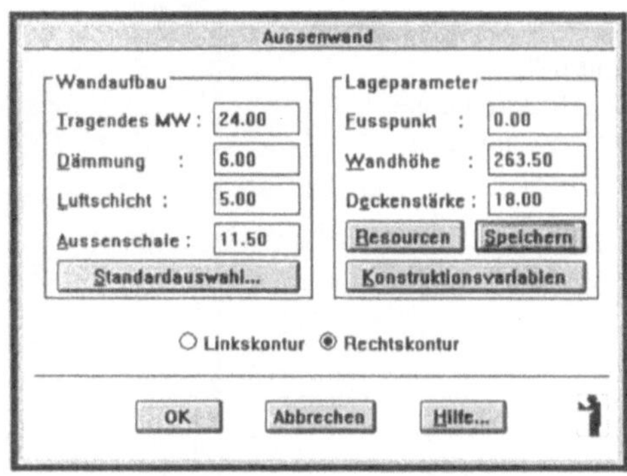

Die Linie, aus der letztlich der Außenwandzug erzeugt wird, soll als Rechtskontur gezeichnet werden. Dies bedeutet ein Zeichnen im entgegengesetzten Uhrzeigersinn. Nach dem Verlassen der Dialogbox mit „OK" wird die Eingabe der Koordinaten wie folgt vorgenommen:

Außenwand von Punkt: 600,400

Zurück/Ortho/Schließen/Konpu/<zum Punkt>: @1100<0

Zurück/Ortho/Schließen/Konpu/<zum Punkt>: @800<90

Zurück/Ortho/Schließen/Konpu/<zum Punkt>: @500<180

Zurück/Ortho/Schließen/Konpu/<zum Punkt>: @100<270

Die folgende Wand soll so lang gezeichnet werden, daß sie orthogonal mit unserem Startpunkt abschließt. Um diesen Punkt festzulegen, wird mit Hilfe der Koordinatenfilter der X-Wert des Startpunktes ermittelt.

Zurück/Ortho/Schließen/Konpu/<zum Punkt>: .X

von end

von (benötige YZ)

Bei eingeschaltetem Orthogonalmodus reicht es jetzt aus, ungefähr in die Richtung des geplanten Linienverlaufes zu klicken, um die Koordinate vollständig festzulegen.

Zurück/Ortho/Schließen/Konpu/<zum Punkt>: S

Durch die Eingabe der Option „S", für Schließen, wird die Kontur geschlossen und die Automatikfunktion zur Generierung der Außenwand wird gestartet (Bild 6-2).

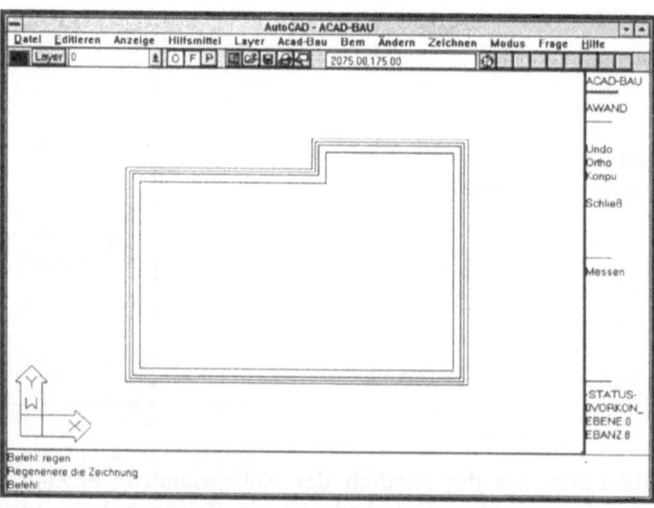

Bild 6-2:
Konstruktion eines
Außenwandzuges

An dem erzeugten Außenwandzug werden nun einige Veränderungen vorgenommen.

Im linken unteren Teil der Zeichnung soll der Verlauf vollständig geändert werden. Dazu dient der Befehl „WANDVERLAUF/-AUFBAU EDITIEREN", der sich im Menü „Acad-Bau" unter dem Punkt „Wände editieren" befindet.

Befehl: WANDEDIT

Rechts-, Links- oder Mittelkontur verwenden <Rechts>:

Für den neu zu erstellenden Wandverlauf wird durch betätigen der ENTER-Taste die vorgegebene Rechtskontur übernommen.

Neuer Wandabschnitt Abstand/Vschnitt/<von Punkt>: ABSTAND

Bezugswand auswählen:

Als Bezugswand wird die Außenschale der linken Außenwand in der unteren Hälfte angeklickt.

Referenzpunkt auf der Bezugswand <Endpunkt>:

Für die Festlegung des Punktes, an dem der neue Wandverlauf beginnt, wird der Endpunkt der gewählten Außenwand benutzt. Dazu wird die entsprechende Vorgabe in der Befehlszeile mit ENTER bestätigt.

Abstand vom Bezugspunkt: 300

Der neue Wandverlauf soll 300 cm vom Bezugspunkt beginnen und 200 cm in den bestehenden Grundriß verlaufen.

Wandabschnitt VErschn/Relativ/Bezugsp/Parallel/VSchnitt/<zum Punkt>: @200<0

Von dort aus soll der neue Wandverlauf senkrecht auf die bestehende Wand treffen.

Wandabschnitt VErschn/Relativ/Bezugsp/Parallel/VSchnitt/<zum Punkt>: LOT

Picken Sie die untere Außenschale.

Wandabschnitt VErschn/Relativ/Bezugsp/Parallel/VSchnitt/<zum Punkt>:

Beenden Sie das Zeichnen des neuen Wandverlaufes durch Betätigen der ENTER-Taste.

Mauerwerk von den Anschlußpunkten übernehmen? <Ja>:

Da das neue Mauerwerk die gleichen Parameter besitzen soll, wird das Mauerwerk an den Anschlußpunkten übernommen. Ein <Nein> auf diese Frage fordert Sie dazu auf, neue Parameter für den Wandschalenaufbau festzulegen.

Zu löschenden Wandteil identifizieren:

Klicken Sie auf das Wandteil, das nach der Erzeugung des neuen Wandverlaufes nicht mehr benötigt wird.

Innenwandelemente beim Löschen überprüfen? <Nein>:

Nach der Bestätigung dieser Vorgabe erfolgt die Generierung des neuen Wandverlaufes (Bild 6-3).

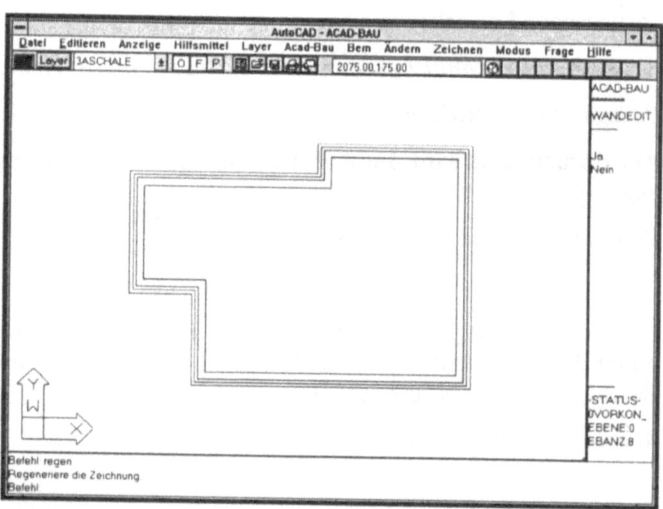

Bild 6-3:
Generierung eines neuen
Wandverlaufs

Der rechte obere Teil des Wandverlaufes soll mit Hilfe des AutoCAD-Befehls STRECKEN um 150 cm nach Norden verschoben werden.

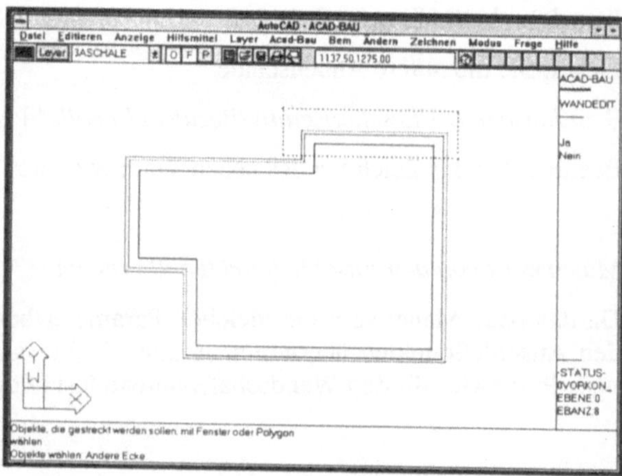

Bild 6-4:
Neuer Wandverlauf durch den Befehl
STRECKEN

Befehl: STRECKEN

Objekte, die gestreckt werden sollen, mit Fenster oder Polygon wählen ...

Objekte wählen:

Ziehen Sie ein wie in Bild 6-4 dargestelltes Fenster von rechts unten nach links oben um den zu streckenden Wandabschnitt auf.

Nach der Beendigung der Objektauswahl erfolgt die Festlegung des Basispunktes.

Basispunkt oder Verschiebung:

Wählen Sie einen beliebigen Punkt, und legen Sie relativ zu diesem den zweiten Punkt der Verschiebung fest. Der Wandverlauf soll um 150 cm nach oben verschoben werden (Bild 6-5).

Zweiter Punkt der Verschiebung: @150<90

Bild 6-5:
Endgültiger Wandverlauf

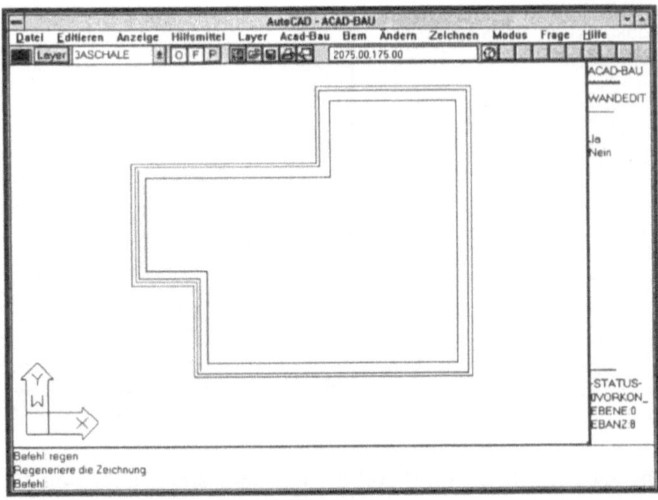

Nach der Erzeugung der Außenwand werden im nächsten Schritt die **Innenwände** in den Grundriß eingefügt. Im Menü „Acad-Bau" steht dazu die Funktion INNENWAND zur Verfügung. In dem sich öffnenden Dialogfenster werden die jeweiligen Parameter zur Generierung der Innenwände festgelegt.

Für die erste Innenwand, die einen Raum im Nord-Süden des Grundrisses abtrennen soll, wählen Sie eine Wandstärke von 11,5 cm sowie „Links" für die Ausbildung der gewählten Wandstärke. Die Höhe der Innenwand wird automatisch von der Außenwand übernommen und kann bei Bedarf geändert werden.

Innenwand Relativ/Bezugsp/VSchnitt/oder <von Punkt>: END

Für den Beginn der Innenwand wählen Sie mit Hilfe des Objektfanges den Eckpunkt auf
der Innenseite der Außenwand.

VErschn/Ortho/Parallel/Relativ/Bezugsp/VSchnitt/<zum Punkt>: @150<0

Abschließend setzen Sie die Linie lotrecht auf die nördliche Außenwand.

Wandabschnitt VErschn/Relativ/Bezugsp/Parallel/VSchnitt/<zum Punkt>: LOT

Picken Sie die Innenseite der nördlichen Wand. Damit ist das Zeichnen der ersten Linie
für eine Innenwand abgeschlossen. Das Programm generiert jetzt automatisch eine
Innenwand und stellt die entsprechenden Anschlüsse her (Bild 6-6).

Bild 6-6:
Konstruktion eines Innen-
wandzuges

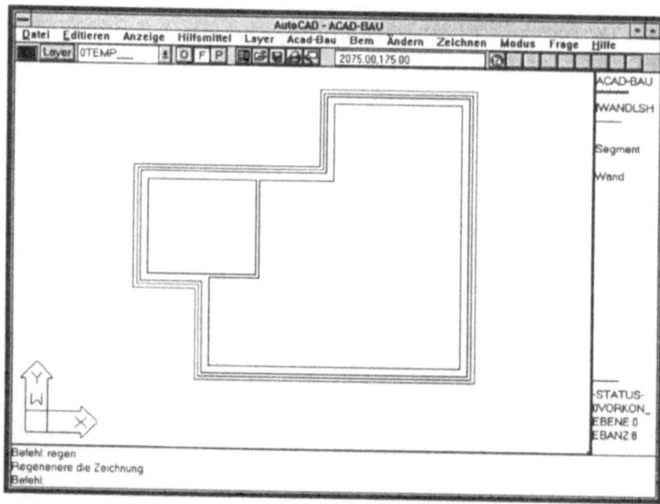

Die nächste Innenwand soll als Element einen Kreisbogen enthalten und muß aus diesem Grund über eine Vorkonstruktion erzeugt werden. Dafür stehen alle Möglichkeiten
zur Erzeugung einer Polylinie zur Verfügung. Der Befehl VORKONSTRUKTION ZEICHNEN
findet sich im Menü „Acad-Bau" unter dem Punkt „Vorkonstruktion".

Befehl: PLINIE

von Punkt: END

Wählen Sie den Eckpunkt der zuletzt gezeichneten Innenwand.

Kreisbogen/Schließen/Halbbreite/sehnenLänge/

Zurück/Breite/<Endpunkt der Linie>: @100<0

Als nächstes Element der Polylinie soll ein Kreisbogen gezeichnet werden. Wählen Sie deshalb die Option „K".

Kreisbogen/Schließen/Halbbreite/sehnenLänge/

Zurück/Breite/<Endpunkt der Linie>: K

Dieser Bogen benötigt eine Startrichtung, die unter Verwendung der Option „RI" festgelegt wird.

Winkel/Mittelpunkt/Schließen/RIchtung/Halbbreite/Linie/

RAdius/zweiter Pkt/Zurück/Breite/<Endpunkt des Bogens>: RI

Richtung von Startpunkt aus:

Picken Sie bei eingeschaltetem Orthogonalmodus in Richtung 0 Grad bzw. Osten.

Die Koordinaten für den Endpunkt des Bogens werden über die Tastatur eingegeben.

Endpunkt: @150<45

Abschließend wird wieder auf das Linienelement zurückgestellt und die Linie lotrecht auf die nördliche Außenwand gezeichnet.

Winkel/Mittelpunkt/Schließen/RIchtung/Halbbreite/Linie/

RAdius/zweiter Pkt/Zurück/Breite/<Endpunkt des Bogens>: LETZTES

Kreisbogen/Schließen/Halbbreite/sehnenLänge/

Zurück/Breite/<Endpunkt der Linie>: LOT

Nach dem Aufruf der Innenwandfunktion und der Festlegung der Wandparameter stellt das Programm fest, daß sich auf dem Layer für Vorkonstruktion eine Polylinie befindet. Sie können jetzt festlegen, daß diese Polylinienkonstruktion zur Generierung einer Innenwand verwendet werden soll.

Vorkonstruktion für Innenwand gefunden!

Innenmauerwerk aus Vorkonstruktion ableiten <Ja>:

Die folgende Innenwand (Bild 6-7) soll eine Stärke von 17,5 cm haben und in der Mitte ausgerichtet werden. Das bedeutet, daß jeweils die Hälfte der gewählten Wandstärke nach links bzw. rechts entwickelt wird. Der Beginn der Innenwand soll in der Mitte der östlichen Außenwand liegen.

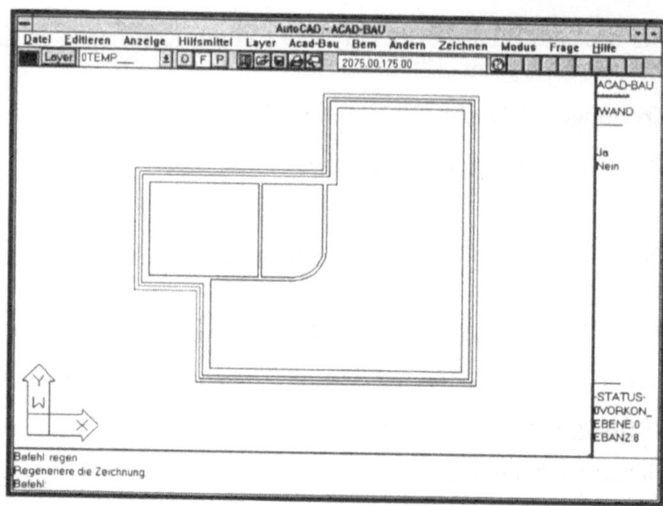

Bild 6-7:
Innenwand mit Vorkonstruktion erstellt

Innenwand Relativ/Bezugsp/VSchnitt/oder <von Punkt>: MIT

Wählen Sie die Innenseite der östlichen Außenwand und führen Sie die Linie lotrecht
auf die gegenüberliegende Innenwand.

VErschn/Ortho/Parallel/Relativ/Bezugsp/VSchnitt/<zum Punkt>: LOT

Die Innenwand soll von der zuletzt gezeichneten Innenwand auf die südliche Außenwand führen. Wählen Sie für diese Wand eine Wandstärke von 11,5 cm sowie eine
mittige Ausrichtung.

Innenwand Relativ/Bezugsp/VSchnitt/oder <von Punkt>: R

Bezugswand anwählen:

Markieren Sie die zuletzt gezeichnete Innenwand in der Nähe des Bogenelementes.

Rechtwinkliger VERSATZ oder ABSTAND vom Bezugspunkt?

Modus für Punktbestimmung wählen <Abstand>:

Übernehmen Sie dort die Vorgabe für die Punktbestimmung über einen einzugebenden
Abstand.

Referenzpunkt auf der Bezugswand <Endpunkt>:

Die neue Wand soll mit einem Abstand von 200 cm von der Wand mit dem Bogen-
element beginnen und parallel zur Außenwand mit einer Länge von

Abstand vom Bezugspunkt: 200

VErschn/Ortho/Parallel/Relativ/Bezugsp/VSchnitt/<zum Punkt>: P

Bezugswand anwählen:

Ungefähre Richtung der Innenwand picken:

Zeigen Sie in Richtung der südlichen Außenwand, um auf diese Weise den Verlauf der neuen Wand festzulegen.

Weisen Sie dem Wandabschnitt eine Länge von 250 cm zu und führen Sie die Wand dann lotrecht auf die östliche Außenwand (Bild 6-8).

LÄnge des Wandsegments oder Vschnitt mit einer Wand: 250

VErschn/VSchnitt/Parallel/Relativ/Bezugsp/Ortho/Undo <zum Punkt>: LOT

Bild 6-8:
Abschluß der
Innenwandkonstruktion

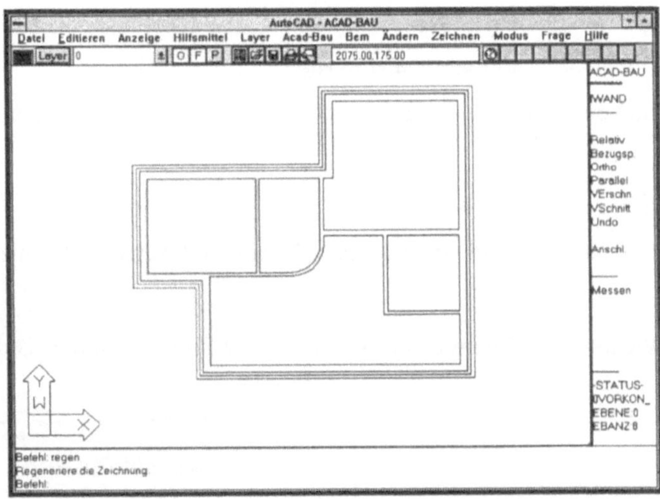

Für das Editieren der Innenwände stehen die Befehle im Menü „Acad-Bau" unter dem Punkt „Wände editieren" zur Verfügung.

In unserem Grundriß soll die mit einer Wandstärke von 17,5 cm erzeugte Innenwand durch eine 11,5 cm starke Innenwand ersetzt werden. Wählen Sie zu diesem Zweck den Befehl INNENWAND ERSETZEN. Durch den Beginn einer weiteren Innenwand auf dieser Wand, ist diese in zwei separate Innenwände unterteilt worden. Um den gesamten Wandverlauf ersetzen zu können, muß der folgende Befehlsablauf zweimal durchgeführt werden.

Ändern des Segmentes oder der ganzen Wand <Wand>:

Übernehmen Sie die Vorgabe mit der ENTER-Taste.

Wandschale auf der zu ändernden Wand identifizieren:

Markieren Sie jetzt die zu ersetzende Innenwand.

Welche Stärke hat die neue Innenwand <17.50>?: 11.5

Die neue Wandstärke kann mit Hilfe des Zeigegerätes über das rechte Screen-Menü oder über die Tastatur eingegeben werden.

Wandaufbau symmetrisch ändern? <Ja>: N

Antworten Sie auf diese Frage mit <nein>, um festlegen zu können, welche Wandseite beim Neuaufbau der veränderten Wandstärke angepaßt werden soll.

Welche Seite soll verändert werden?

Klicken Sie mit Ihrem Zeigegerät unterhalb der zu ersetzenden Innenwand.

Neue Innenwandhöhe eingeben <263.50>:

Die bisher geltende Innenwandhöhe von 263.5 cm wird beibehalten (Bild 6-9).

Wiederholen Sie nun diesen Arbeitsgang für den zweiten Teil der Wand.

Bild 6-9:
Ersetzte Innenwand

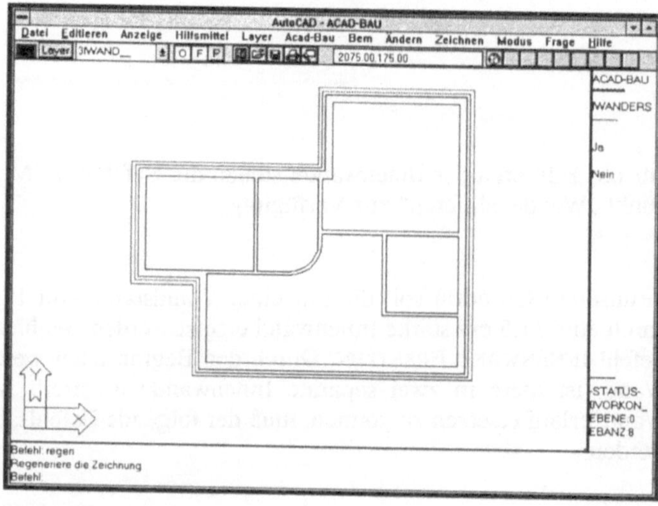

Die Innenwand unterhalb der soeben ersetzten Wand soll vollständig gelöscht werden. Zu diesem Zweck aktivieren Sie den Befehl INNENWAND LÖSCHEN.

Löschen des Segmentes oder der ganzen Wand <Wand>:

Übernehmen Sie die Option <Wand>.

Zu löschende Wand identifizieren:

Markieren Sie die zu löschende Wand an einer beliebigen Stelle.

Die Anschlüsse der gelöschten Wand zur Innen- bzw. Außenwand werden vom Programm beseitigt, so daß diese Wände keine unerwünschten Öffnungen zurückbehalten.

Bild 6-10 zeigt den erstellten Grundriß nach dem Abschluß der Veränderungen an den Innenwänden.

Bild 6-10:
Grundriß nach dem Löschen
einer Innenwand

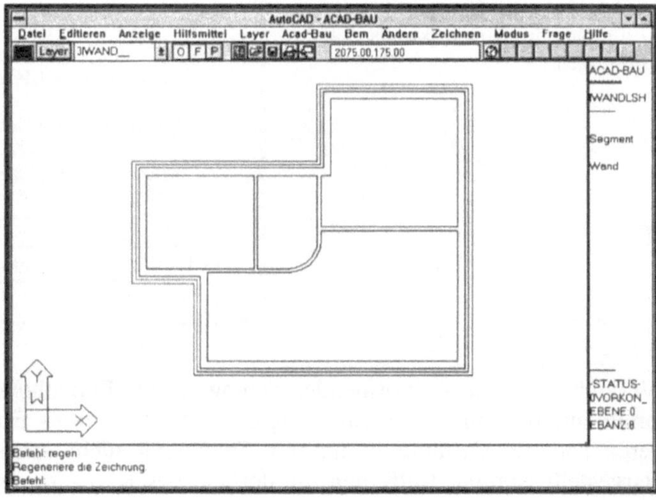

6.2   Konstruktion von Öffnungen

Für die folgenden Übungen zum Kapitel „Konstruktion von Öffnungen" benötigen wir zu Beginn einen Grundriß von 8 m x 6 m. Für die Wandparameter wählen Sie ein einschaliges Mauerwerk mit 24 cm Wandstärke.

In diesen Grundriß sollen eine **Tür**, ein **Fenster** sowie ein **Eckfenster** eingefügt werden.

Die Befehle zum Erzeugen und Bearbeiten von Öffnungen befinden sich im Menü „Acad-Bau" unter dem Punkt „Öffnungen".

Wählen Sie zu Beginn den Befehl ÖFFNUNG KONSTRUIEREN. In dem sich öffnenden Dialogfenster erfolgt eine nähere Charakterisierung, der zu entwickelnden Öffnung (Bild 6-11). Da unser erstes Objekt eine **Tür** sein soll, wählen Sie die Konstruktionsart „Bodenhohe Öffnungen".

Bild 6-11:
Festlegung der Konstruktionsart für
Öffnungen

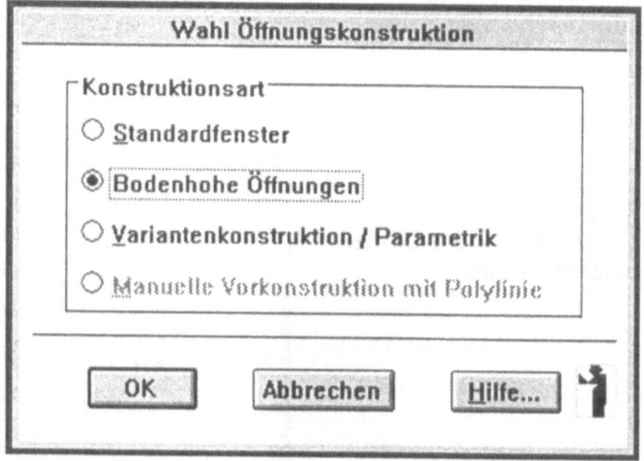

Verändern Sie im sich öffnenden Dialogfenster „Bodenhohe Öffnungen" die Öffnungsbreite auf 101 cm. Die Ausführung der Öffnung soll als Einflügeltür erfolgen. Desweiteren soll die Öffnung in unserer Zeichnung nicht schematisch, sondern detailliert dargestellt werden. Entfernen Sie deshalb das Kreuz in dem entsprechenden Optionsfenster „Schema". Bevor Sie die Dialogbox mit „OK" verlassen, sollte sie Bild 6-12 entsprechen.

Nach Abschluß der Parametervergabe erfolgt die Plazierung der Öffnung in Ihrer Zeichnung. Zuerst muß festgelegt werden, auf welche Seite der Öffnung sich der anzugebende Einfügepunkt beziehen soll. In unserem Beispiel soll die Tür in der südlichen Wand mit einem Abstand von 150 cm von der linken Ecke eingefügt werden. Da sich dieser Abstand auf die linke Seite der einzufügenden Tür bezieht, wählen Sie den Einfügemodus „Links" aus dem Screen-Menü.

Modus der Einfügung aus Screenmenü wählen <LINKS>:   <ENTER>

Wählen Sie aus dem Screenmenü die Option „Abstand" und markieren Sie die südliche Wand auf der linken Außenseite.

Einfügepunkt oder Abstand auf der Wand angeben <Modus=links>: ABSTAND

Bezugswand anwählen:

Durch die Übernahme der Vorgabe <Endpunkt> werden Sie nun aufgefordert, den Abstand vom Endpunkt der Außenwandlinie bis zum Einfügepunkt der Tür vorzugeben.

Referenzpunkt auf der Bezugswand <Endpunkt>:

Abstand vom Bezugspunkt: 150

Bild 6-12:
Parameterfestlegung für
Bodenhohe Öffnungen

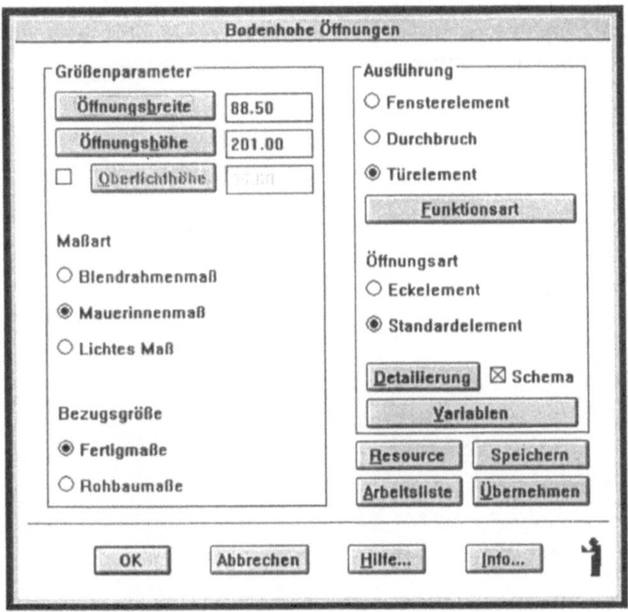

Das Programm beginnt nun mit einer Lageanalyse und stellt abschließend die Öffnung im Grundriß dar. Entspricht die angezeigte Lage nicht Ihren Vorstellungen, können Sie die folgende Frage mit <Nein> beantworten, um den Einfügepunkt neu festlegen zu können.

Ist die angezeigte Lage OK? <Ja>:

Lage des Türanschlages angeben <Nahe dem Anschlag picken!>:

In der Version 5.1 können Sie diese Abfrage unterdrücken, indem Sie im Dialogfeld „Funktionsart" den Türanschlag (z.B. innen links) festlegen.

Zeigen Sie auf die Seite der Tür, die den Türanschlag vorgeben soll, und beantworten Sie die folgende Frage mit <Ja>, wenn der Türanschlag richtig plaziert wurde.

Ist die angezeigte Lage OK? <Ja>:

Wenn die Lage der Tür sowie des Türanschlages korrekt ist, wird die Öffnung vollständig in den Grundriß eingefügt.

Berechne Elementkonstruktion ....

Weitere Öffnungselemente definieren? <Ja>:

Nach dem Einfügen der Öffnung (Bild 6-13) können Sie sofort zur Konstruktion der nächsten Öffnung übergehen. Dazu erscheint ein ab der Version 5.1 statt der Anfrage in der Befehlszeile ein Dialogfenster. Wählen Sie dort den Punkt für das Konstruieren einer neuen Öffnung.

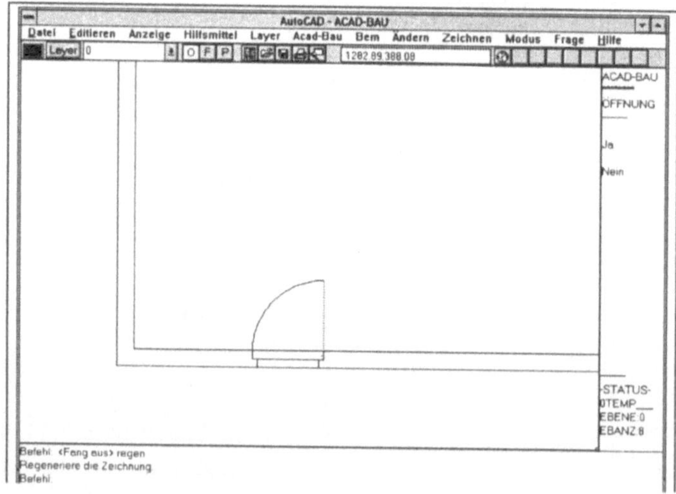

Bild 6-13:
Eingefügte Tür

Mit einem Abstand von 100 cm zur Tür soll als nächstes ein normales **Fenster** eingefügt werden. Wählen Sie deshalb im Dialogfenster die Konstruktionsart „Standardfenster" aus und übernehmen Sie anschließend die Einstellungen aus Bild 6-14.

Die Plazierung der Fensteröffnung im Grundriß erfolgt ähnlich der Einfügung der Tür. Der Unterschied besteht darin, daß der Abstand nicht zur Wandecke sondern zur bereits eingefügten Tür angegeben wird.

Modus der Einfügung aus Screenmenü wählen <LINKS>:   <ENTER>

Einfügepunkt oder Abstand auf der Wand angeben <Modus=links>: ABSTAND

Bezugswand anwählen:

Der Objektfang Endpunkt wird jetzt durch die Option Schnittpunkt ersetzt.

Referenzpunkt auf der Bezugswand <Endpunkt>: SCH

Wählen Sie den Schnittpunkt von Tür und Wandlinie.

Abstand vom Bezugspunkt: 75

Richtung vom Bezugspunkt für die Abstandsangabe:

Deuten Sie mit dem Zeigegerät die Richtung an, in die der Abstand gemessen werden soll.

Ist die angezeigte Lage OK? <Ja>:

Berechne Elementkonstruktion ....

Bis zur Version 5.01 erhalten Sie in der Befehlszeile folgende Frage

Weitere Öffnungselemente definieren? <Ja>:

Ab der Version 5.1 ist diese Abfrage über das oben genannte Dialogfenster realisiert.

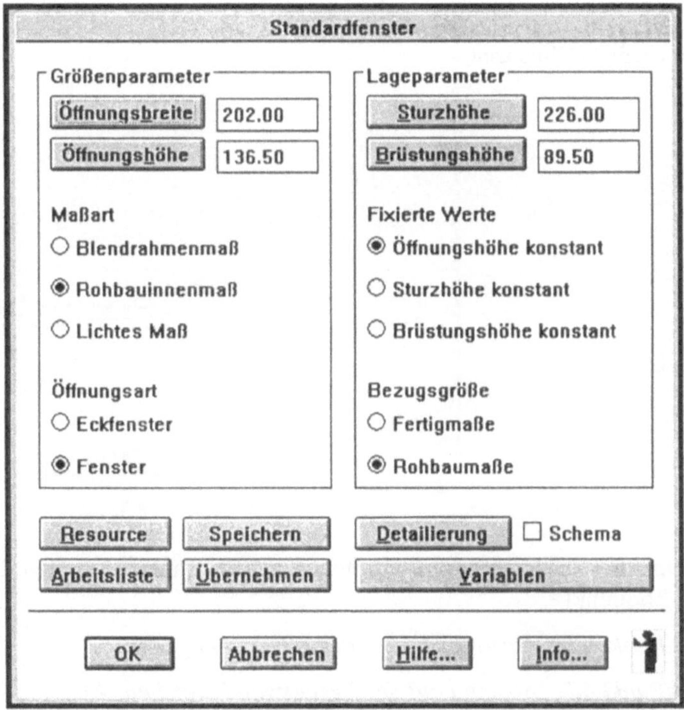

Bild 6-14: Parameterfestlegung für Standardfenster

Als weiteres Element soll in unseren Außenwandzug ein **Eckfenster** eingefügt werden (Bild 6-15). Die Konstruktion eines Eckfensters erfolgt über die Konstruktionsart „Standardfenster", wobei die Fensterbreite nicht im Dialogfenster, sondern direkt in der Zeichnung festgelegt wird. Im sich öffnenden Dialogfenster müssen Sie als Öffnungsart die Option „Eckfenster" aktivieren.

Das einzufügende Eckfenster soll in der süd-östlichen Ecke plaziert werden und auf jeder Seite 150 cm breit sein. Zur Festlegung der Einfügepunkte wird der Abstand von der Wandecke angegeben.

1.Punkt oder Abstand auf der Wand angeben: ABSTAND

Bezugswand anwählen:

Wählen Sie die südliche Außenwand auf seiner rechten Seite.

Referenzpunkt auf der Bezugswand <Endpunkt>:

Übernehmen Sie die Vorgabe <Endpunkt>.

Abstand vom Bezugspunkt: 150

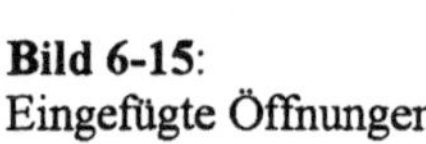

Bild 6-15:
Eingefügte Öffnungen

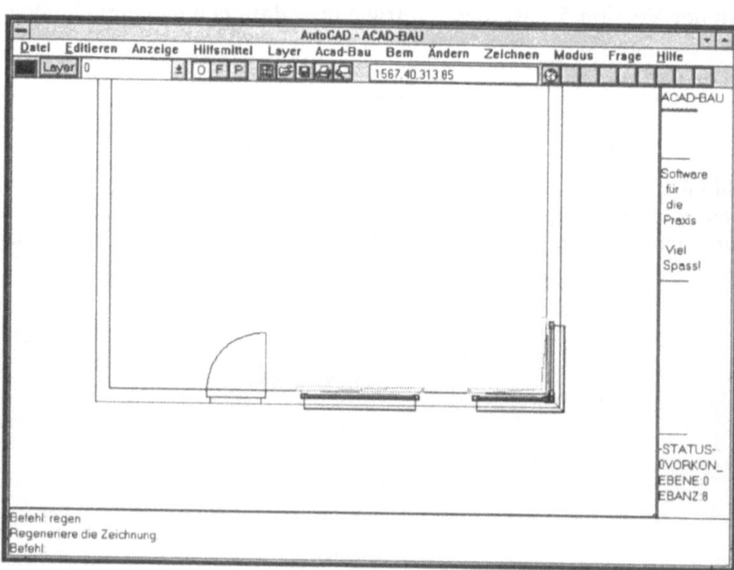

Für die Festlegung des zweiten Punktes wählen Sie den Eckpunkt der Wand mit <Endpunkt>.

2.Punkt oder Abstand auf der Bezugswand angeben: END

3.Punkt oder Abstand auf der Bezugswand angeben: ABSTAND

Bezugswand wählen:

Wählen Sie die östliche Außenwand im unteren Teil.

Referenzpunkt auf der Bezugswand <Endpunkt>:

Übernehmen Sie die Vorgabe <Endpunkt>.

Abstand vom Bezugspunkt: 150

4.Punkt oder Abstand auf der Bezugswand angeben:

Beenden Sie an dieser Stelle die Eingabe durch Betätigen der ENTER-Taste ohne vorherige Eingabe eines Punktes.

Das Programm überprüft den Wandaufbau und deutet die Lage des Eckfensters an.

Ist die angezeigte Lage OK? <Ja>:

Nach der Bestätigung der korrekten Lage wird das Eckfenster vollständig in die Außenwand eingefügt.

Berechne Elementkonstruktion ....

Die folgende Abfrage erhalten Sie wiederum bis zur Version 5.01, ab der Version 5.1 erscheint das oben genannte Dialogfenster.

Weitere Öffnungselemente definieren? <Ja>:

Die Ergebnisse aller eingefügten Öffnungen sehen Sie in Bild 6-15.

Die Darstellung von Öffnungen in Außen- bzw. Innenwandzügen erfolgt durch die Generierung einer Vielzahl kleiner Flächen. Schon bei einer geringen Anzahl von Elementen kommt es auf diese Weise zu umfangreichen Dateien. Im Stadium der Entstehung einer Zeichnung werden die einzufügenden Öffnungen deshalb nur als Block abgespeichert. Das Ergebnis ist ein deutlich verringerter Datenumfang. Wird eine korrekte Darstellung der Öffnungen im 2D- oder 3D-Bereich notwendig, müssen die Öffnungen entsprechend in die Wände eingebrochen werden.

Den Befehl zum Einbrechen sowie für weitere Editierfunktionen finden Sie in der Funktionsgruppe „Öffnungen" im Menü „ACAD-BAU".

Bevor eine Editierfunktion ausführt werden kann muß eine einzelne bzw. mehrere Öffnungen ausgewählt werden. Diese Auswahl kann über eine Arbeitsliste mit den jeweiligen Angaben zu den Öffnungen oder direkt aus der Zeichnung durch die Objektwahl erfolgen.

Um sämtliche Öffnungen in der Zeichnung einzubrechen, kann für die Objektwahl die Schaltfläche „Alle" verwendet werden. Im Dialogfenster „Öffnungen editieren" wird jetzt einzig die Funktion „Elementstatus/Löschen" angeboten. Nach der Bestätigung dieser Funktion erscheint das in Bild 6-16 dargestellte Dialogfenster.

Die Kantensichtbarkeit der 3D-Flächen des Mauerwerkes lassen sich über die AutoCAD Systemvariable „SPLFRAME" wahlweise ein- oder ausschalten.

Im Bild 6-17 sehen Sie die Öffnung als Block bzw. vollständig eingebrochen.

Bild 6-16:
Einbrechen und Löschen
von Öffnungen

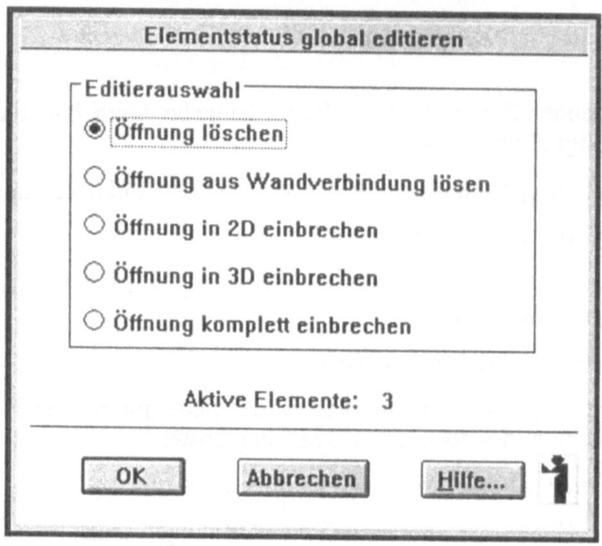

Bild 6-17:
Öffnung als Block
bzw. vollständig
eingebrochen

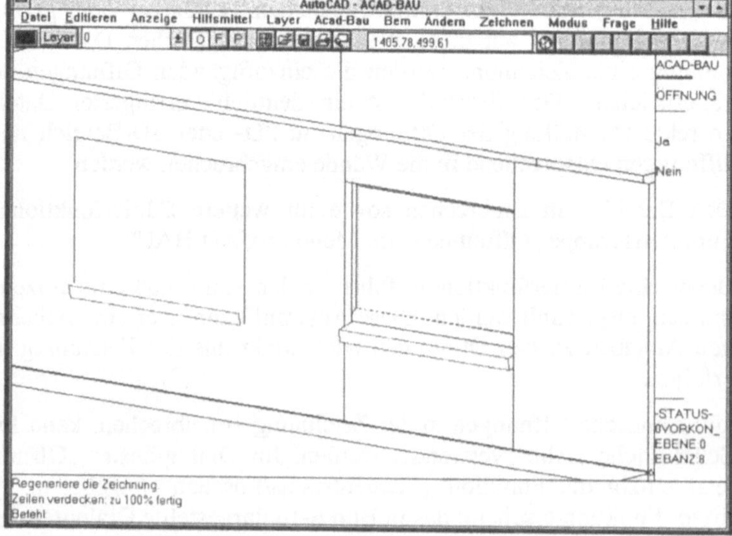

6.3   Reihenhaus mit Garage

Im nächsten Beispiel wollen wir Sie mit der Modellierung eines Reihenhauses mit Garage vertraut machen. Alle Maße sind dabei gemessene originalgetreue Innenmaße eines Hauses. Bild 6-18 zeigt in einer Verdecktdarstellung eine Gesamtansicht des Hauses. Dieses Haus existiert in der Stadt Halle/Saale, wenngleich es (noch) nicht rechnergestützt projektiert wurde. Der Grund dafür ist ganz einfach der, daß es 1932 diese Techniken noch gar nicht gab.

Mit diesem Beispiel werden Sie eine Vielzahl von Funktionalitäten des Kapitels 5 erfolgreich anwenden! Dabei gehen wir davon aus, daß Sie die elementaren Funktionen von ACAD-BAU beherrschen. Studieren Sie jeden Abschnitt dieses Kapitels, verarbeiten Sie die vorgeschlagene Arbeitsweise mental und vollziehen Sie anschließend alle Schritte mit ACAD-BAU nach.

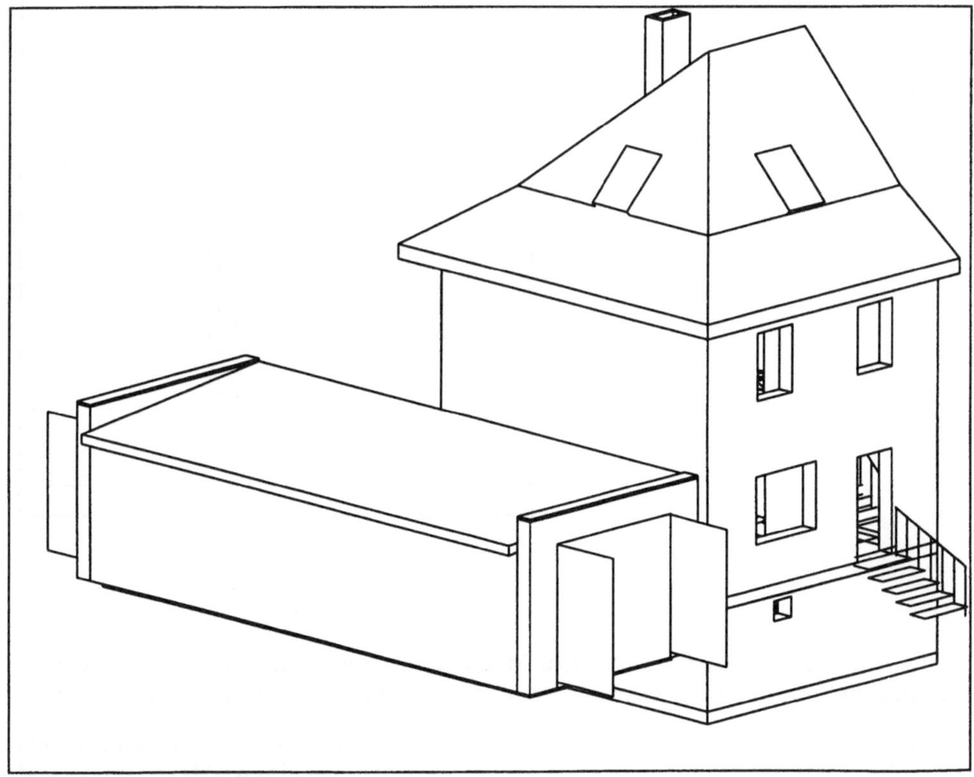

Bild 6-18: Gesamtansicht des Reihenhauses mit Garage

6.3.1 Das Erdgeschoß

Im Bild 6-19 sehen Sie das Erdgeschoß unseres Reihenhauses mit der entsprechenden Raumaufteilung. Das Erdgeschoß, im weiteren auch Ebene 0 genannt, wird durch die Außenmauern begrenzt. Diese Mauern haben eine Stärke von 36,5 cm und eine Höhe von 2,635 m (gemessen ohne Dämmung und Luftschicht). Die Außenmaße sind 6,45 m mal 7,53 m.

Das Erdgeschoß wird durch eine 30 cm starke Querwand und zwei 11,5 cm starke Längswände unterteilt. Zimmer E1 hat die Innenmaße 3,585 m mal 3,80 m. Zimmer E2 hat die Innenmaße 2,685 m mal 270 m. Neben der Treppe befindet sich eine Wand mit einer Stärke von 3 cm.

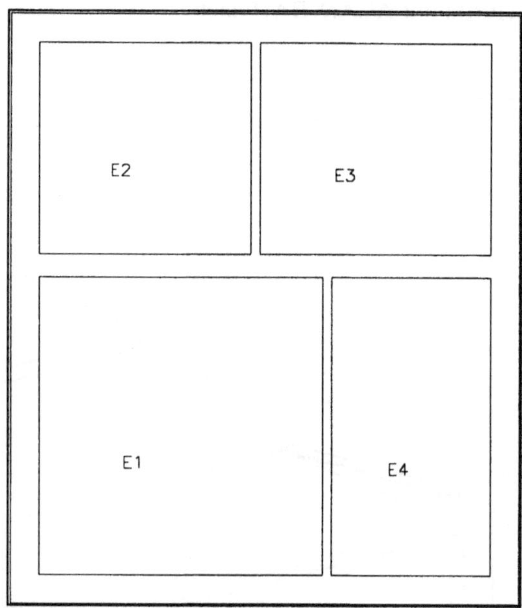

Bild 6-19:
Erdgeschoß

Die Türen (Bild 6-20) werden mit dem Menü „Öffnungen", „Bodenhohe Öffnungen", „Einflügeltür" erzeugt. Eine Ausnahme stellt die Schiebetür zwischen E2 und E3 dar.

Beschrieben wird in diesem Kapitel nur das Erzeugen einer Tür zwischen den Räumen E1 und E4. Im Menü „Bodenhohe Öffnungen" ist dazu eine Öffnungsbreite von 83 und eine Öffnungshöhe 200 einzutragen. An Schaltern sind „Lichtes Maß", „Rohbaumaße", „Standardelement", „Einflügeltür" zu aktivieren.

Der Schalter „Oberlichthöhe" ist auszuschalten. Anschließend ist das Dialogfeld mit „OK" zu beenden. Als Modus ist „Links" aus dem Seitenmenü zu wählen. Die Wand für die Tür ist zu picken. Mit dem Objektfangmodus SCHNITTPUNKT ist die Ecke, von der

der Abstand gerechnet werden soll, anzupicken. Auf die Frage nach dem Abstand ist 100 einzugeben. Wenn die Frage nach der richtigen Lage positiv beantwortet werden kann, ist nur noch die Öffnungsrichtung der Tür anzupicken.

Alle anderen Türen und Fenster sind an Hand der bemaßten Zeichnung (Bild 6-21) analog einzusetzen.

Bild 6-20:
Erdgeschoß mit Türen

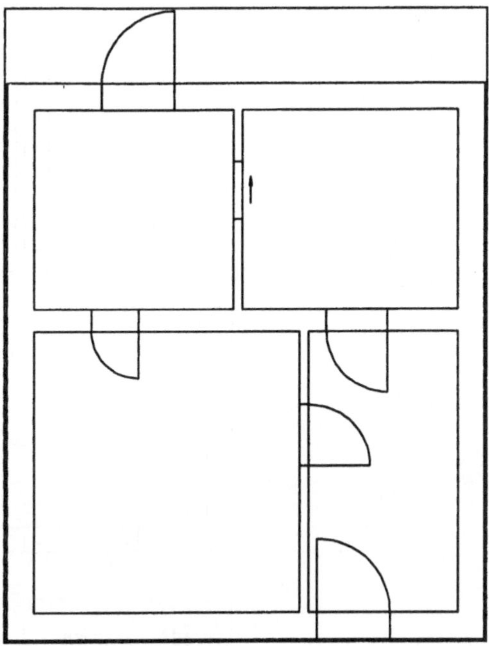

Beim Bemaßung der Zeichnung verwenden Sie für die Außenabmessungen die automatische Bemaßung.

Bei der Innenbemaßung sollten Sie die Option „Wand" verwenden. Unsere Erfahrungen für dieses spezielle Beispiel haben ergeben, daß die Option „Alles" zu unübersichtliche Ergebnisse ergibt (Bild 6-22).

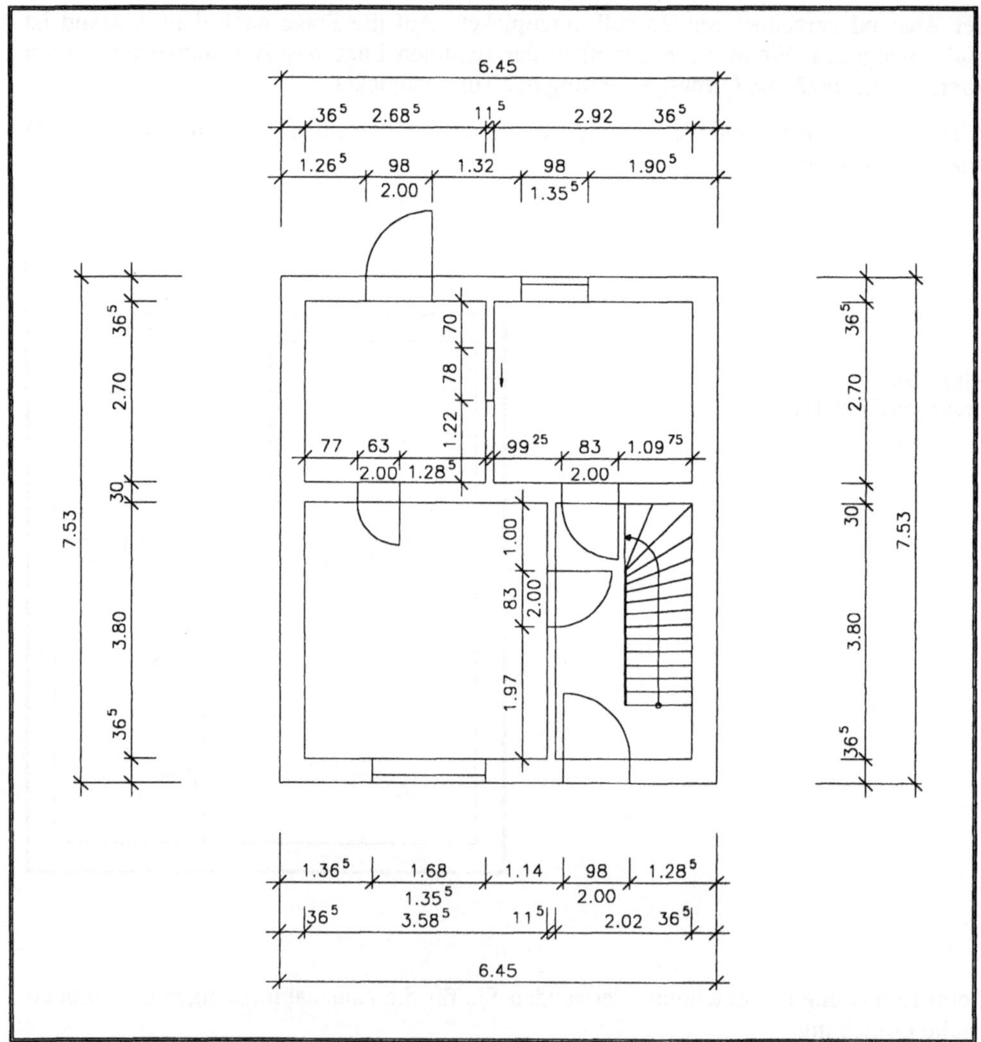

Bild 6-21: Vollständiges Erdgeschoß mit Bemaßung

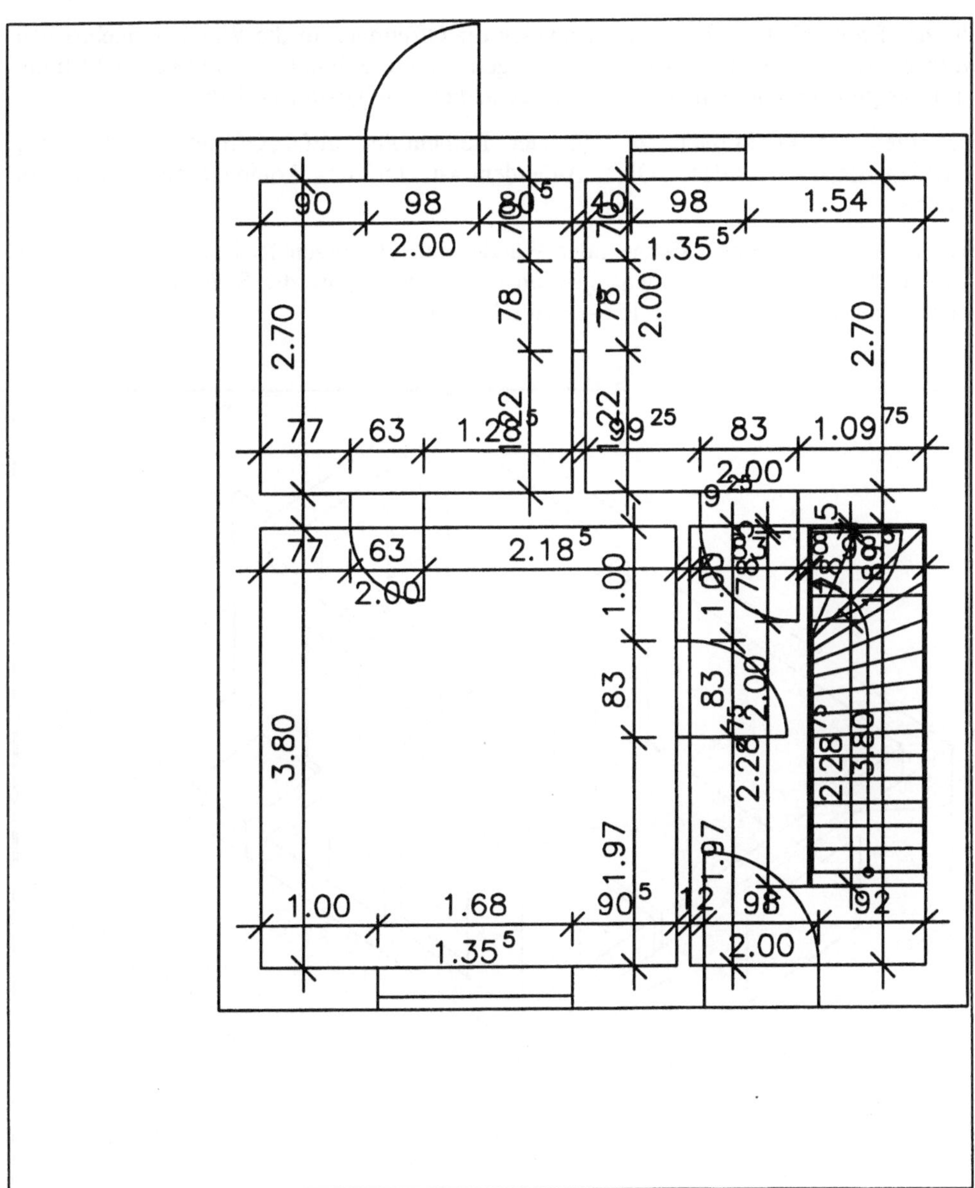

Bild 6-22: Beispiel für die Innenbemaßung und die Verwendung der Option „Alles"

Um das Erdgeschoß fertigzustellen, müssen die Öffnungen in die Wände eingebrochen werden. Das könnte auch noch später erfolgen. Da diese Funktion aber ebenenabhängig ist, ist es günstig, vor dem Wechsel der Ebene diese Aufgaben zu erledigen.

Sie rufen die Funktionen in folgender Reihenfolge auf: „Öffnungen editieren", „Elementarstatus", „Alle", „OK". Außerdem ist „Öffnung komplett einbrechen" zu wählen.

Wenn Sie mit der Konstruktion aller Wände und Öffnungen fertig sind und mit der Ansichtssteuerung eine Parallelprojektion einstellen, könnte die Sicht auf das Erdgeschoß so aussehen, wie es in Bild 6-23 zu sehen ist.

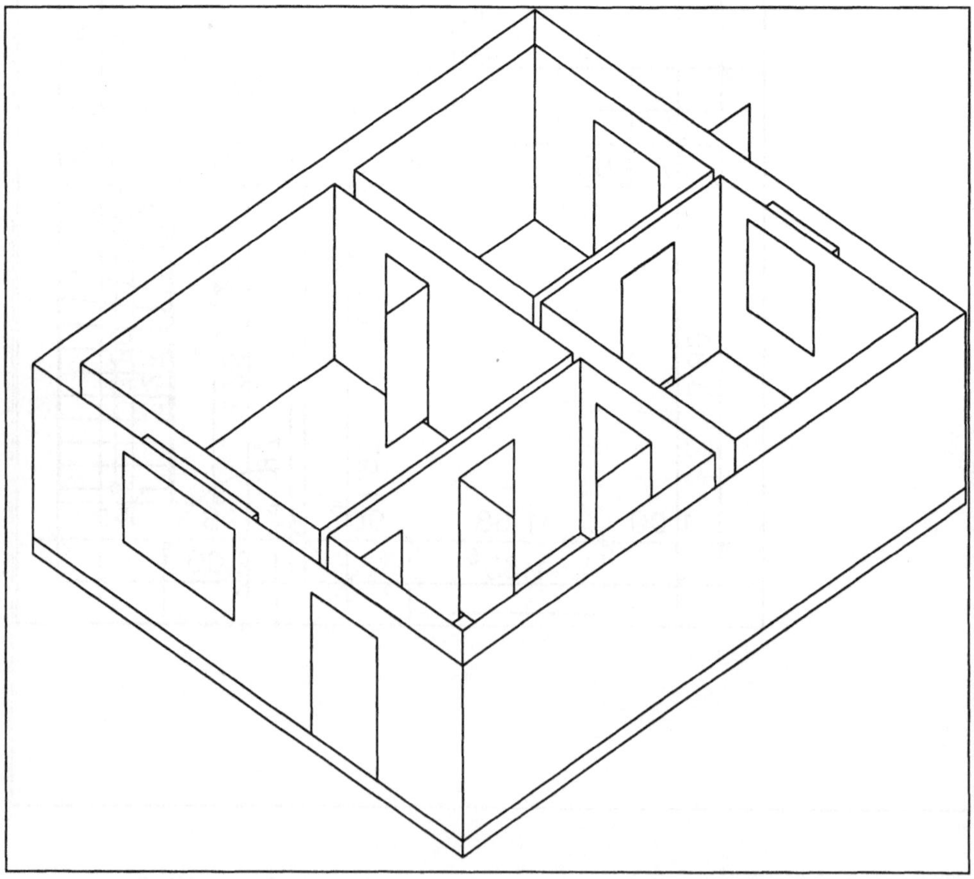

Bild 6-23: Erdgeschoß in Parallelprojektion

6.3.2 Die erste Etage

Die generelle Raumanordnung in der ersten Etage ist in Bild 6-24 dargestellt. Unter Berücksichtigung der Türen und Fenster sieht die erste Etage so aus, wie in Bild 6-25 dargestellt.

Bild 6-24:
Raumanordnung der ersten Etage

Bild 6-25:
Erste Etage mit Öffnungen

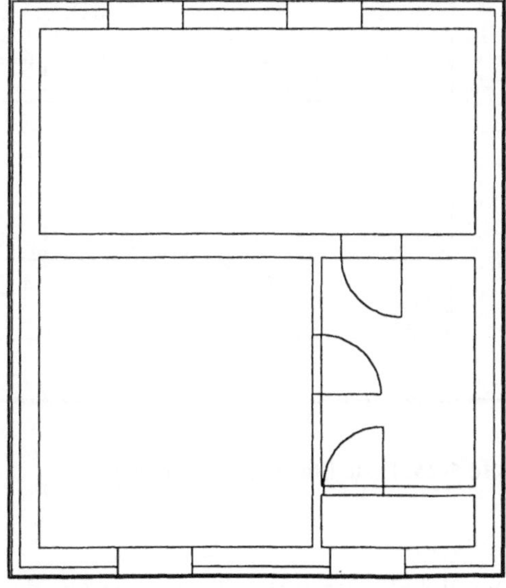

Zur Modellierung der ersten Etage stellen Sie zuerst über die Layersteuerung-Ebenensteuerung die Ebene 1 ein.

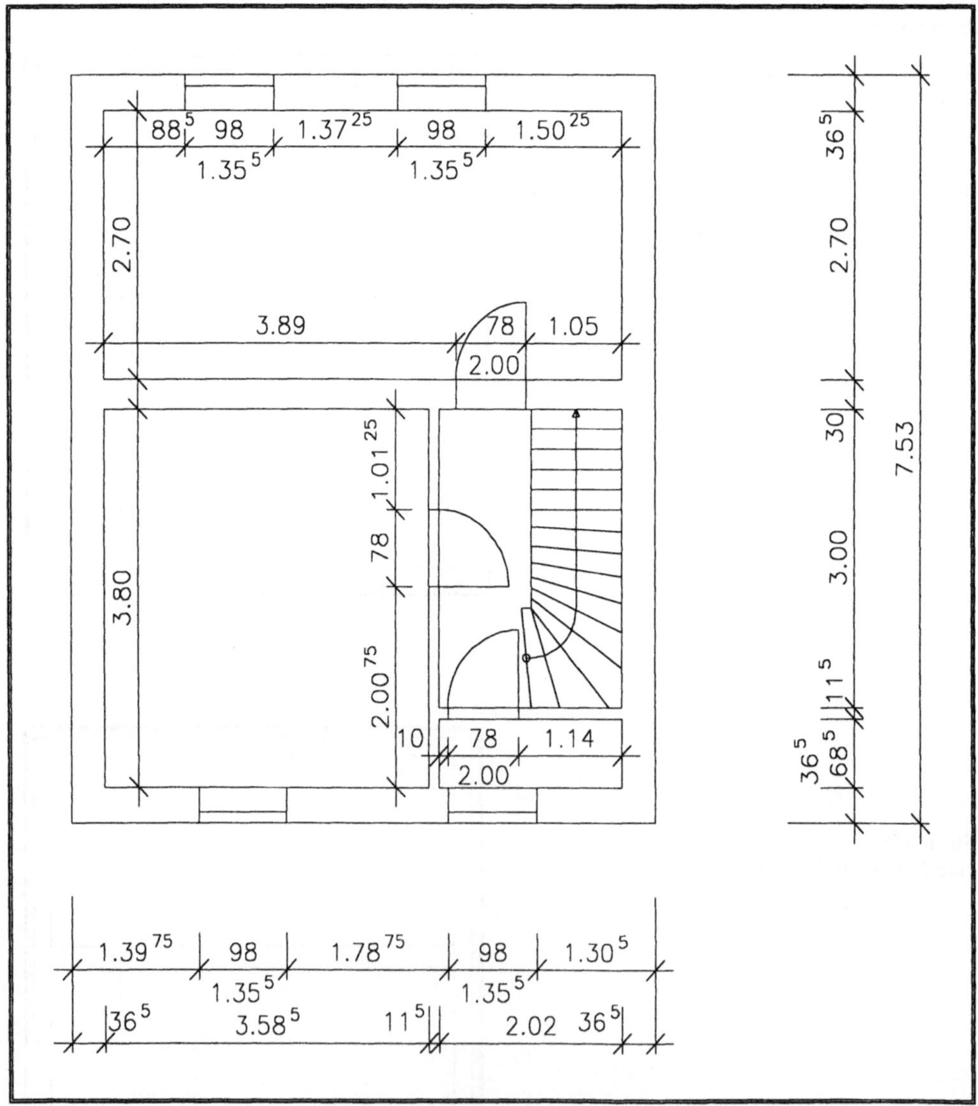

Bild 6-26: Erste Etage mit Bemaßung

Die Wände der ersten Etage werden durch Kopieren der Außenwände erzeugt. Es müssen Wände von 30 cm und 11,5 cm Stärke eingesetzt werden. Es empfiehlt sich, die

30 cm Wand mit dem Koordinatenfilter .Y aus dem Erdgeschoß zu positionieren. Ebenso verfahren Sie mit der längeren 11,5 cm starken Wand. Dort ist jedoch der Filter .X zu verwenden. Die Lage der restlichen Wand und der Öffnungen ist der Bemaßung zu entnehmen (Bild 6-26).

Alle vier Fenster haben die gleichen Maße, nämlich 1,40 m hoch und 1 m breit.

Eine Parallelprojektion von Erdgeschoß und erster Etage mit den verdeckten Kanten und Flächen zeigt Bild 6-27.

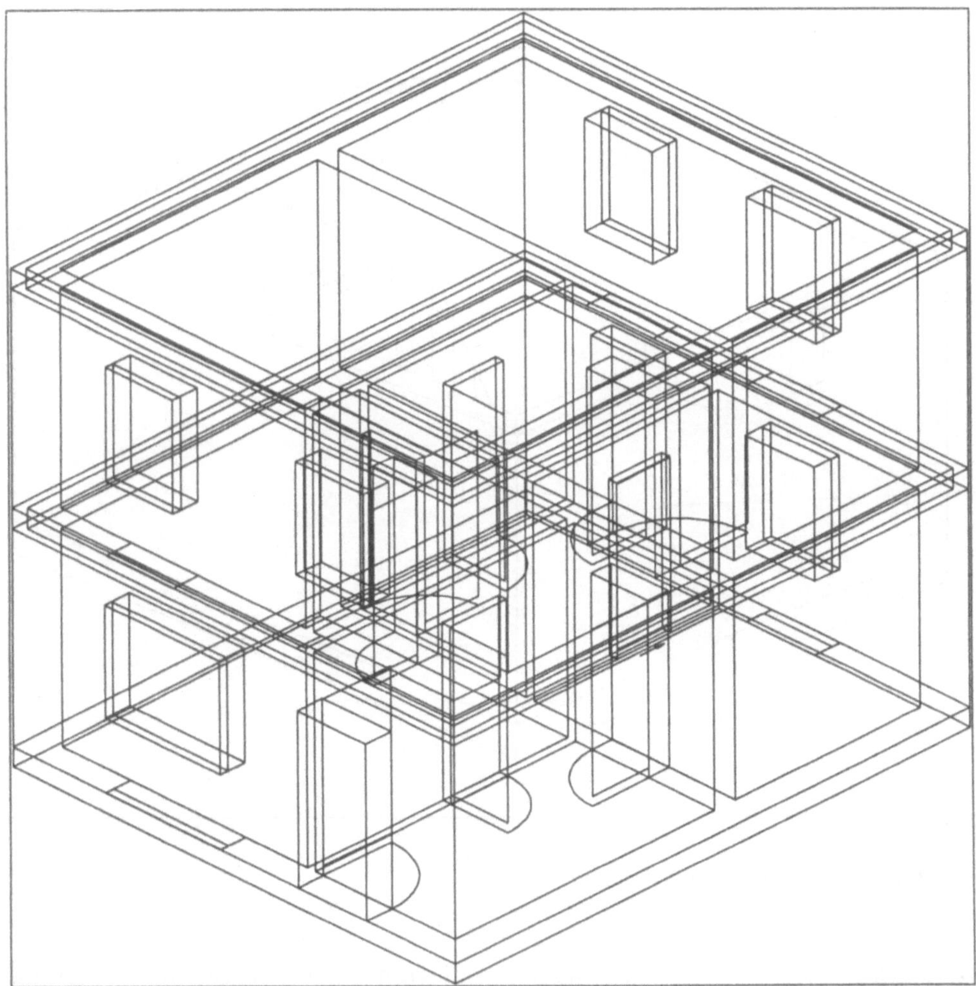

Bild 6-27: Parallelprojektion der fertigen Geschosse

6.3.3 Der Keller

Das Ergebnis der Modellierung des Kellers ist im Bild 6-28 in einer Verdecktdarstellung zu sehen.

Zur Realisierung wird zuerst über die Layersteuerung-Ebenensteuerung die Ebene -1 eingestellt. Der Keller wird durch Kopieren der Außenwände erzeugt. Er hat eine Höhe von 2 m. Es müssen Wände von 30 cm und 11,5 cm Stärke eingesetzt werden. Es empfiehlt sich, die 30 cm starke Wand mit dem Filter .Y aus dem Erdgeschoß zu positionieren.

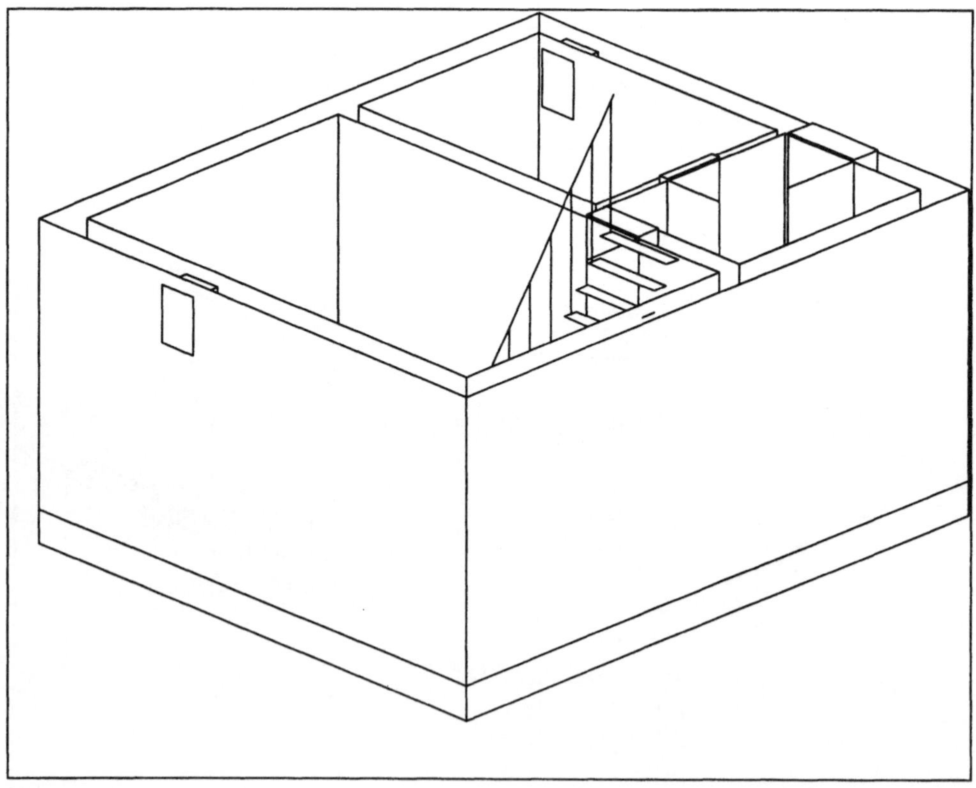

Bild 6-28: Verdecktdarstellung Keller

Durch die Höhe von nur 2 Metern dürfen die Türen nur 1,90 m hoch sein. Die Fenster sind 50 cm breit und 40 cm hoch. Der Abstand zum Kellerboden beträgt 1,50 m. Der nachfolgende Bemaßungsplan (Bild 6-29) zeigt die Position von Wänden und Öffnungen.

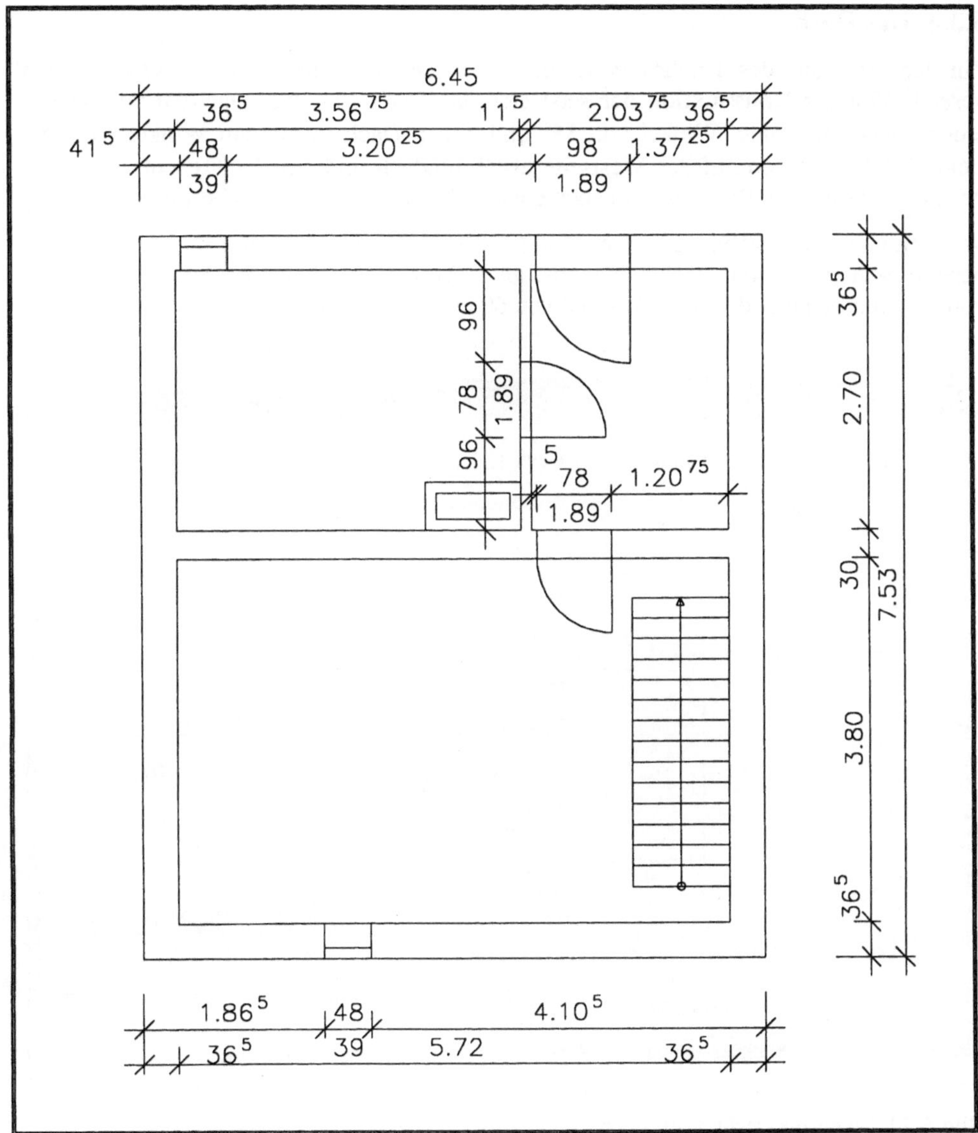

Bild 6-29: Bemaßungsplan Keller

6.3.4 Das Dach

Zur Konstruktion des Daches wird die Layersteuerung zuerst auf 2. Obergeschoß gesetzt. Von der Konstruktion her setzt sich das Dach aus zwei Dächern zusammen, einem Dach mit einem Winkel von 35° und einem Dach mit einem Winkel von 45°. Beide Dächer werden auf der Westseite als Walmdach und auf der Ostseite als Spitzdach ausgeführt. Die Richtungsangaben entsprechen den ACAD-BAU-Standards.

Wir beginnen die Dachkonstruktion (Bild 6-30) und erzeugen mit dem Menü „Dachnebenfunktionen" zwei Dachüberstandslinien. Eine Überstandslinie hat den Abstand von 10 cm und die andere den Abstand von 60 cm zur Außenkante Mauerwerk.

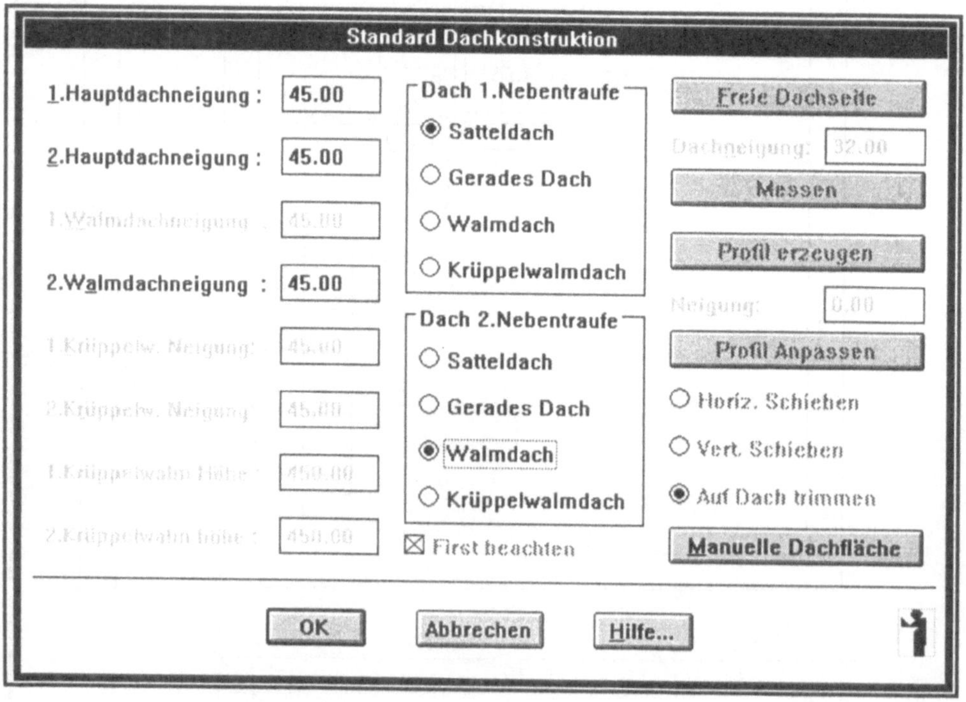

Bild 6-30: Menü zur Dachkonstruktion

Bild 6-30 zeigt die Einstellung des Dachmenüs für die 10 cm Dachüberstandslinie. Für die 60 cm Überstandslinie ist die Einstellung analog, aber mit einem Winkel von 35° in allen drei Einstellungen vorzunehmen. Da auf der Giebelseite kein Dachüberstand erwünscht ist, muß an drei Seiten mit Punkten gearbeitet werden. Die einzige Seite, wo die Option „Linie" möglich ist, ist die Walmdachseite.

An der Giebelseite wird mit dem Filter .X die entsprechende äußere Mauerecke benutzt. .YZ ist die Ecke der Dachüberstandslinie. Auf der Walmdachseite sind als Punkte die Ecken der Dachüberstandslinien zu verwenden. Das Bild 6-31 zeigt ein Logprotokoll, welches bei der Erstellung eines dieser Dächer entstand.

Befehl: DACH

ACAD-BAU Release 5.0 wird initialisiert...

1.Haupttraufe durch Linie oder Punkte wählen <Linie>: Punkte

Ersten Traufenpunkt wählen: .X von (benötige YZ):

Zweiten Traufenpunkt wählen:

2.Haupttraufe durch Linie oder Punkte wählen <Linie>: Punkte

Ersten Traufenpunkt wählen:

Zweiten Traufenpunkt wählen: .X von (benötige YZ):

1.Giebelseite durch Linie oder Punkte wählen <Linie>: Punkte

Ersten Traufenpunkt wählen: .X von (benötige YZ):

Zweiten Traufenpunkt wählen: .X von (benötige YZ):

2.Walmtraufe durch Linie oder Punkte wählen <Linie>:

Bezugslinie wählen:

Bild 6-31: Logauszug der Dacherstellung

Nach dem Erstellen beider Dächer werden diese miteinander verschnitten. Dazu ist das Menü „Dachnebenfunktionen" aufzurufen. Dort aktivieren bzw. lösen Sie folgende Funktionen aus „Verdeckte Flächen löschen" und „Dach verschneiden". Es ist notwendig, das Verschneiden vor dem Dachaufbau durchzuführen.

Der Dachaufbau erfolgt ebenfalls über das Menü „Dachnebenfunktionen". Dazu sind die Dachstärke von 30 cm einzutragen und alle Dachflächen zu aktivieren.

Der Ablauf der Dacherstellung ist in den Teilbildern von Bild 6-32 anschaulich dargestellt. Beachten Sie dazu auch die Legende zu Bild 6-32.

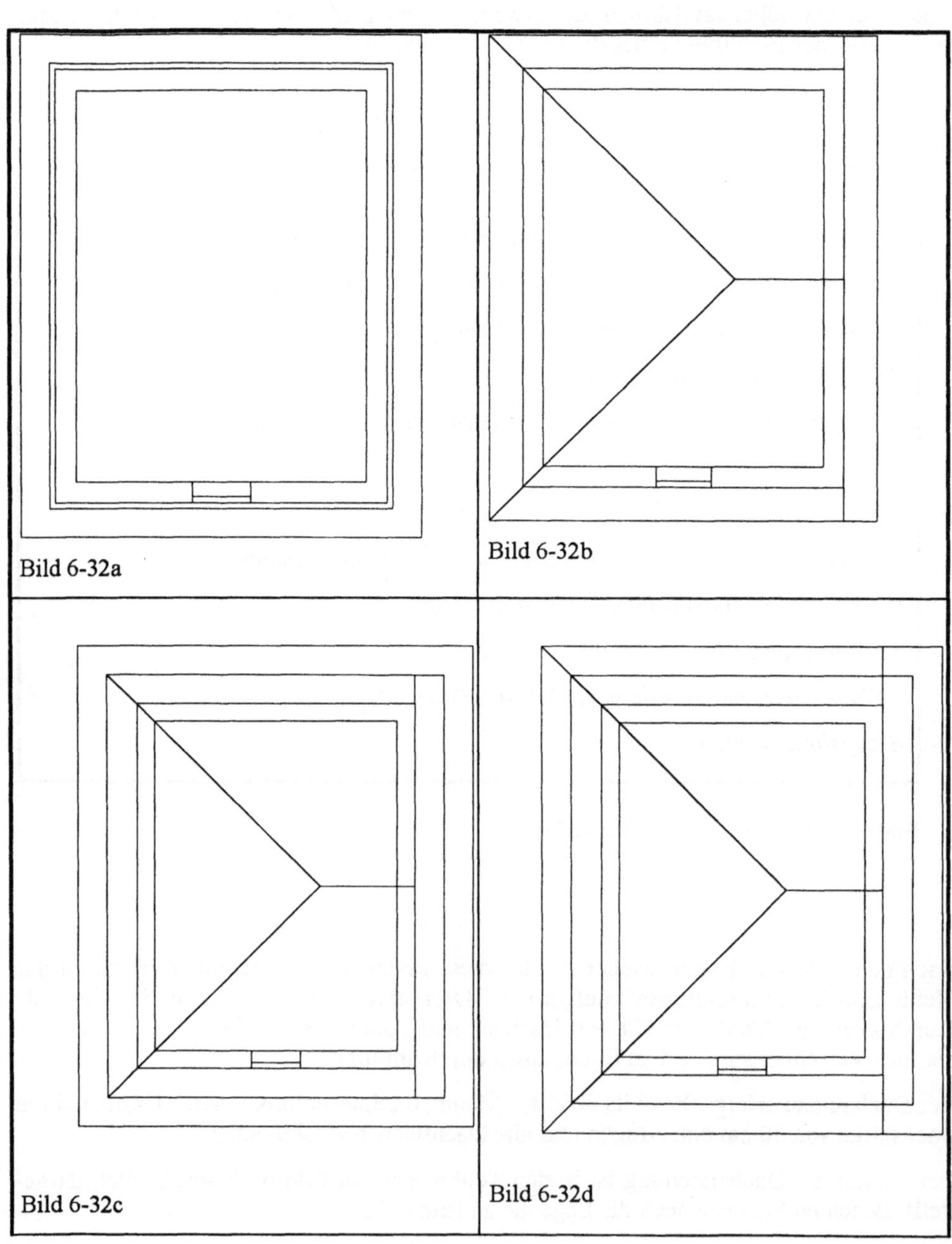

Bild 6-32a

Bild 6-32b

Bild 6-32c

Bild 6-32d

Bild 6-32e

Bild 6-32f

Bild 6-32g

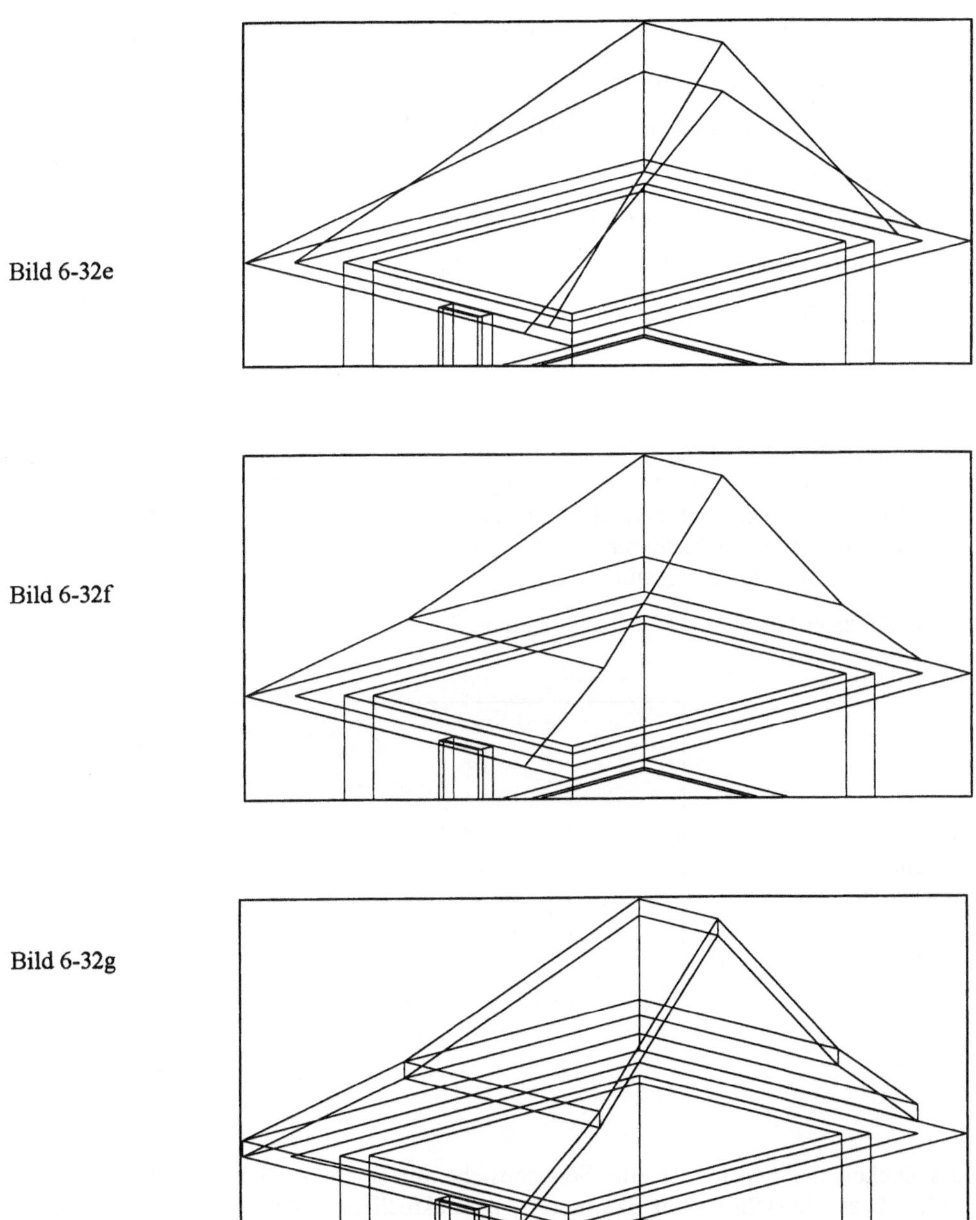

Bild 6-32: Ablauf der Dacherstellung

Legende zum Bild 6-32:

a: Draufsicht mit erster Überstandslinie

b: Draufsicht mit Dach 45°

c: Draufsicht mit erstem Dach und zweiter Überstandsline

d: Draufsicht beider Dächern

e: Ansicht Südost 15° von beiden Dächern

f: Ansicht nach Verschneiden beider Dächer

g: Ansicht nach Dachaufbau

Die in unser Reihenhaus eingebauten **Dachfenster** stehen in ACAD-BAU nicht zur Verfügung. Deshalb wurden Mauerfenster kopiert und in die richtige Lage gedreht. Der Objektfangmodus zum Kopieren des Fensters ist MITTE der unteren Scheibenbegrenzungslinie. Als Ziel des Kopierens ist die Mitte der Linie zu wählen, welche sich aus den beiden Dachneigungen ergibt.

Das Dachfenster vor dem Drehen zeigt Bild 6-33.

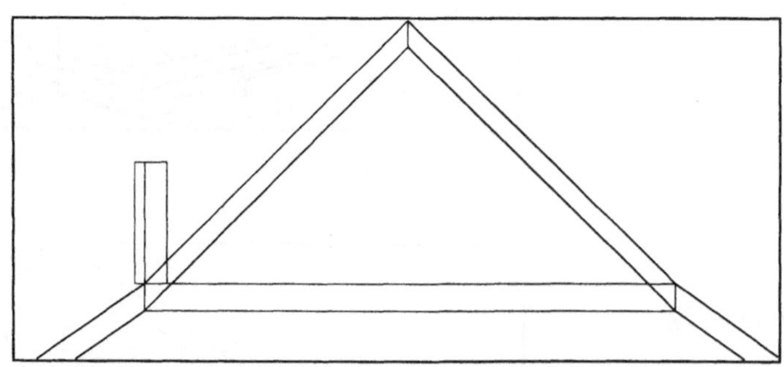

Bild 6-33:
Dachfenster vor
dem Drehen

Zum Drehen der Fenster ist eine Seitenansicht mit einem Ansichtswinkel von 0° zu wählen. Diese Ansicht ist mit BKSANSICHT zum aktuellem Benutzer-Koordinatensystem zu machen.

Danach ist DREHEN aufzurufen und das Fenster anzuwählen. Als Drehpunkt ist der Knick zwischen dem 45°- und 35°-Dach zu benutzen. Der Drehwinkel ist -45° beim gezeigten Beispiel.

Das Dachfenster nach dem Drehen zeigt Bild 6-34.

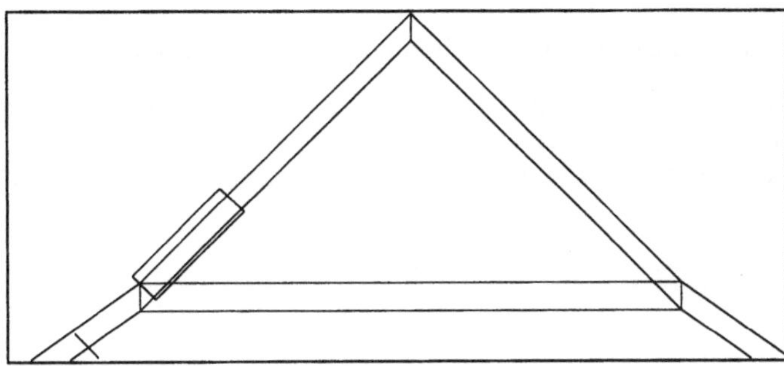

Bild 6-34:
Dachfenster gedreht

Um die anderen zwei Fenster zu erzeugen, ist ebenso zu verfahren. Dabei ist zu beachten, daß an der Walmdachseite einmal in die Richtung und in die Schräglage zu drehen ist. Die Winkelrichtung (45° oder -45°) richtet sich nach dem gewähltem Ansichts-BKS.

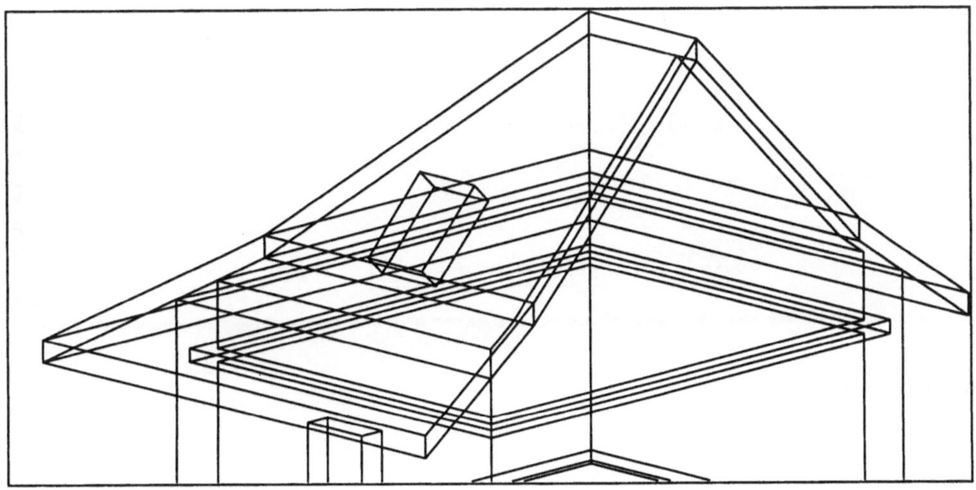

Bild 6-35: Vollständiges Dach

Um das Dach zu vervollständigen, ist der Mauerwerksanschluß durchzuführen. Er befindet sich im Menü „Dachnebenfunktionen". Um die kopierten Fenster und den Schornstein könnte man noch Dachlöcher schneiden. Wenn man aber keine Flächenberechnungen oder ähnliches durchführt, ist dies nicht notwendig. Die geplotteten Zeichnungen zeigen keinen Unterschied.

6.3.5 Die Treppen

Unser Reihenhaus hat drei Innentreppen, die im weiteren modelliert werden.

Die einfachste Treppe ist die Treppe vom Keller in das Erdgeschoß. Es ist eine gerade Treppe. Einzustellen im Menü „Treppenkonstruktion" (Bild 6-36) sind die Attribute „Holztreppe", „Geländer rechts" und „Treppenloch schneiden".

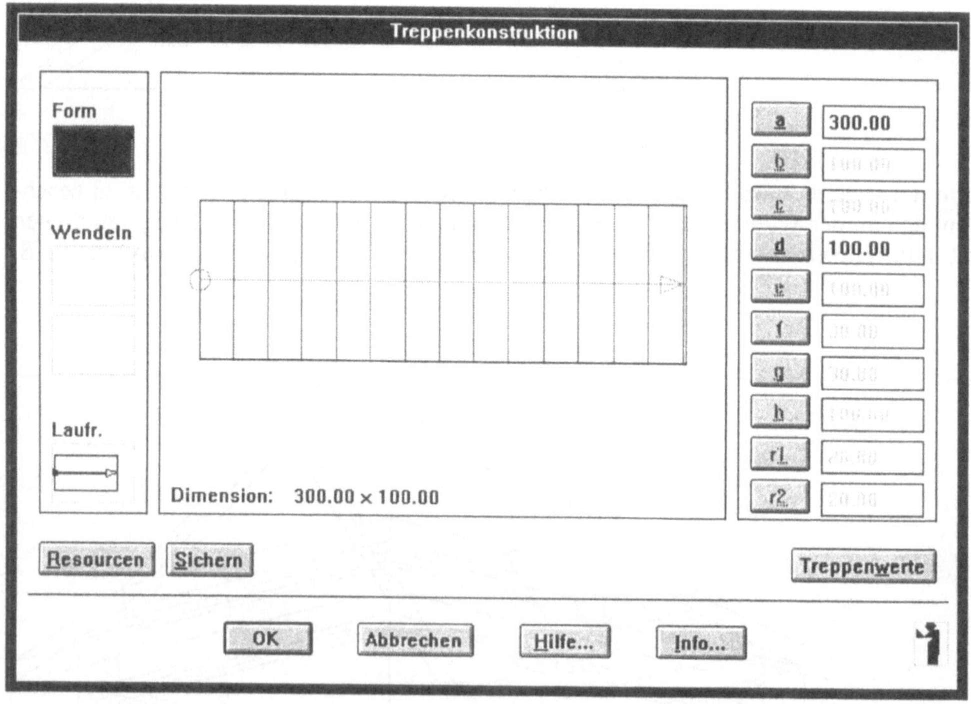

Bild 6-36: Kellertreppe

Die Treppe vom Erdgeschoß zur ersten Etage beginnt als gerade Treppe und bekommt im oberen Teil einen Bogen. Gemäß Bild 6-37 sind einzustellen „Holztreppe", „Geländer rechts und links" sowie „Treppenloch schneiden".

Die Treppe von der ersten Etage zum Boden beginnt mit einem Bogen und läuft gerade weiter. Diese Treppe beginnt wegen einer Tür leicht schräg. Realisiert wird das durch Angabe des Parameters F mit 10 cm. Gemäß Bild 6-38 sind einzustellen „Holztreppe", „Geländer rechts" und „Treppenloch schneiden".

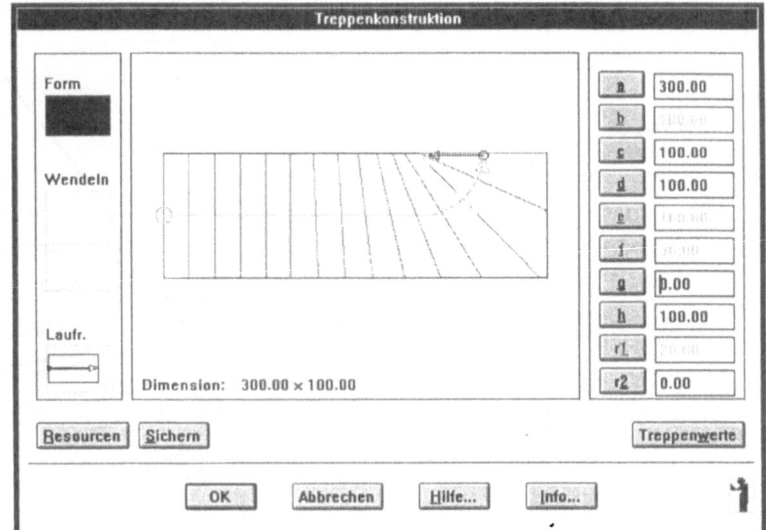

Bild 6-37:
Treppe im
Erdgeschoß

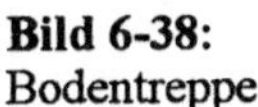

Bild 6-38:
Bodentreppe

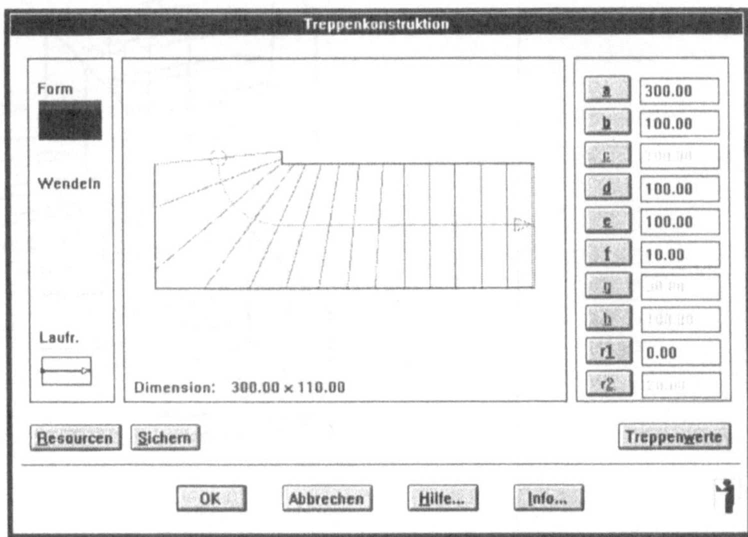

Alle Innentreppen des Reihenhauses sind im Bild 6-39 zu sehen.

Bild 6-39:
Alle Innentreppen
des Reihenhauses

Die Außentreppen sind einfache gerade Steintreppen mit einer Breite von 1,20 m und einer Länge von 2 m. Sie haben fünf Auftritte. Die Höhe vom Keller zum Erdniveau beträgt 1,2 m und vom Erdgeschoß zum Erdniveau 102,05 cm. Bei der Erstellung der Außentreppen ist darauf zu achten, daß die Treppenwerte für jede Treppe neu angegeben werden müssen. ACAD-BAU stellt diese Werte automatisch immer wieder auf Geschoßhöhe ein.

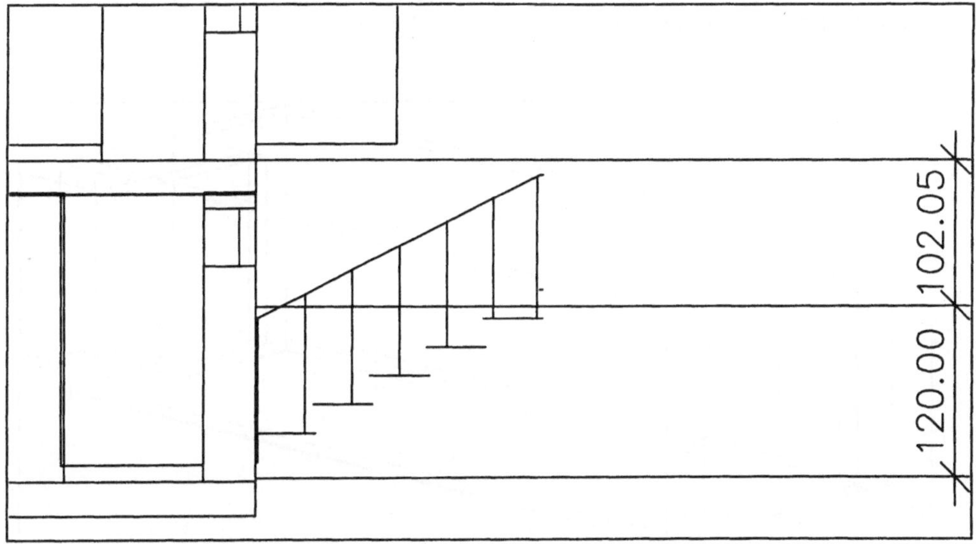

Bild 6-40: Bemaßung der Außentreppen

6.3.6 Die Garage

Um die Garage zu erzeugen, beginnen Sie man am besten eine neue Zeichnung.

Als Vorkonstruktion wird ein Rechteck von 4 mal 12 Metern benutzt. Die rechte untere Ecke des Rechtecks soll im Punkt P(0,0,0) liegen. Auf dieser Vorkonstruktion wird eine Außenmauer mit der Höhe 3,5 m und einer Breite von 36,5 cm errichtet. An den Schmalseiten des Baues wird jeweils ein Tor, mit den Maßen 3,20 m breit und 2,80 m hoch, erzeugt und in die Mauer eingebrochen.

Die Garage hat an beiden Schmalseiten Tore. Die Gesamtdarstellung der Garage mit den Grundmauern und Toren sehen Sie im Bild 6-41.

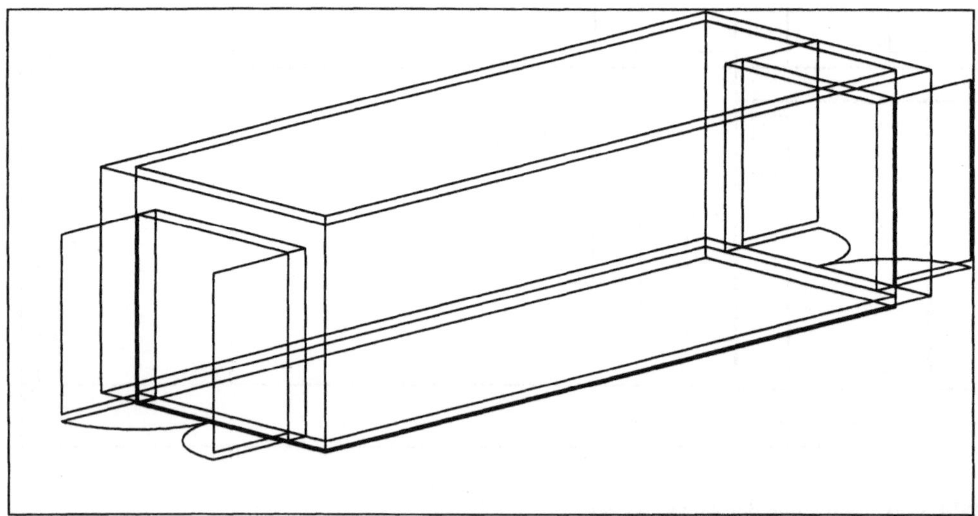

Bild 6-41: Garage mit Grundmauern und Toren

Um das Dach zu erzeugen, wird eine Dachüberstandslinie in der Höhe von 2,8 m und mit einem Abstand von 30 cm gezeichnet. Aus dem Dachmenü wird „Manuelle Dachfläche" benutzt. Hierbei sind folgende Filter zu verwenden:

Rechts Oben: .Y = Schnittpunkt Mauerecke innen

                     .X = Schnittpunkt Mauerecke außen

                     Z = 3,30 m

Rechts Unten: .Y = Schnittpunkt Mauerecke innen

                     .X = Schnittpunkt Mauerecke außen

                     Z = 3,30 m

Links Oben: .Y = Schnittpunkt Mauerecke innen

                       .XZ = Schnittpunkt Ecke Dachüberstandslinie

Links Unten: .Y = Schnittpunkt Mauerecke innen

                       .XZ = Schnittpunkt Ecke Dachüberstandslinie

Wenn Sie die Dachkonstruktion richtig gemacht haben, sieht Ihr Modell so aus, wie im Bild 6-42 dargestellt.

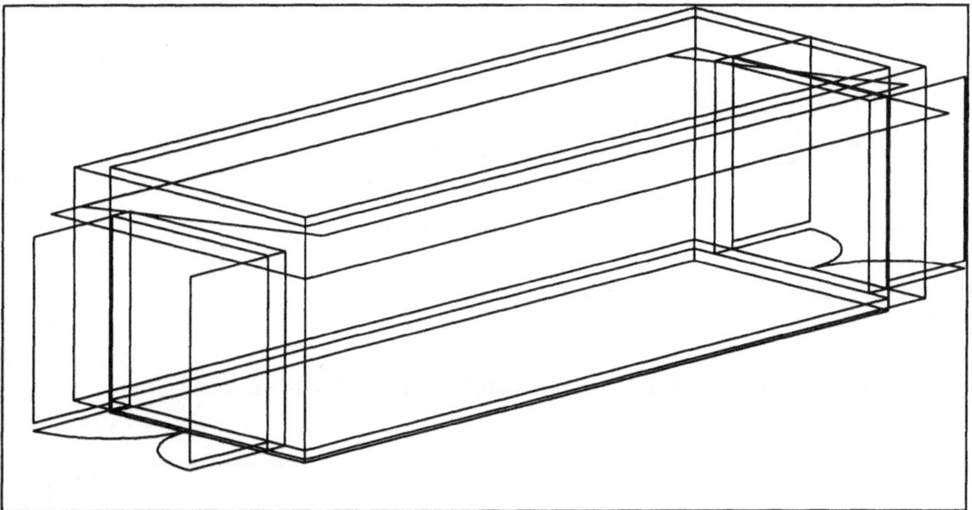

Bild 6-42: Garage nach der Dachkonstruktion

Dieses Dach ist mit einer Dachstärke von 20 cm zu erzeugen und das überstehende Mauerwerk zu verschneiden. Bei richtig angewendeten Koordinatenfiltern fehlen nach dem Verschneiden die oberen inneren Mauerwerkslinien. Auf diese Mauern werden zwei manuelle Dachflächen gesetzt. Als Filter dienen die oberen Mauerecken. Diese Dächer bekommen eine Dachstärke von 5 cm. Im Menü ist zu beachten, daß „Dachflächen wählen" aktiviert werden muß.

Die Garage mit Dach nach dem Verschneiden sehen Sie in Bild 6-43.

Die Garage muß nach Ihrer Fertigstellung in die Originalzeichnung des Hauses eingefügt werden. Dazu wird in der Originalzeichnung eine Hilfslinie benötigt. Deren Anfang ist der Schnittpunkt an der linken vorderen inneren Mauerecke der Ebene 0. Der Endpunkt wird mit Relativkoordinateneingabe erzeugt: @-36.5,10,-102.5.

Das Einfügen erfolgt mit **einfüge *garage** (garage als Zeichnungsname). Der Objektfangmodus zum Einfügen ist der ENDPUNKT der Hilfslinie. Danach kann die Hilfslinie wieder gelöscht werden. Diese Art des Einfügens erklärt auch die Lage des Nullpunktes der Garagenzeichnung.

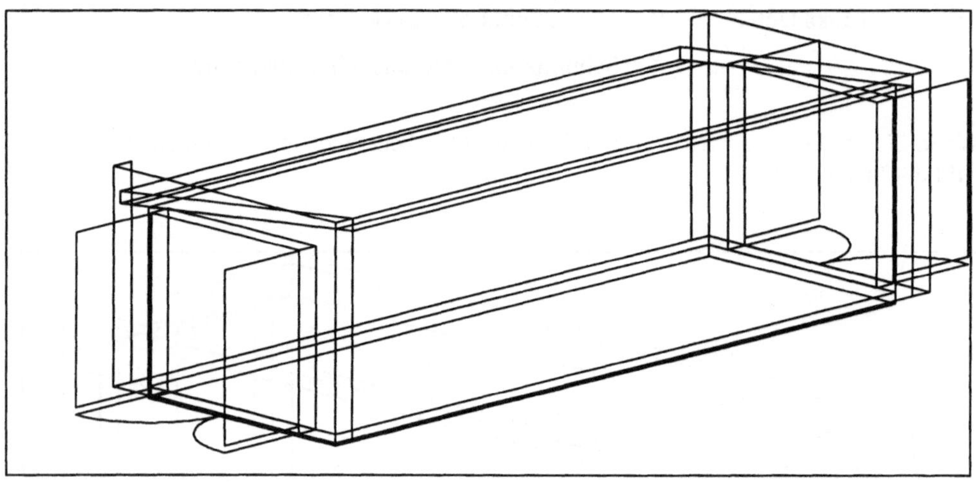

Bild 6-43: Garage mit Dach nach dem Verschneiden

Die eingefügte Garage in einer Verdecktdarstellung in Bild 6-44 zu sehen.

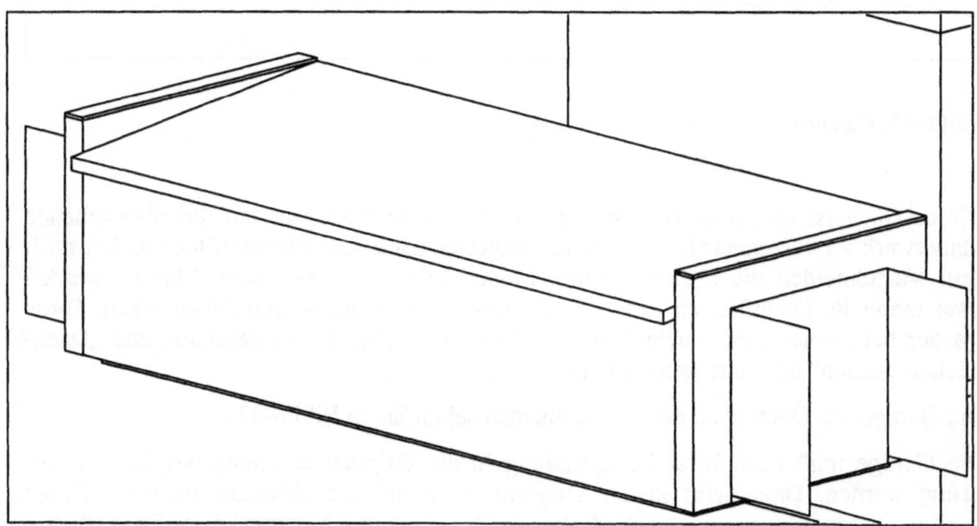

Bild 6-44: Eingefügte Garage

6.3.7 Der Schornstein

Die letzte Konstruktion an unserem Reihenhaus ist der Schornstein. Dieser besteht aus Mauerwerk ohne G und R-Linien. Diese Funktion ist im Menü „Wand/Dach" zu finden, in älteren Versionen vor ACAD-BAU 5.1 ist diese Funktion im Expertenmenü untergebracht.

Die Abmessungen des Schornsteins sind 77,16 cm mal 50 cm sowie 12,5 m hoch. Der Wert 77,16 cm ergibt sich aus der Wand zwischen E2 und E3 auf Ebene 0 (Bild 6-45). Zu zeichnen ist auf Ebene -1. Die Mauerstärke ist 11,5 cm.

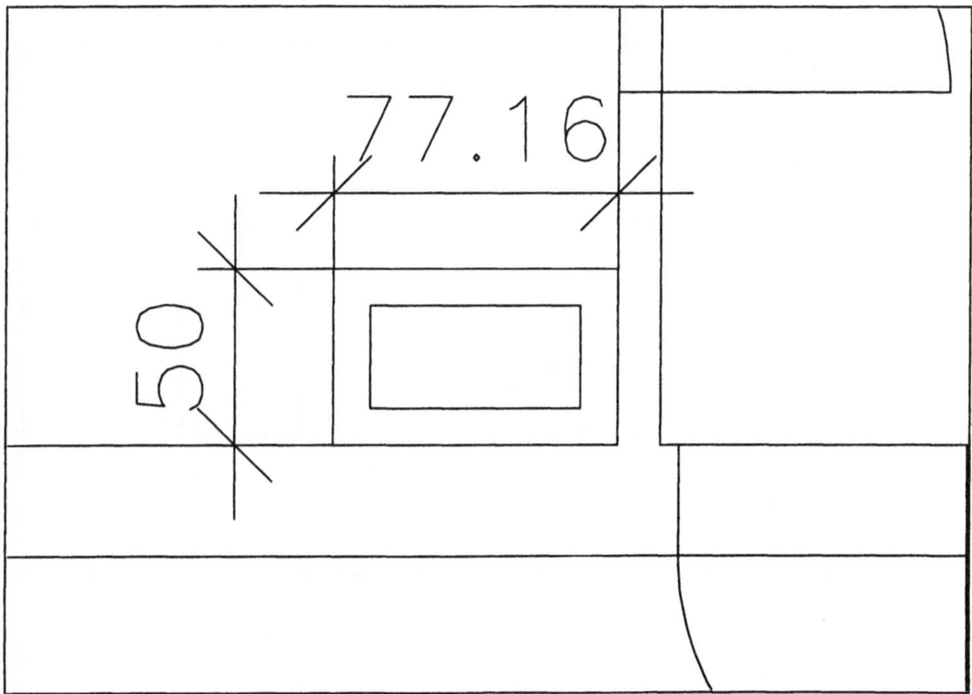

Bild 6-45: Lage des Schornsteins auf der Ebene -1

Abschließend zeigen wir Ihnen im Bild 6-46 eine Seitenansicht des Reihenhauses und im Bild 6-47 die vollständige Ansicht mit allen Kanten in unverdeckter Darstellung.

Bild 6-46: Seitenansicht des Reihenhauses

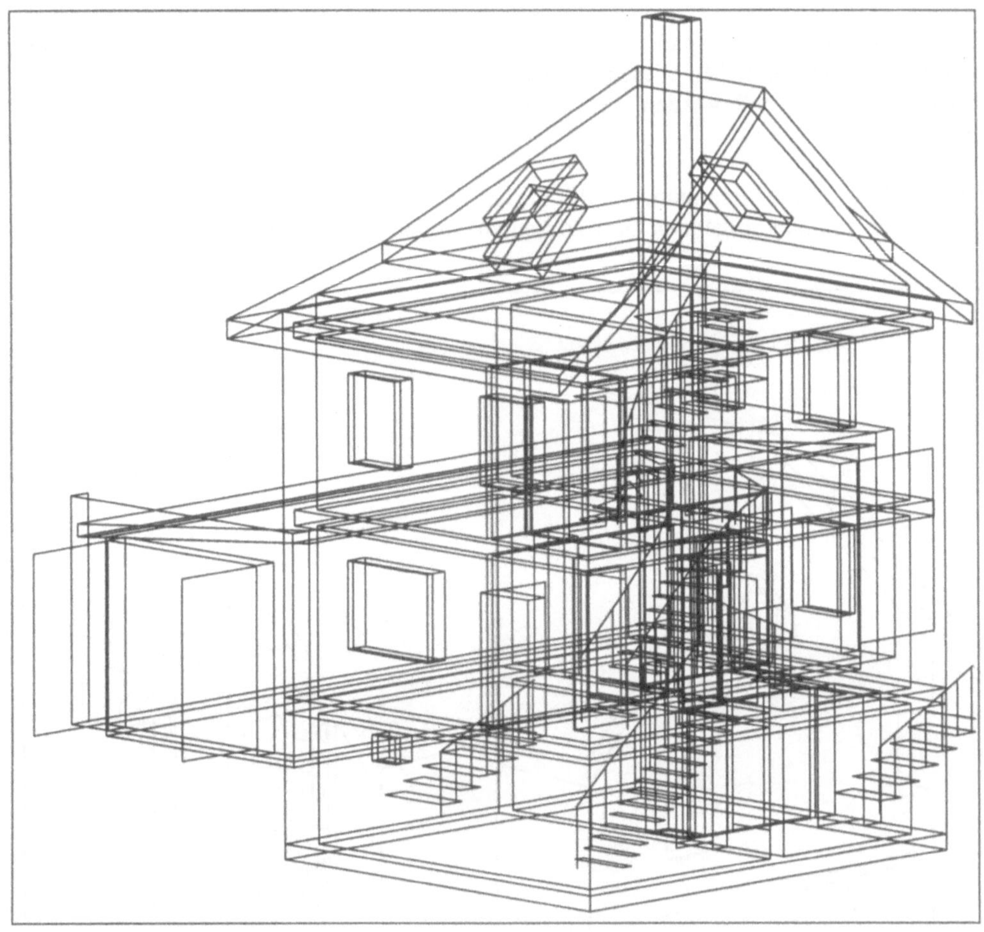

Bild 6-47: Vollständige unverdeckte Ansicht des Reihenhauses

6.4   Das Ferienhaus

Als weiteres Komplexbeispiel wurde ein kleines Ferienhaus, das mit einer Garage unterkellert ist, gewählt. Mit diesem Beispiel sollen einige spezielle Techniken demonstriert werden. Deshalb werden auch an einigen Stellen Logprotokollauszüge wiedergegeben.

Bild 6-48 zeigt eine Gesamtansicht des Ferienhauses in verdeckter Darstellung. Die Abmessungen sind den folgenden Grundrissen zu entnehmen.

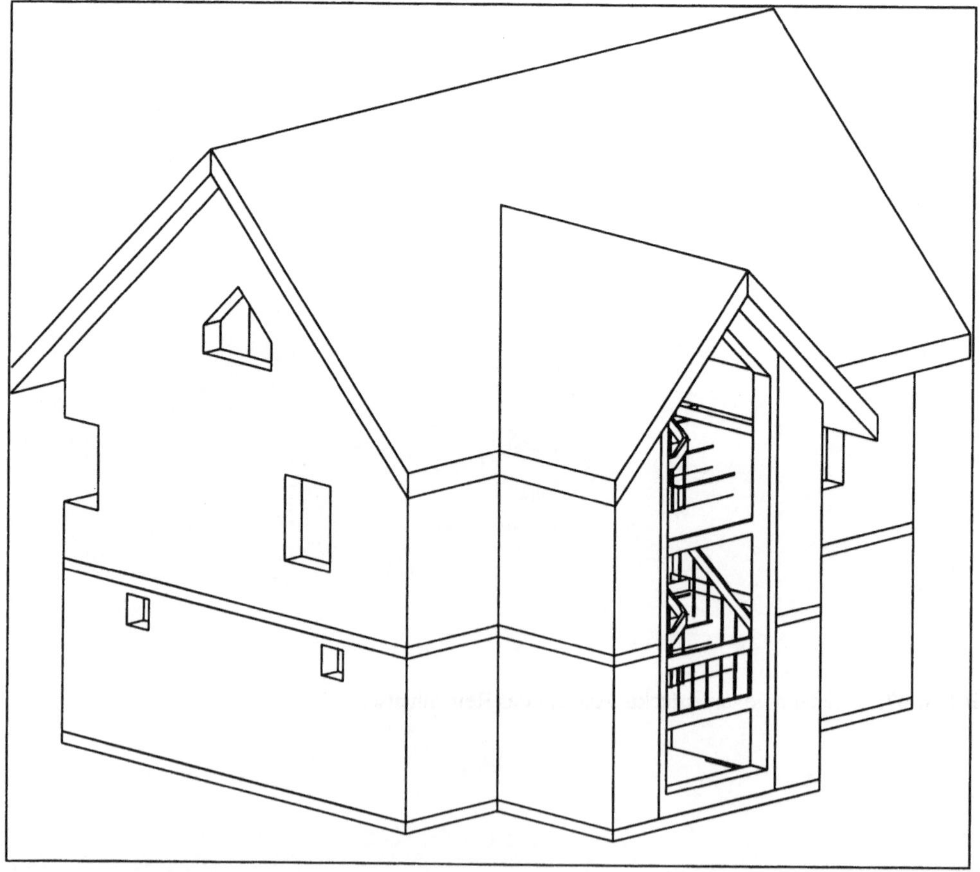

Bild 6-48: Verdecktdarstellung des Ferienhauses

Im Bild 6-49 ist der bemaßte Grundriß der Ebene 0 dargestellt.

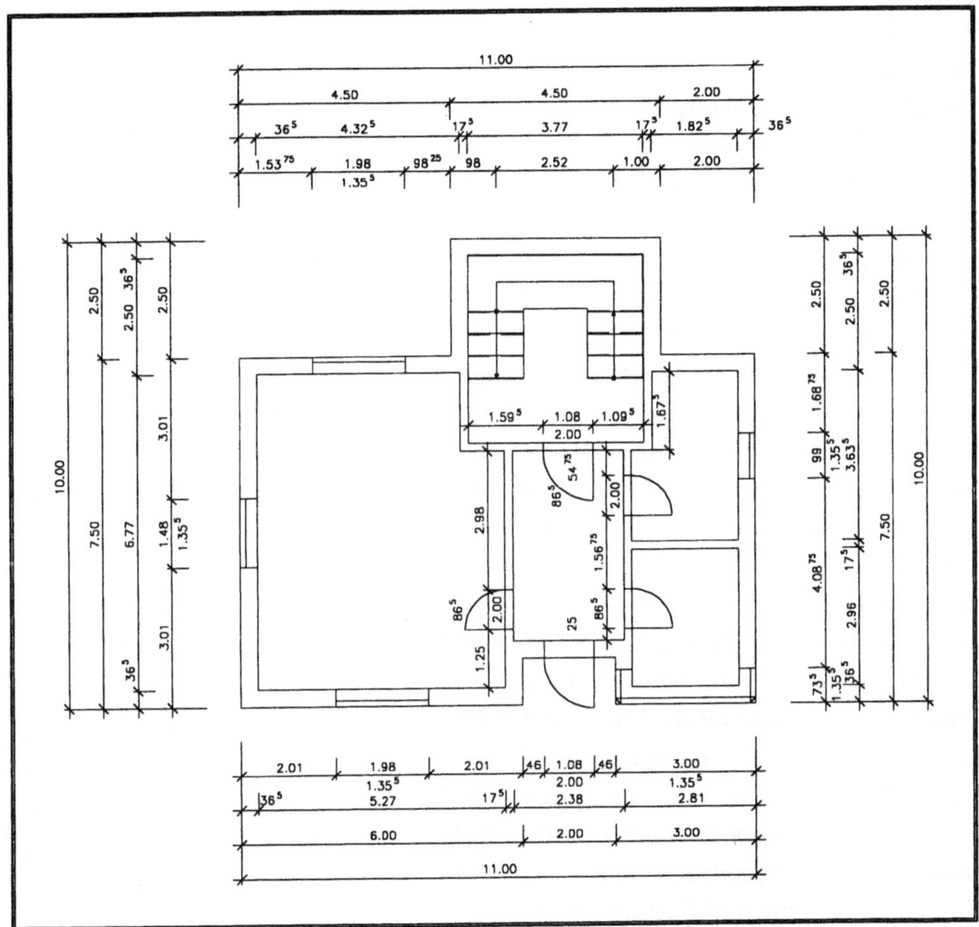

Bild 6-49: Bemaßter Grundriß der Ebene 0

Nachdem Sie den Layer für die Vorkonstruktion gesetzt haben, konstruieren Sie die Vorkonstruktionslinie (Bild 6-50). Zur Orientierung geben wir nachstehend den vollständigen Befehlsdialog dafür wieder.

Befehl: PLINIE
Von Punkt:
Aktuelle Linienbreite beträgt 0.00
Kreisbogen/Schliessen/Halbbreite/sehnenLänge/
Zurück/Breite/<Endpunkt der Linie>: @600<0
Kreisbogen/Schliessen/Halbbreite/sehnenLänge/
Zurück/Breite/<Endpunkt der Linie>: @100<90
Kreisbogen/Schliessen/Halbbreite/sehnenLänge/
Zurück/Breite/<Endpunkt der Linie>: @200<0
Kreisbogen/Schliessen/Halbbreite/sehnenLänge/
Zurück/Breite/<Endpunkt der Linie>: @100<270
Kreisbogen/Schliessen/Halbbreite/sehnenLänge/
Zurück/Breite/<Endpunkt der Linie>: @300<0
Kreisbogen/Schliessen/Halbbreite/sehnenLänge/
Zurück/Breite/<Endpunkt der Linie>: @750<90
Kreisbogen/Schliessen/Halbbreite/sehnenLänge/
Zurück/Breite/<Endpunkt der Linie>: @200<180
Kreisbogen/Schliessen/Halbbreite/sehnenLänge/
Zurück/Breite/<Endpunkt der Linie>: @250<90
Kreisbogen/Schliessen/Halbbreite/sehnenLänge/
Zurück/Breite/<Endpunkt der Linie>: @450<180
Kreisbogen/Schliessen/Halbbreite/sehnenLänge/
Zurück/Breite/<Endpunkt der Linie>: @250<270
Kreisbogen/Schliessen/Halbbreite/sehnenLänge/
Zurück/Breite/<Endpunkt der Linie>: @450<180
Kreisbogen/Schliessen/Halbbreite/sehnenLänge/
Zurück/Breite/<Endpunkt der Linie>: S
Befehl:

Befehl: AWAND
Lade Funktion...
ACAD-BAU Release 5.0 wird initialisiert...
Vorkonstruktion für Wand gefunden!
Außenmauerwerk aus Vorkonstruktion ableiten <Ja>:
Generiere einschaliges Mauerwerk...
Generiere Sohle/Kellerdecke...
Befehl:

Bild 6-50:
Vorkonstruktionslinie

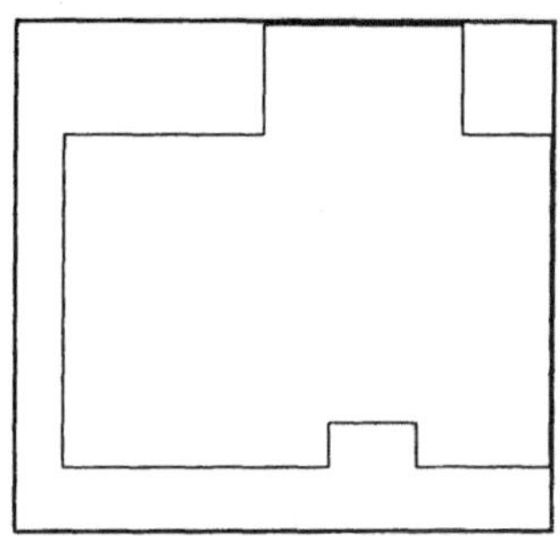

In den folgenden Bildern 6-51 und 6-52 werden die zum Konstruieren erforderlichen bemaßten Grundrisse der Ebenen 1 und -1 dargestellt.

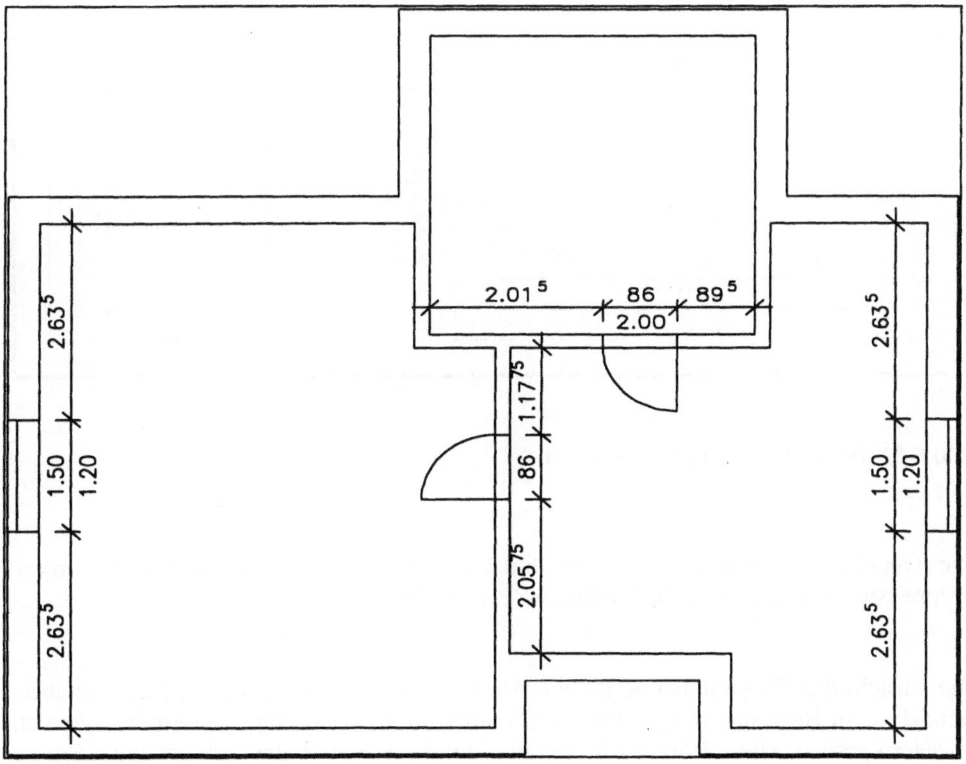

Bild 6-51: Bemaßter Grundriß der Ebene 1

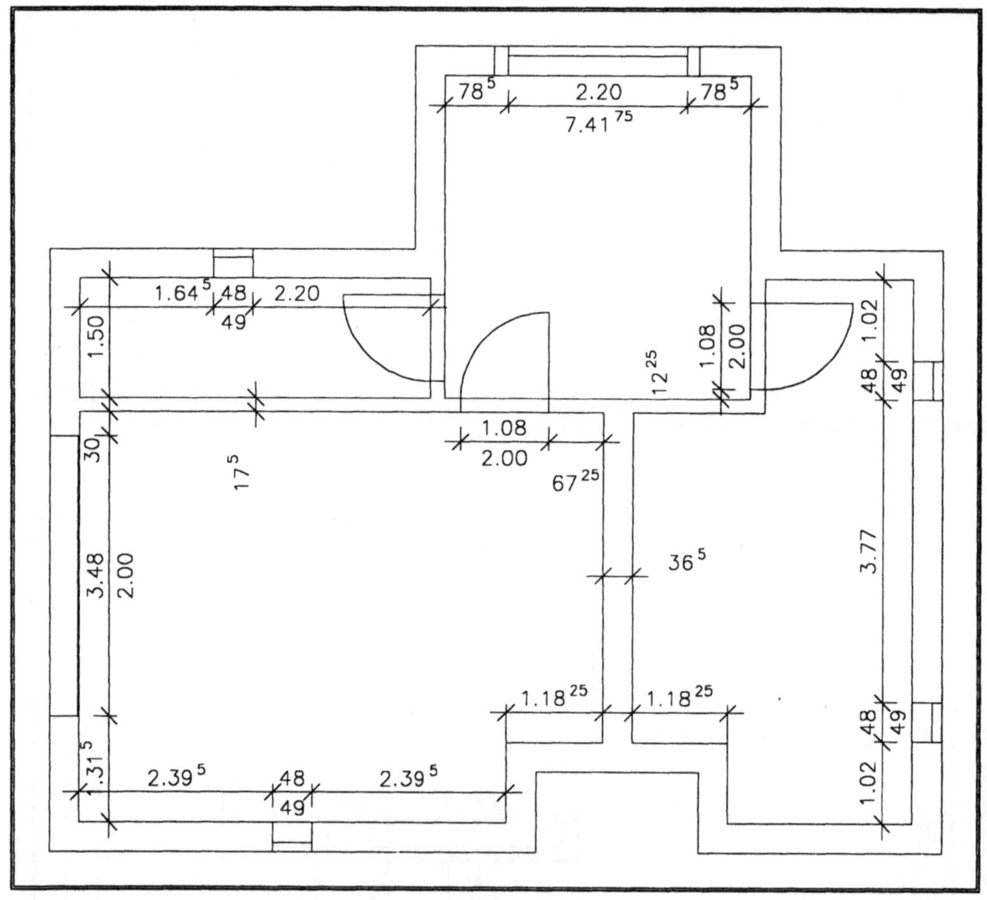

Bild 6-52: Bemaßter Grundriß der Ebene -1

Die Treppen sind an das Mauerwerk durch Picken angepaßt worden. Nur die untere Treppe besitzt Geländer an beiden Seiten (Bild 6-53).

Die Ansicht der Überstandslinie (Bild 6-54) zeigt die Außenmauern mit der Dachüberstandslinie in Höhe des Erdgeschosses. Darauf wird die erste Etage mit einer Höhe von 5 Metern gesetzt. Diese Höhe ist notwendig, um die Wände ordentlich verschneiden zu können. Bei einem einfachen Mauerwerksanschluß wäre es nicht möglich, noch Fenster einzusetzen.

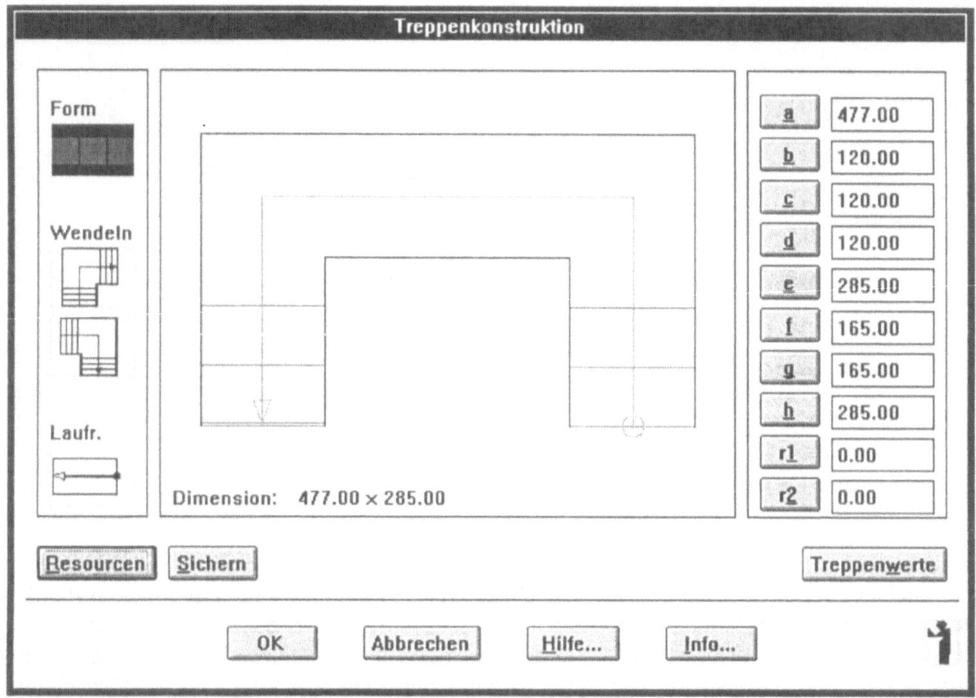

Bild 6-53: Dialogbild „Treppenkonstruktion"

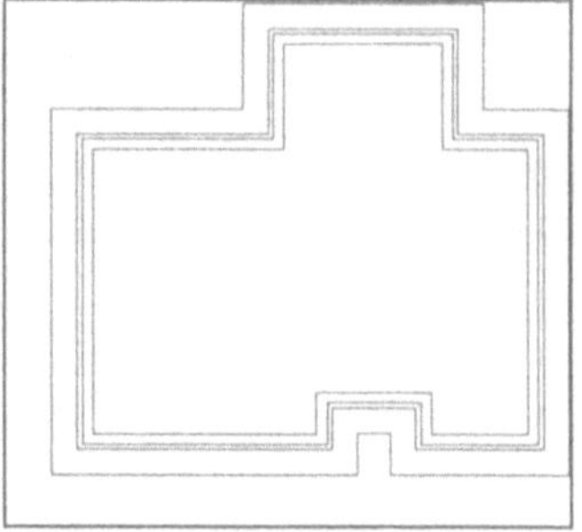

Bild 6-54:
Überstandslinie

Das Hauptdach ist ein einfaches Satteldach mit den Hauptdachneigungen von 45°. Auf Grund der Form der Dachüberstandslinie kann beim Zeichnen des Daches nur mit der Option „Punkte" gearbeitet werden und nicht mit „Linie". Sehen Sie sich dazu auch den folgenden Logprotokollauszug (Bild 6-59) an.

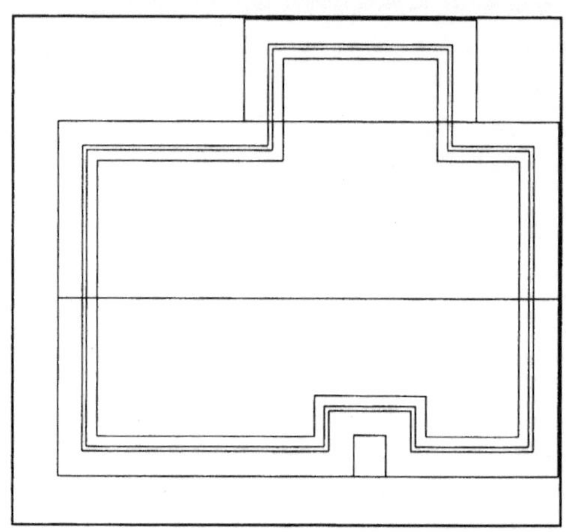

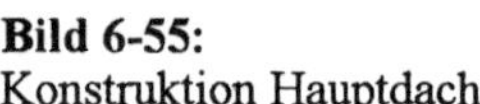
Bild 6-55:
Konstruktion Hauptdach

Als nächstes wird das Nebendach gezeichnet. Es ist ebenfalls ein Satteldach mit 45° Dachneigung. Das Problem bei diesem Dach ist die Tatsache, daß von der Dachüberstandslinie nur zwei Ecken (Punkte) benutzt werden können. Diese Punkte werden mit Hilfe des Filters .XZ auch für die nicht vorhandenen Ecken genutzt. Als Y-Wert bietet sich die Firstlinie des Hauptdaches an. Sehen Sie sich dazu den Logprotokollauszug von Bild 6-60 an.

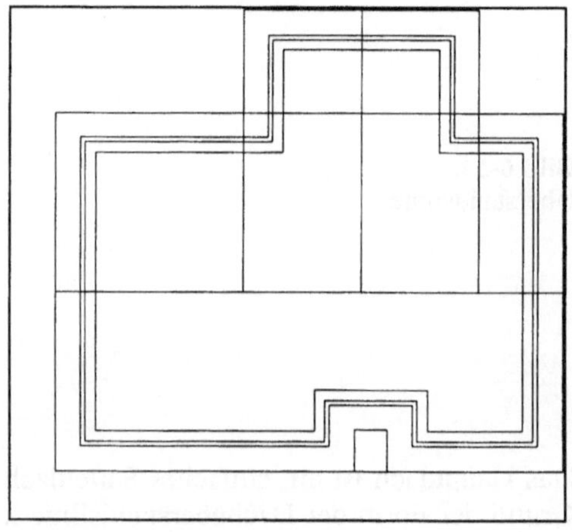

Bild 6-56:
Konstruktion Nebendach

Wenn Sie mit der Konstruktion des Nebendaches fertig sind, rufen Sie aus dem Menü „Dachnebenfunktionen" „Dachverschneiden" auf. Dabei ist „Verdeckte Flächen Löschen" zu aktivieren. Das Ergebnis, nämlich das verschnittene Dach, ist in Bild 6-57 zu sehen.

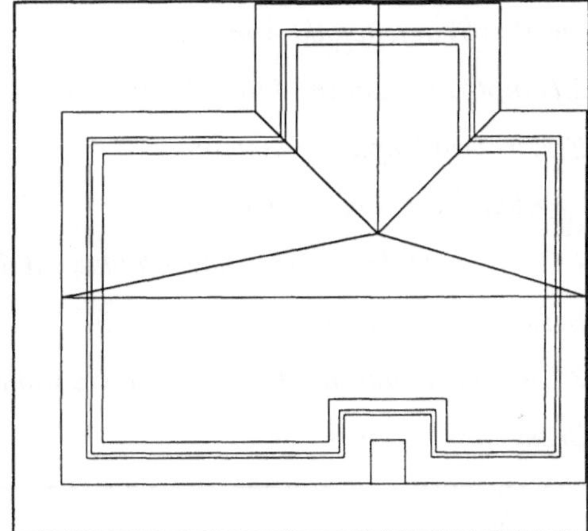

Bild 6-57:
Verschnittenes Dach

Bild 6-58 zeigt die Dachhöhenmaße.

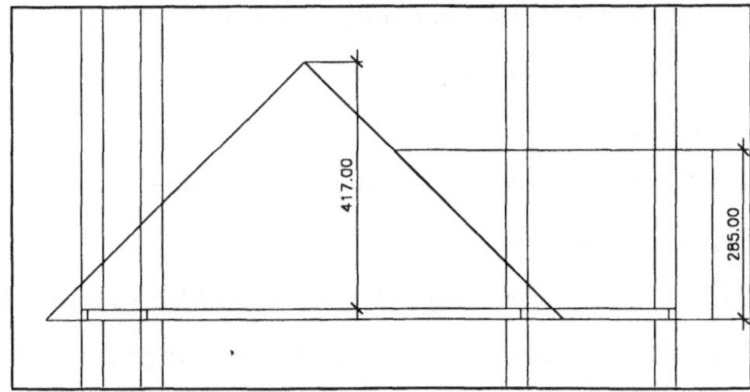

Bild 6-58:
Dachhöhenmaße

Befehl:

Befehl: DACH

1.Haupttraufe durch Linie oder Punkte wählen <Linie>: PUNKTE

Ersten Traufenpunkt wählen:

Zweiten Traufenpunkt wählen:

2.Haupttraufe durch Linie oder Punkte wählen <Linie>: PUNKTE

Ersten Traufenpunkt wählen:

Zweiten Traufenpunkt wählen:

1.Giebelseite durch Linie oder Punkte wählen <Linie>:

Bezugslinie wählen:

2.Giebelseite durch Linie oder Punkte wählen <Linie>:

Bezugslinie wählen:

Bild 6-59: Logprotokollauszug zur Erstellung des Hauptdaches

Befehl: DACH

1.Haupttraufe durch Linie oder Punkte wählen <Linie>: PUNKTE

Ersten Traufenpunkt wählen:

Zweiten Traufenpunkt wählen: .XZ von (benötige Y):

2.Haupttraufe durch Linie oder Punkte wählen <Linie>: PUNKTE

Ersten Traufenpunkt wählen:

Zweiten Traufenpunkt wählen: .XZ von (benötige Y):

1.Giebelseite durch Linie oder Punkte wählen <Linie>:

Bezugslinie wählen:

2.Giebelseite durch Linie oder Punkte wählen <Linie>: PUNKTE

Ersten Traufenpunkt wählen: .XZ von (benötige Y):

Zweiten Traufenpunkt wählen: .XZ von (benötige Y):

Befehl:

Bild 6-60: Logprotokollauszug zur Erstellung des Nebendaches

Diese beiden Logauszüge verdeutlichen die vorher beschriebenen Dacherstellungen.

Sehr oft werden geschoßübergreifende Öffnungen (Fenster) z.B. in Treppenhäusern benötigt. Deren Konstruktion ist bei älteren ACAD-BAU-Versionen wesentlich aufwendiger als bei normalen Öffnungen, da ACAD-BAU geschoßweise arbeitet. Das folgende Beispiel (Bild 6-61) zeigt ein Fenster über drei Etagen.

Ab der Version 5.1 beeinflussen Öffnungen, die über das aktuelle Geschoß hinausragen, die anderen Geschosse mit. Somit können Öffnungen über mehrere Geschosse wie normale Öffnungen behandelt werden. Die folgenden Aussagen haben nur für Versionen vor ACAD-BAU 5.1 Gültigkeit.

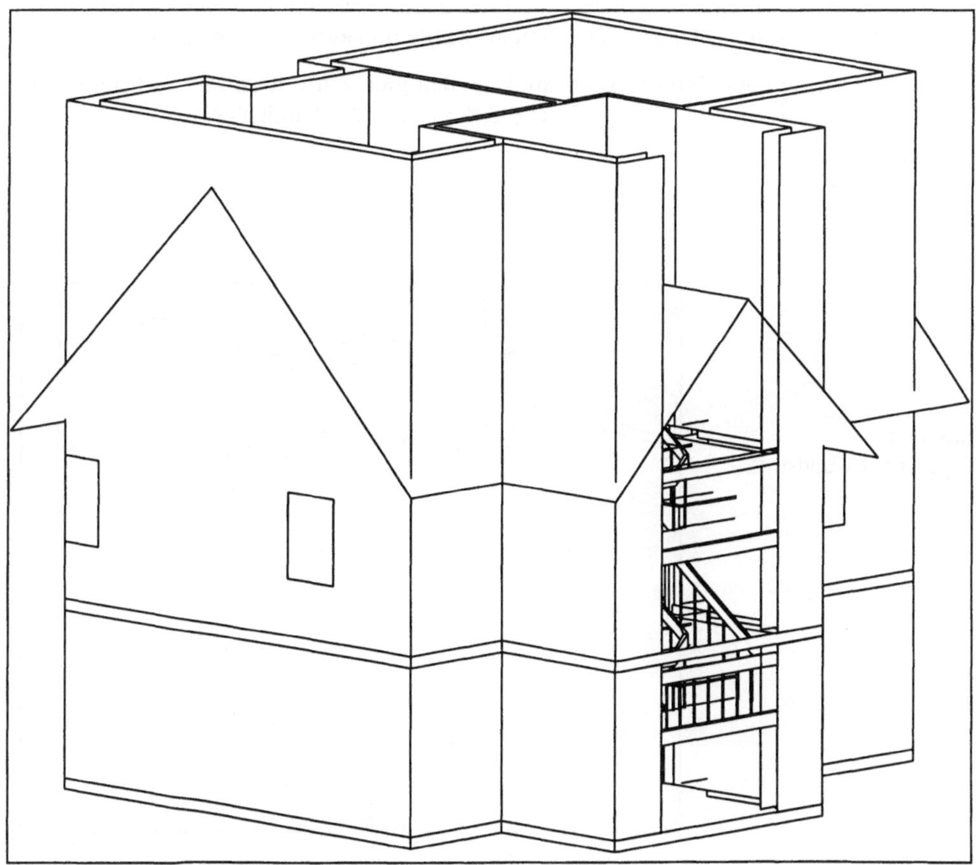

Bild 6-61: Herausgetrenntes Wandstück des Ferienhauses

Das Einsetzen des Fensters beginnt mit dem Auftrennen der betroffenen Außenwände. Etwas breiter als das Fenster werden im untersten Stockwerk zwei Hilfslinien auf dem Abfall-Layer gezeichnet. Damit werden die Wandtrennpunkte markiert.

Danach ist „Expertenmenü-Wandverlauf trennen" aufzurufen. Die Trennpunkte werden mit dem Koordinatenfilter .X als Endpunkt der Hilfslinie und .YZ als Schnittpunkt (Ecke der Außenmauer) lokalisiert. Das ist für beide Hilfslinien in jedem betroffenen Stockwerk zu wiederholen. Anschließend wird eine geeignete 3D-Sicht benötigt, um die abgetrennten Wandteile zu löschen. In jedem Geschoß sind die entsprechenden Außen- und Innenwandlinien zu löschen.

Die Wandlücke ist nun zu schließen. Dazu wird die unterste Ebene, welche durch das Fenster berührt wird, zur aktuellen Arbeitsebene gemacht. Aufgerufen wird jetzt „Expertenmenü-Außenwand ohne Rlinie und Glinie". Einzustellen sind die gleichen Werte wie die ursprüngliche Wand, mit Ausnahme der Wandhöhe. Da das Verschneiden der Wände durch das Dach noch aussteht, wurde im Beispiel 10 Meter angegeben.

Die Punkte, die nun abgefragt werden, sind mit den gleichen Filtern zu lokalisieren wie beim Auftrennen der Wand. Bild 6-62 zeigt das eingesetzte Wandstück.

Bild 6-62:
Eingesetztes Wandstück

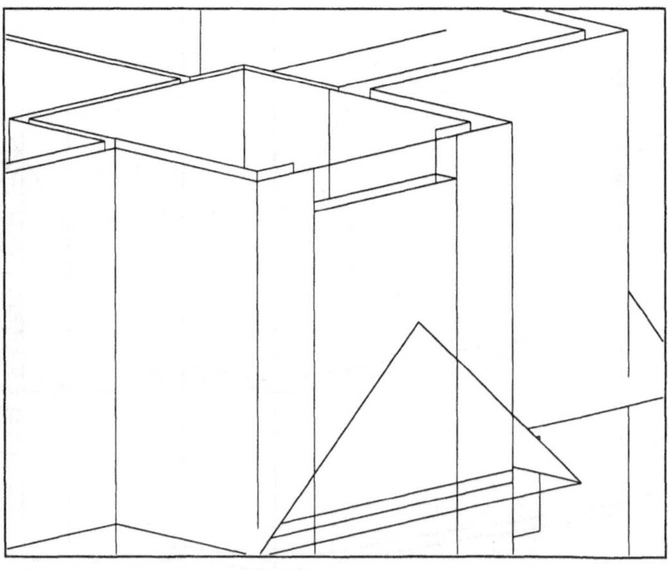

Bild 6-63:
Eingesetztes Fenster

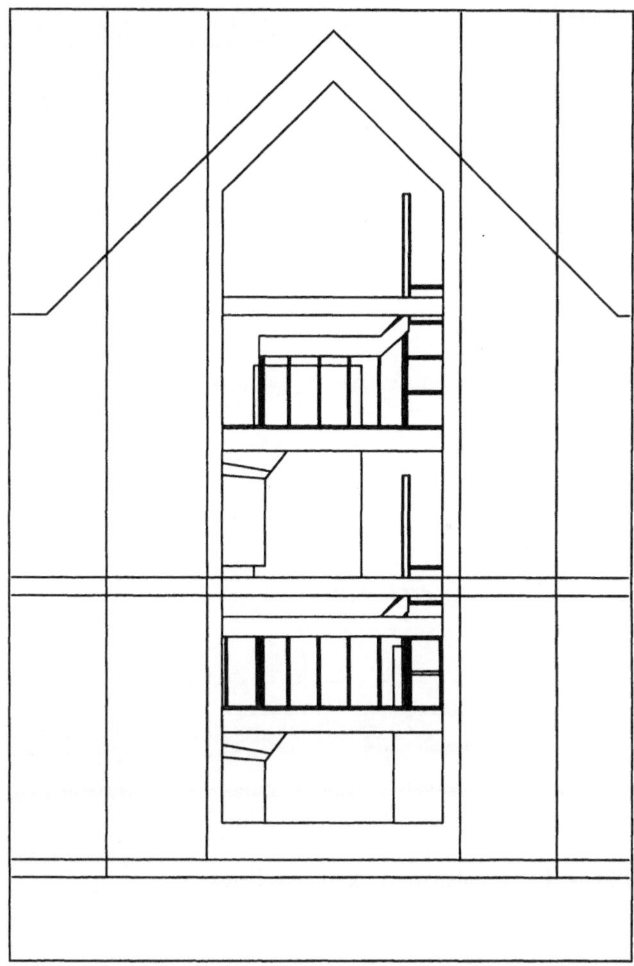

Als nächstes kann das Fenster eingezeichnet werden (Bild 6-63). Dazu ist „Öffnungen-Variantenkonstruktion" aufzurufen und das entsprechende Fenster mittig in die zuvor erstellte Wand einfügen. Die Maße und die Form sind dem nachfolgen Menübild (Bild 6-64) zu entnehmen.

Das Fenster ist jetzt komplett einzubrechen („Öffnungen editieren"). Dabei stellt sich heraus, daß das Fenster noch nachbearbeitet werden muß.

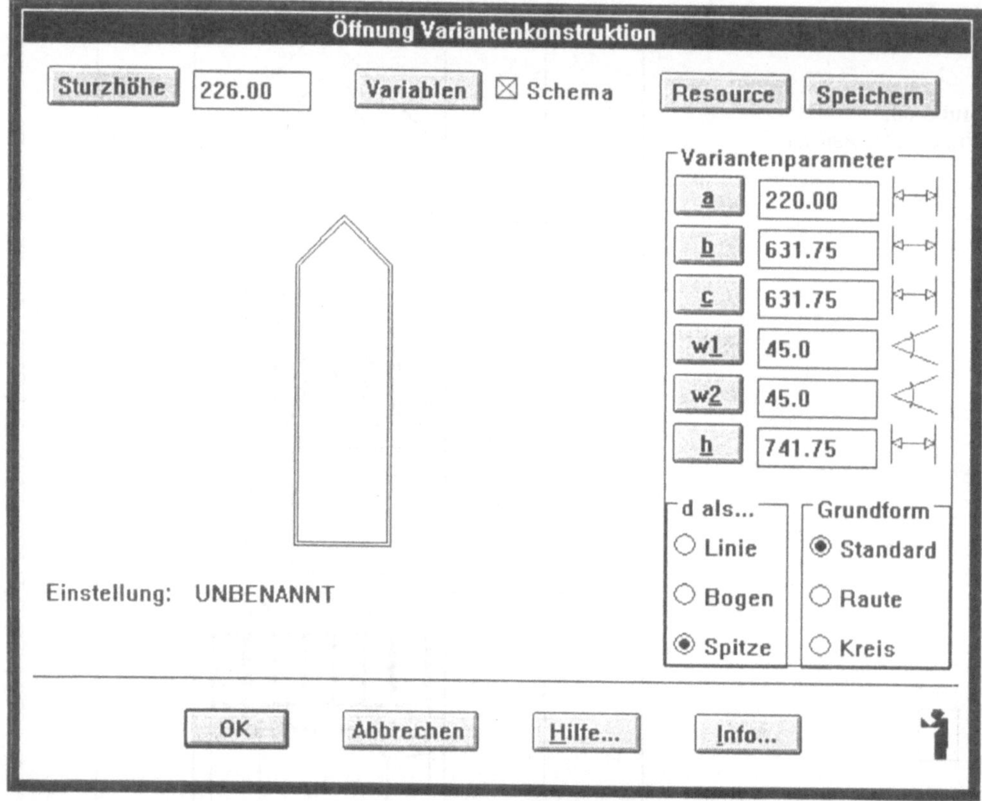

Bild 6-64: Variantenkonstruktion des Fensters

Zur Nachbearbeitung der Fenster werden die Geschoßdecken der Ebenen 0 und 1 einzeln editiert (Bild 6-65). In der Draufsicht werden alle Layer ausgeschaltet.

Mit Hilfe von „Layer-Gewerksteuerung" werden die Decke, der Abfall-Layer und die Treppe eingeschaltet.

Danach wird „Expertenmenü-Deckenverlauf editieren" aufgerufen und „Polyedit", beginnend bei der Hilfslinie und durch Nachziehen des Deckenloches, durchgeführt. Dabei sind entsprechende Koordinatenfilter zu benutzen.

In den Ebenen 0 und 1 fehlen die 2D-Informationen des Fensters vollständig. Diese müssen aus der Ebene -1 kopiert werden. Um das durchzuführen, ist eine geeignete 3D-Sicht einzuschalten und alle 3D-Layer zu frieren. Beim Kopieren von Scheibe und Rahmen des Fensters sind die Endpunkte der Grundrißlinien als Koordinatenfilter zu benutzen. Diese kopierten Elemente müssen noch auf die entsprechenden Etagenfensterlayer gelegt werden.

Beim Verschneiden der Wände ist darauf zu achten, daß in der Ebene verschnitten wird, in der die Wand angelegt wurde. In unserem Beispiel ist dies die Ebene -1 .

Bild 6-66 zeigt unser Ferienhaus mit dem unverschnittenen Wandstück.

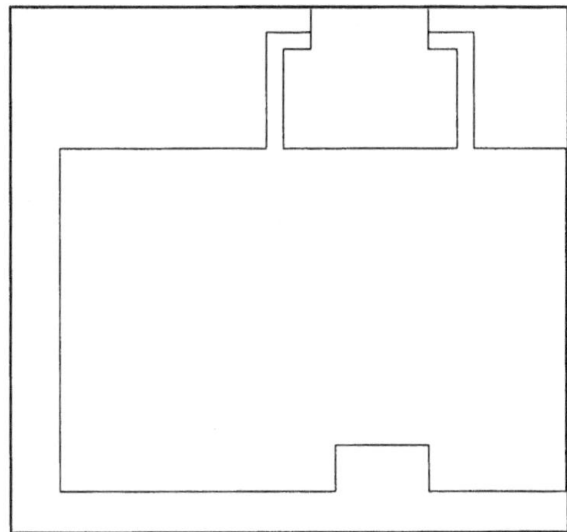

Bild 6-65:
Editierte Geschoßdecke

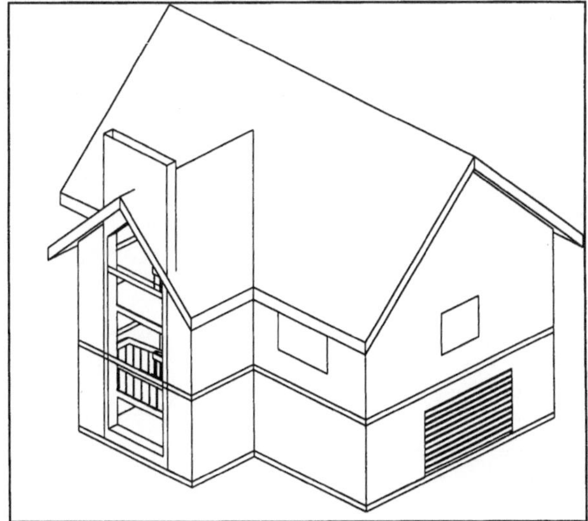

Bild 6-66:
Unverschnittenes Wandstück

Wichtiger Hinweis:

Ab der Version 5.1 von ACAD-BAU ist die beschriebene Vorgehensweise nicht mehr nötig. Benutzen Sie diese Version, können Sie das Fenster wie jedes andere Fenster auch einsetzen. Machen Sie das unterste Geschoß zur aktuellen Ebene und setzen Sie die Öffnung mit der angegebenen Gesamthöhe ganz normal ein.

7 Installation und Konfiguration

In diesem Kapitel wollen wir Sie mit den wichtigen Fragen der Installation und Konfiguration vertrautmachen. Für diejenigen Leser, die sich noch näher mit der Materie beschäftigen wollen, verweisen wir auf die Literatur /7-1/, /7-2/ und /7-3/.

Voraussetzung für die Installation von ACAD-BAU 5 ist ein lauffähiges AutoCAD 12 in der DOS- oder Windows-Version. ACAD-BAU 5 ist sowohl unter DOS als auch Windows lauffähig. Die Installation starten Sie durch den Aufruf des Programms **INSTALL.EXE** auf der ersten Diskette des ACAD-BAU 5-Diskettensatzes. Die Abfrage, ob Sie die DOS- oder Windows-Version von ACAD-BAU 5 installieren möchten, ist in Abhängigkeit Ihres vorhandenen AutoCAD-Version zu beantworten.

Die Installation richtet das Verzeichnis ACB5 und darin enthaltene Unterverzeichnisse ein. Alle für die Nutzung von ACAD-BAU 5 benötigten Dateien werden automatisch in die entsprechenden Unterverzeichnisse kopiert.

In den folgenden Abschnitten erläutern wir Ihnen die Einzelheiten für die Installation der Versionen 5.0 und 5.1 von ACAD-BAU 5.

Nach unseren Erfahrungen verläuft die Installation von ACAD-BAU 5 problemlos. Achten Sie aber darauf, daß der mitgelieferte und für die Benutzung von ACAD-BAU 5 nötige Dongle korrekt an der parallelen Schnittstelle Ihres Computers befestigt ist. Das einfache lose Einstecken kann oft zu Fehlermeldungen führen.

Möchten Sie in Zukunft neben ACAD-BAU 5 auch das „normale" AutoCAD oder eine andere Applikation verwenden, lesen Sie bitte das Kapitel über das Anlegen von Mehrfachkonfigurationen durch. Dort finden Sie auch nähere Informationen über Umgebungsvariablen.

7.1 Installation unter DOS

Im Verzeichnis ACB5 finden Sie nach der Installation die Datei DOS_ENV.VAR. Sie enthält die Umgebungsvariablen für ACAD-BAU 5. Diese Variablen richten, wie ihr Name schon ausdrückt, die Umgebung für den Betrieb von ACAD-BAU 5 ein. Werden diese Variablen nicht gesetzt, kann ACAD-BAU 5 nicht ordnungsgemäß arbeiten.

Der Inhalt der Datei DOS_ENV.VAR ist:

ECHO DOS-Umgebungsvariablen für ACAD-BAU v5.0

SET ACB_LANG=049

SET ACAD=C:\ACB5\PRG;C:\ACAD12\SUPPORT;C:\ACAD12\FONTS;C:\ACAD12\ADS

SET ACB=C:\ACB5\2D;C:\ACB5\3D;C:\ACB5\3DB;

SET PROJEKTE=C:\ACB5\PRO

SET ELEMENTE=C:\ACB5\ELE

SET RESI=C:\ACB5\RES

SET VISUELL=C:\ACB5\VIS;C:\ACB5\VIS\MUSTER

SET DOS4G=QUIET

Für die Version 5.1 kommt hinzu:

SET ACB_UDB=C:\ACB5\UDB

SET ACB_DTF=C:\ACB5\DTF

In der DOS-Version ist es vorteilhaft, das Setzen der Umgebungsvariablen durch eine Batch-Datei vornehmen zu lassen, welche ACAD-BAU 5 auch startet. Ihr bisheriges AutoCAD rufen Sie wahrscheinlich auch mit einer Batch-Datei auf. Diese Datei nimmt ebenfalls das Setzen von Umgebungsvariablen vor. Das folgende Beispiel zeigt eine solche Datei in einer einfachen Form:

;Startdatei für AutoCAD 12: **ACADR12.BAT**

SET ACAD=C:\ACAD12\SUPPORT;C:\ACAD12\FONTS;C:\ACAD12\ADS

SET ACADCFG=C:\ACAD12

SET ACADDRV=C:\ACAD12\DRV

C:\ACAD12\ACAD %1 %2

SET ACAD=

SET ACADCFG=

SET ACADDRV=

CD

Im Kapitel 7.3 über die Mehrfachkonfiguration wird diese Datei näher erläutert. Die Umgebungsvariablen für ACAD-BAU 5 können Sie auch über diese Datei setzen lassen. Dafür ist diese Datei zu modifizieren. Sie benötigen keine speziellen DOS-Kenntnisse für die vorzunehmenden Änderungen. Neben dem Kopieren von Dateien müssen Sie lediglich die Bedienung eines ASCII-tauglichen Editors beherrschen. Für das Bearbeiten der Startdatei können Sie den MS-DOS-eigenen Editor verwenden, er wird durch die Eingabe des Befehls EDIT am DOS-Prompt aufgerufen.

Anmerkung:

Es ist empfehlenswert, vor jeder Veränderung von Dateien Sicherungskopien anzufertigen. Werden zum Beispiel bei der Editierung von Batch-Dateien Fehler gemacht, können Sie den vor der Änderung bestehenden Zustand leicht wiederherstellen. Die Sicherungskopien sind außerdem hilfreich bei der Fehlersuche.

Bitte beachten Sie, daß die vorgestellten Batch-Dateien lediglich Beispiele darstellen. Bei Ihrem System könnten die Pfadangaben oder Dateinamen etwas abweichen.

Vor dem Modifizieren legen Sie bitte eine Sicherungskopie der Datei ACADR12.BAT an. Anschließend können Sie ACADR12.BAT nach ACB5.BAT kopieren. Die nötigen Modifikationen werden an der Datei ACB5.BAT vorgenommen (beim Anlegen der Mehrfachkonfiguration greifen wir auf die Datei ACADR12.BAT zurück).

Editieren Sie die Datei ACB5.BAT nach dem folgenden Muster. Alle Veränderungen sind hervorgehoben.

Beim Editieren der mit „SET ACAD=„ beginnenden Zeile ist darauf zu achten, daß das Verzeichnis C:\ACB5\PRG als erstes Verzeichnis eingetragen wird, damit die Fonts von ACAD-BAU für die Bemaßung verwendet werden.

;Startdatei für ACADBAU   ACB5.BAT

SET ACB_LANG=049

SET ACAD=C:\ACB5\PRG;C:\ACAD12\SUPPORT;C:\ACAD12\FONTS;C:\ACAD12\ADS

SET ACB=C:\ACB5\2D;C:\ACB5\3D;C:\ACB5\3DB;

SET PROJEKTE=C:\ACB5\PRO

SET ELEMENTE=C:\ACB5\ELE

SET RESI=C:\ACB5\RES

SET VISUELL=C:\ACB5\VIS;C:\ACB5\VIS\MUSTER

SET DOS4G=QUIET

Für die Version 5.1 kommt hinzu:

SET ACB_UDB=C:\ACB5\UDB

SET ACB_DTF=C:\ACB5\DTF

SET ACADCFG=C:\ACAD12

SET ACADDRV=C:\ACAD12\DRV

C:\ACAD12\ACAD %1 %2

SET ACB_LANG=

SET ACAD=

SET ACB=

SET PROJEKTE=

SET ELEMENTE=

SET RESI=

SET VISUELL=

SET DOS4G=

SET ACADCFG=

SET ACADDRV=

CD

Die letzten Zeilen dienen dem Zurücksetzen der Variablen, um den Umgebungsspeicher zu entlasten.

Zum Aufruf von ACAD-BAU kann eine mit ACAD-BAU erzeugte Zeichnung geöffnet werden. Für eine neue Zeichnung ist als Prototypzeichnung **ACAD-BAU.DWG** zu wählen. Um ACAD-BAU immer mit dem Aufruf von AutoCAD zu starten, ist die Prototypzeichnung ACAD-BAU.DWG als Standard-Prototypzeichnung in die AutoCAD-Konfiguration einzutragen. Gehen Sie dabei folgendermaßen vor.

Nach dem Eingeben des Befehls KONFIG an der AutoCAD-Befehlszeile oder dem Auswählen der Funktion „Konfigurieren" aus dem Menü „Datei" erscheint das Konfigurationsmenü. Wählen Sie den Punkt 7 (Betriebs-Parameter konfigurieren), AutoCAD zeigt Ihnen dann das entsprechende Untermenü. Jetzt ist der Punkt 2 (Vorgabewerte der Zeichnung) auszuwählen.

Auf die Anfrage nach der neuen Prototypzeichnung geben Sie ACAD-BAU ein. Bestätigen Sie Ihre Eingabe durch Drücken der Enter-Taste:

> *Prototypdateinamen für die neuen Zeichnungen eingeben*
>
> *oder . für keinen <ACAD>:* **ACAD-BAU** **<Enter>**

Nach dem Verlassen des Untermenüs „Betriebsparameter konfigurieren" und des Konfigurationsmenüs beantworten Sie die Frage nach dem Speichern der Änderungen mit „J" für Ja.

7.2 Installation unter Windows

Im Verzeichnis ACB5 finden Sie nach der Installation die Datei **WIN_ENV.VAR**. Sie enthält die Umgebungsvariablen für ACAD-BAU 5. Diese Variablen richten, wie ihr Name schon ausdrückt, die Umgebung für den Betrieb von ACAD-BAU 5 ein. Werden diese Variablen nicht gesetzt, kann ACAD-BAU 5 nicht ordnungsgemäß arbeiten.

ECHO Windows-Umgebungsvariablen für ACAD-BAU v5.0

SET ACB_LANG=049

SET ACAD=C:\ACB5\WIN;C:\ACAD12\SUPPORT;C:\ACAD12\FONTS;C:\ACAD12\ADS

SET ACB=C:\ACB5\2D;C:\ACB5\3D;C:\ACB5\3DB;

SET PROJEKTE=C:\ACB5\PRO

SET ELEMENTE=C:\ACB5\ELE WIN

SET RESI=C:\ACB5\RES_WIN

SET VISUELL=C:\ACB5\VIS;C:\ACB5\VIS\MUSTER

SET DOS4G=QUIET

Für die Version 5.1 kommt hinzu:

SET ACB_UDB=C:\ACB5\UDB

SET ACB_DTF=C:\ACB5\DTF

Diese Umgebungsvariablen müssen vor dem Start von Windows gesetzt werden. AutoCAD für Windows ignoriert Umgebungsvariablen, falls sie nach dem Start von Windows gesetzt werden.

Wir empfehlen Ihnen, das Setzen der Variablen durch die Datei AUTOEXEC.BAT vornehmen zu lassen. Diese Batch-Datei wird bei jedem Start Ihres Computers ausgeführt.

Anmerkung:

Es ist empfehlenswert, vor jeder Veränderung von Dateien Sicherungskopien anzufertigen. Werden zum Beispiel bei der Editierung von Batch-Dateien Fehler gemacht, können Sie den vor der Änderung bestehenden Zustand leicht wiederherstellen. Die Sicherungskopien sind außerdem hilfreich bei der Fehlersuche.

Bitte beachten Sie, daß die vorgestellte AUTOEXEC.BAT lediglich ein Beispiel darstellt. Bei Ihrem System könnten die Pfade und sonstige Angaben abweichen.

Vor dem Modifizieren legen Sie bitte eine Sicherungskopie der Datei AUTOEXEC.BAT an. Editieren Sie die Datei nach dem folgenden Muster. Dieses Muster ist ein Ausschnitt aus einer typischen AUTOEXEC.BAT. Alle Veränderungen sind hervorgehoben.

@ECHO OFF

PROMPT PG

; Einige Zeilen der AUTOEXEC.BAT sind nicht mit ausgedruckt.

SET ACB_LANG=049

SET ACB=C:\ACB5\2D;C:\ACB5\3D;C:\ACB5\3DB;

SET PROJEKTE=C:\ACB5\PRO

SET ELEMENTE=C:\ACB5\ELE_WIN

SET RESI=C:\ACB5\RES_WIN

SET VISUELL=C:\ACB5\VIS;C:\ACB5\VIS\MUSTER

SET DOS4G=QUIET

Für die Version 5.1 kommt hinzu:

SET ACB_UDB=C:\ACB5\UDB

SET ACB_DTF=C:\ACB5\DTF

WIN

Natürlich müssen die Zeilen für das Setzen der ACAD-BAU-Umgebungsvariablen vor dem Aufruf von Windows (win) stehen.

Lediglich die Umgebungsvariable ACAD braucht nicht vor dem Windows-Start gesetzt werden, die entsprechenden Einstellungen nehmen Sie besser innerhalb von AutoCAD vor. Dazu rufen Sie die Funktion „Voreinstellungen" aus dem Menü „Datei" auf. Aktivieren Sie im erscheinenden Dialogfenster den Button „Sichern in ACAD.INI" und klicken Sie auf die Schaltfläche „Voreinstellungen ....". Das Dialogfenster „Voreinstellungen" wird dadurch geöffnet (siehe Bild 7-1).

In die Zeile „Support-Verz." sind die folgenden Pfade einzutragen, das Verzeichnis C:\ACB5\WIN muß an erster Stelle dieser Zeile stehen:

> *C:\ACB5\WIN*
>
> *C:\ACB5\2D*
>
> *C:\ACB5\3D*
>
> *C:\ACB5\3DB*

Bitte beachten Sie, daß keine der vorhandenen und von AutoCAD benötigten Suchpfade gelöscht werden dürfen.

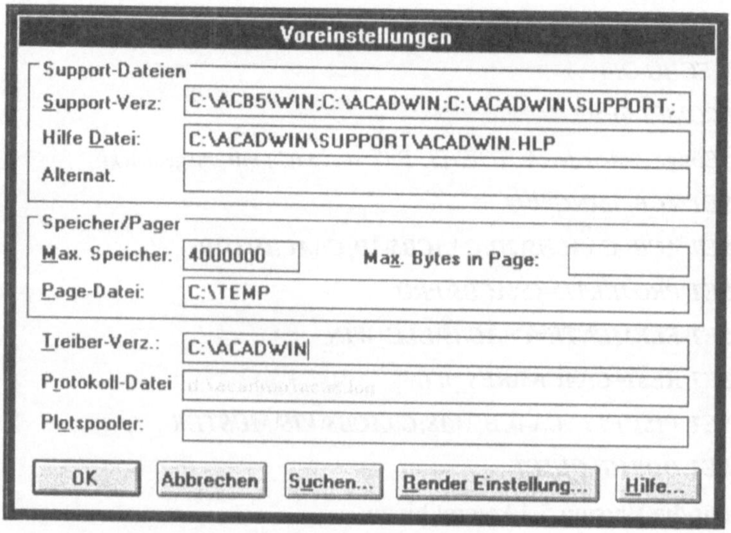

Bild 7-1:
Dialogfenster
„Voreinstellungen"

Zum Aufruf von ACAD-BAU kann eine mit ACAD-BAU erzeugte Zeichnung geöffnet werden oder für eine neue Zeichnung ist als Prototypzeichnung ACAD-BAU.DWG zu wählen.
Um ACAD-BAU 5 immer mit dem Aufruf von AutoCAD zu starten, ist die Prototypzeichnung ACAD-BAU.DWG als Standard-Prototypzeichnung in die AutoCAD-Konfiguration einzutragen. Gehen Sie dabei folgendermaßen vor.

Nach dem Eingeben des Befehls KONFIG an der AutoCAD-Befehlszeile oder dem Auswählen der Funktion „Konfigurieren" aus dem Menü „Datei" erscheint das Konfigurationsmenü. Wählen Sie den Punkt 7 (Betriebs-Parameter konfigurieren), AutoCAD zeigt Ihnen dann das entsprechende Untermenü. Jetzt ist der Punkt 2 (Vorgabewerte der Zeichnung) auszuwählen.

Auf die Anfrage nach der neuen Prototypzeichnung geben Sie ACAD-BAU ein. Bestätigen Sie Ihre Eingabe durch Drücken der Enter-Taste.

Prototypdateinamen für die neuen Zeichnungen eingeben

oder . für keinen <ACAD>: ACAD-BAU   <Enter>

Nach dem Verlassen des Untermenüs „Betriebsparameter konfigurieren" und des Konfigurationsmenüs beantworten Sie die Frage nach dem Speichern der Änderungen mit „J" für Ja.

7.3   Anlegen einer Mehrfachkonfiguration

Das CAD-System AutoCAD als Basissystem von ACAD-BAU 5 findet auf vielen Gebie-
ten Anwendung. Die folgende Aufzählung gibt nur einen Teil des möglichen Spektrums
wieder:

–   Technisches Zeichnen und Bauzeichnen,

–   Projektierung und Konstruktion (Bauwesen, Maschinenbau, Verfahrenstechnik, ...),

–   Branchenprojektierung Heizung, Lüftung, Sanitär,

–   Kartographie/Topographie,

–   Werbung, Graphik und Kunst,

–   Malerei und Musik (Erzeugen von Partituren),

–   Präsentation und Simulation.

Neben diesen verschiedenen Anwendungsgebieten kommt hinzu, daß eine AutoCAD-Installation in vielen Fällen von mehreren Nutzern und für mehrere Projekte und unterschiedliche Applikationen gleichzeitig verwendet wird. Zur Erfüllung spezieller Model-
lierungsaufgaben werden nämlich die vorhandenen AutoCAD-Funktionalitäten durch
Zusatzapplikationen wie ACAD-BAU 5 erweitert.

Die Anpassung von AutoCAD an die aktuelle Aufgabe, die verwendete AutoCAD-Applikation (z. B. ACAD-BAU 5) und spezielle Nutzeranforderungen, zum Beispiel mehrere Gerätekonfigurationen, wird durch eine umfangreiche Konfigurierbarkeit dieses
CAD-Systems ermöglicht. Es ist aber zu zeitaufwendig und fehleranfällig, beim Beginn
einer Editiersitzung die AutoCAD-Installation an die jeweils gültigen Bedingungen
anzupassen. Weiterhin beansprucht das Anlegen mehrerer Installationen auf einem
Computer-Arbeitsplatz große Ressourcen und verstößt gegen das Urheberrecht. Als
Ausweg bietet AutoCAD das Anlegen von sogenannten Mehrfachkonfigurationen an.

Durch die Mehrfachkonfiguration wird es ermöglicht, die vorhandene Installation mit
einer beliebigen Anzahl von Konfigurationsvarianten über verschiedene Startdateien
(bei der DOS-Version: *.BAT) oder Programmsymbole (bei der Windows-Version) zu
starten.

Hinweis:

Bitte beachten Sie, daß die aufgeführten Pfadangaben lediglich Beispiele darstellen, ersetzen Sie die Angaben bei Bedarf durch die für Ihr System gültigen Verzeichnisse!

7.3.1 AutoCAD-Mehrfachkonfiguration unter DOS

7.3.1.1 Einführung

Bei der DOS-Version von AutoCAD wird die Umgebung über sogenannte Umgebungs-variablen eingerichtet. Eine Umgebungsvariable wird im Betriebssystem gesetzt und ist von einem Anwendungsprogramm auswertbar.

Das Setzen einer Umgebungsvariable geschieht durch das Eingeben des Betriebssystem-Befehls „SET":

SET VARIABLE=WERT

VARIABLE steht für die Umgebungsvariable. Sie ist abhängig vom Anwendungspro-gramm. WERT bezeichnet den Wert, oft einen Verzeichnisnamen oder einen Zahlen-wert. Zu beachten ist, daß nach dem Befehl „SET" kein weiteres Leerzeichen in der Zeile vorkommen darf. Nach dem Verlassen des Anwendungsprogrammes sollte die Variable wieder gelöscht werden, um den Umgebungsspeicher zu entlasten:

SET VARIABLE=

Reicht der Umgebungsspeicher nicht für alle nötigen Umgebungsvariablen aus, ist er zu erhöhen:

SHELL=C:\DOS\COMMAND.COM /P /E:xxx

Der Wert für „xxx" gibt die Größe des Umgebungsspeichers an. Häufig verwendete Zah-lenwerte sind 512 oder 1024.

Es ist sinnvoll, das Setzen der Umgebungsvariablen durch Batch-Dateien (wie die AUTOEXEC.BAT oder Batch-Dateien für den Programmstart) vorzunehmen.

Die für die Konfiguration wichtigsten AutoCAD-Umgebungsvariablen werden im fol-genden näher erläutert.

ACAD

Durch diese Variable wird der AutoCAD-Suchpfad festgelegt. Diese Variable ist der DOS-Variablen PATH ähnlich. Über den Suchpfad erfolgt das Auffinden von Menüda-teien, AutoLISP- oder ADS-Programmen, Wiederholblöcken (Wblöcken) oder Schrift-fonts.

Enthält der Suchpfad mehrere Verzeichnisse, sind die Verzeichnisse durch Semikolons zu trennen. Die Verzeichnisse werden der Reihenfolge in der Befehlszeile nach durch-sucht.

Beispiel: *SET ACAD=C:\ACAD12\SUPPORT;C:\ACAD12\FONTS;C:\ACAD12\ADS*

ACADCFG

Diese Variable definiert das Verzeichnis, in welchem die AutoCAD-Konfiguration gespeichert ist, also wo sich die Datei ACAD.CFG befindet. In dieser Datei sind die durch den AutoCAD-Befehl „KONFIG" festgelegten Einstellungen, zum Beispiel die angeschlossenen Geräte und die Standard-Prototypzeichnung, gesichert.

Es ist möglich, in jeder Startdatei einen anderen Pfad anzugeben. Dieser Pfad muß natürlich auch existieren. Enthält dieses Verzeichnis keine ACAD.CFG, werden Sie beim Start zur Konfiguration des AutoCAD-Systems aufgefordert. Spezielle Konfigurationsverzeichnisse eignen sich für Anwender, welche oft Geräteeinstellungen oder -auswahl, wie zum Beispiel Grafiktreiber, wechseln müssen. Auch projektspezifische Datenverzeichnisse lassen sich nutzen.

Beispiel: *SET ACADCFG=C:\ACAD12\USER1*

ACADDRV

Das Verzeichnis, in dem sich die Dateien der Gerätetreiber befinden, wird definiert. Es ist auch bei dieser Variable möglich, mehrere Verzeichnisse, getrennt durch Semikolons, anzugeben. Weitere Verzeichnisse sind zum Beispiel in den Fällen anzugeben, in denen die von Geräteherstellern mitgelieferten ADI-Treiber in eigenen Verzeichnissen installiert werden.

Beispiel: *SET ACADDRV=C:\ACAD12\DRV;C:\VIDEO\MIRO*

Die AutoCAD-Umgebung läßt sich noch über weitere Variablen einstellen. Informationen darüber finden Sie in den entsprechenden AutoCAD-Handbüchern.

7.3.1.2   Anlegen der Mehrfachkonfiguration unter DOS

Um alle Umgebungsvariablen immer korrekt einzustellen, empfiehlt es sich, Batch-Dateien für den Start von AutoCAD zu verwenden. Bei einer Mehrfachkonfiguration von AutoCAD wird in verschiedenen Startdateien der Variablen ACADCFG jeweils ein anderes Verzeichnis zugewiesen. Auch für die anderen Umgebungsvariablen lassen sich unterschiedliche Werte zuordnen.

Sie benötigen keine speziellen DOS-Kenntnisse für das Anlegen einer Mehrfachkonfiguration. Neben dem Erzeugen von Verzeichnissen, dem Kopieren und Umbenennen von Dateien müssen Sie lediglich die Bedienung eines ASCII-tauglichen Editors beherrschen. Für das Bearbeiten der Startdateien können Sie den MS-DOS-eigenen Editor verwenden, er wird durch die Eingabe des Befehls EDIT am DOS-Prompt aufgerufen.

Das Anlegen einer Mehrfachkonfiguration wird am folgenden Beispiel erläutert. Es ist eine lauffähige AutoCAD-Installation vorhanden. ACAD-BAU 5 wurde installiert und wird bei jedem AutoCAD-Start aufgerufen. Nach dem Anlegen der Mehrfachkonfiguration soll es möglich sein, mit einer Startdatei das „normale" AutoCAD und mit einer weiteren Startdatei AutoCAD mit ACAD-BAU aufzurufen.

Die erzeugten Zeichnungen sollen je nach verwendeter Konfiguration in unterschiedlichen Verzeichnissen abgelegt werden.

Anmerkung:

Es ist empfehlenswert, vor jeder Veränderung von Dateien Sicherungskopien anzufertigen. Werden zum Beispiel bei der Editierung von Batch-Dateien Fehler gemacht, können Sie den vor der Änderung bestehenden Zustand leicht wiederherstellen. Die Sicherungskopien sind außerdem hilfreich bei der Fehlersuche.

Bitte beachten Sie, daß die für unser Beispiel verwendeten Batch-Dateien auch nur Beispiele darstellen. Bei Ihrem System könnten die Pfadangaben oder Dateinamen etwas abweichen.

Vor der Installation von ACAD-BAU 5 haben Sie Ihr AutoCAD mit der folgenden Batch-Datei ACADR12.BAT gestartet:

```
;Startdatei für AutoCAD 12  ACADR12.BAT
SET ACAD=C:\ACAD12\SUPPORT;C:\ACAD12\FONTS;C:\ACAD12\ADS
SET ACADCFG=C:\ACAD12
SET ACADDRV=C:\ACAD12\DRV
C:\ACAD12\ACAD %1 %2
SET ACAD=
SET ACADCFG=
SET ACADDRV=
CD\
```

Die Zeile „C:\ACAD12\ACAD %1 %2" startet das AutoCAD-Programm. AutoCAD können beim Start Parameter wie ein Zeichnungsname und eine Scriptdatei übergeben werden (Beispiel: ACAD TEST SCRIPT, hier würde die Zeichnung TEST.DWG automatisch geladen und die Scriptdatei SCRIPT.SCR abgearbeitet). Um diese Möglichkeit auch beim Verwenden von Batch-Dateien zu nutzen, sind die Parameter %1 und %2 einzutragen. Der Aufruf der Startdatei könnte dann so aussehen:

```
ACADR12 TEST SCRIPT
```

Bei der Installation von ACAD-BAU 5 wurde die vorhandene Batch-Datei (selbstverständlich nach dem Anlegen einer Sicherungskopie) verändert. Es erfolgte eine Erweiterung von Pfadangaben und das Eintragen der ACAD-BAU 5-Umgebungsvariablen:

;Startdatei für ACADBAU   ACB5.BAT

SET ACB_LANG=049

SET ACAD=C:\ACB5\PRG;C:\ACAD12\SUPPORT;C:\ACAD12\FONTS;C:\ACAD12\ADS

SET ACB=C:\ACB5\2D;C:\ACB5\3D;C:\ACB5\3DB;

SET PROJEKTE=C:\ACB5\PRO

SET ELEMENTE=C:\ACB5\ELE

SET RESI=C:\ACB5\RES

SET VISUELL=C:\ACB5\VIS;C:\ACB5\VIS\MUSTER

SET DOS4G=QUIET

SET ACADCFG=C:\ACAD12

SET ACADDRV=C:\ACAD12\DRV

C:\ACAD12\ACAD %1 %2

SET ACB_LANG=

SET ACAD=

SET ACB=

SET PROJEKTE=

SET ELEMENTE=

SET RESI=

SET VISUELL=

SET DOS4G=

Für die Version 5.1 kommt hinzu:

SET ACB_UDB=C:\ACB5\UDB

SET ACB_DTF=C:\ACB5\DTF

SET ACADCFG=

SET ACADDRV=

CD

Falls noch nicht geschehen, ist diese Datei jetzt umzubenennen. Sie kann zum Beispiel den Namen ACB5.BAT erhalten.

Um das Ablegen der AutoCAD- und der ACAD-BAU-Zeichnungen und der Konfigurationsdateien in verschiedenen Verzeichnissen zu ermöglichen, sind diese Verzeichnisse auch anzulegen.

Dazu dient der DOS-Befehl MD (MakeDirectory):

MD C:\ACAD12\NORMCFG

MD C:\ACAD12\ACBCFG

Die aktuelle Konfiguration ist in den Dateien ACAD.CFG (AutoCAD-Konfiguration) und AVE.CFG (Render-Konfiguration) gespeichert. Es ist nicht erforderlich, daß die Verzeichnisse für Zeichnungen und Konfiguration identisch sind, wegen der Übersichtlichkeit legen wir aber nur diese zwei Verzeichnisse an.

In der Datei ACB5.BAT sind die folgenden Modifikationen vorzunehmen, die letzten Zeilen für das Zurücksetzen der Umgebungsvariablen werden nicht noch einmal abgedruckt. Alle Änderungen sind hervorgehoben:

;Startdatei für ACADBAU   ACB5.BAT

CD C:\ACAD12\ACBCFG

SET ACB_LANG=049

SET ACAD=C:\ACB5\PRG;C:\ACAD12\SUPPORT;C:\ACAD12\FONTS;C:\ACAD12\ADS

SET ACB=C:\ACB5\2D;C:\ACB5\3D;C:\ACB5\3DB;

SET PROJEKTE=C:\ACB5\PRO

SET ELEMENTE=C:\ACB5\ELE

SET RESI=C:\ACB5\RES

SET VISUELL=C:\ACB5\VIS;C:\ACB5\VIS\MUSTER

SET DOS4G=QUIET

Für die Version 5.1 kommt hinzu:

SET ACB_UDB=C:\ACB5\UDB

SET ACB_DTF=C:\ACB5\DTF

*SET ACADCFG=C:\ACAD12**ACBCFG***

SET ACADDRV=C:\ACAD12\DRV

C:\ACAD12\ACAD %1 %2

;Die Zeilen für das Zurücksetzen der Variablen sind nicht mit abgedruckt.

CD

Die Datei ACADR12.BAT ist ebenfalls zu modifizieren. Haben Sie ACAD-BAU 5 nach den obigen Anweisungen installiert, ist sie noch im ursprünglichen Zustand erhalten. Andernfalls greifen Sie auf die Sicherungskopie zurück. Besitzen Sie weder Original noch Sicherungskopie, können Sie die Datei ACB5.BAT verwenden.

Kopieren Sie dazu die Datei ACB5.BAT nach ACADR12.BAT und nehmen Sie die nötigen Änderungen an dieser Kopie vor. Zu diesen Änderungen gehört das Entfernen der Umgebungsvariablen, welche ACAD-BAU 5 betreffen. Achten Sie bei der Bearbeitung der Zeile:

SET ACAD=C:\ACB5\PRG;C:\ACAD12\SUPPORT;C:\ACAD12\FONTS;C:\ACAD12\ADS

darauf, daß Sie nicht versehentlich zu viele Zeichen löschen. Nur der Pfad „C:\ACB5\PRG" und das folgende Semikolon dürfen dort entfernt werden.

Es folgt die bearbeitete Datei ACADR12.BAT, alle Änderungen sind hervorgehoben:

;Startdatei für AutoCAD 12 ACADR12.BAT

CD C:\ACAD12\NORMCFG

SET ACAD=C:\ACAD12\SUPPORT;C:\ACAD12\FONTS;C:\ACAD12\ADS

*SET ACADCFG=C:\ACAD12****NORMCFG***

SET ACADDRV=C:\ACAD12\DRV

C:\ACAD12\ACAD %1 %2

SET ACAD=

SET ACADCFG=

SET ACADDRV=

CD

Die Mehrfachkonfiguration ist jetzt angelegt, der Aufruf der Batch-Datei ACADR12. BAT startet das „normale" AutoCAD, zum Starten von ACAD-BAU 5 dient die Datei ACB5.BAT. Die Zeichnungen, welche Sie mit dem einfachen AutoCAD erzeugen, werden automatisch im Verzeichnis C:\ACAD12\NORMCFG abgelegt. ACAD-BAU-Zeichnungen dagegen liegen im Verzeichnis C:\ACAD12\ACBCFG.

Da in den neu angelegten Verzeichnissen die Dateien ACAD.CFG und AVE.CFG noch nicht existieren, werden Sie beim Starten von AutoCAD zur Konfiguration aufgefordert. Sie können sich aber eine komplette Neukonfiguration ersparen, indem Sie auf die bereits vorhandenen Dateien zurückgreifen.

Im Normalfall befinden sich die Dateien ACAD.CFG und AVE.CFG im Verzeichnis C:\ACAD12. Von dort können sie in die Verzeichnisse C:\ACAD12\NORMCFG und C:\ACAD12\ACBCFG kopiert werden.

Da Sie zuletzt mit ACAD-BAU 5 gearbeitet haben, ist es wahrscheinlich, daß in der vorhandenen ACAD.CFG die Zeichnung ACAD-BAU.DWG als zu verwendende Prototypzeichnung gespeichert ist.

Beim Aufruf von AutoCAD mit der Startdatei ACADR12.BAT wird in diesem Fall die Fehlermeldung ausgegeben, daß diese Prototypzeichnung nicht zu finden ist. Sie müssen über den AutoCAD-Befehl KONFIG wieder die mitgelieferte Prototypzeichnung ACAD.DWG oder die sonst von Ihnen benutzte Prototypzeichnung als Vorgabewert in die Konfiguration eintragen.

Nach dem Eingeben des Befehls KONFIG an der AutoCAD-Befehlszeile oder dem Auswählen der Funktion „Konfigurieren" aus dem Menü „Datei" erscheint das Konfigurationsmenü. Wählen Sie den Punkt 7 (Betriebs-Parameter konfigurieren), AutoCAD zeigt Ihnen dann das entsprechende Untermenü. Danach ist der Punkt 2 (Vorgabewerte der Zeichnung) auszuwählen.

Auf die Anfrage nach der neuen Prototypzeichnung geben Sie ACAD oder den Namen Ihrer sonst verwendeten Zeichnung ein. Bestätigen Sie Ihre Eingabe durch Drücken der Enter-Taste.

Prototypdateinamen für die neuen Zeichnungen eingeben

oder . für keinen <ACAD-BAU>: ACAD   <Enter>

Nach dem Verlassen des Untermenüs „Betriebsparameter konfigurieren" und des Konfigurationsmenüs beantworten Sie die Frage nach dem Speichern der Änderungen mit „J" für Ja.

Die Fehlermeldungen werden nicht ausgegeben, wenn Sie den Befehlszeilenparameter „-r" beim ersten Starten mit der Datei ACADR12.BAT verwenden. Dadurch gelangen Sie unmittelbar nach dem AutoCAD-Aufruf in das Konfigurationsmenü und können sofort die Prototypzeichnung austauschen.

C:\>ACADR12.BAT -R   <ENTER>

7.3.2 AutoCAD-Mehrfachkonfiguration unter Windows

7.3.2.1   Einführung

Es existieren drei Wege, die Umgebung von AutoCAD für Windows zu definieren:

1. Sie fügen Befehlszeilenparameter dem mit dem AutoCAD-Symbol verknüpften Befehl zu.

2. Es lassen sich Werte in die Dialogfenster „Voreinstellungen" und „Render-Einstellung" eintragen. Diese Werte werden im Abschnitt [AutoCAD General] der Datei ACAD.INI gespeichert (und sind demzufolge auch dort über einen ASCII-Editor editierbar). Diese Werte werden Variablen zugeordnet, welche meist die gleiche Bezeichnung wie die DOS-Umgebungsvariablen besitzen.

    [AutoCAD General]

    variable=wert

3. Sie setzen DOS-Umgebungsvariablen, aber **bevor** Windows gestartet wird. AutoCAD für Windows ignoriert Umgebungsvariablen, falls sie nach dem Start von Windows gesetzt werden.

Ein gesetzter Befehlszeilenparameter überschreibt immer die im Dialogfenster Voreinstellungen bzw. Render-Einstellung oder durch DOS-Umgebungsvariablen festgelegten Voreinstellungen. DOS-Umgebungsvariablen werden erst verwendet, wenn weder entsprechende Befehlszeilenparameter noch Voreinstellungen über die Dialogfenster vorhanden sind.

Wird ein durch Befehlszeilenparameter festgelegter Wert im Dialogfenster Voreinstellungen geändert, erfolgt eine Warnung und der Befehlszeilenparameter gilt weiter. Für das Wirksamwerden der Voreinstellung ist dann die Befehlszeile zu ändern (Entfernung des Parameters) und AutoCAD neu zu starten.

Die Bestimmung der AutoCAD für Windows - Umgebung erfolgt vorzugsweise über die Befehlszeile und die Umgebungsdialogfenster. DOS-Umgebungsvariablen sind aber denkbar für Einstellungen, welche beim Vorhandensein einer DOS- und einer Windows-Installation von AutoCAD bzw. AutoCAD-Applikation für beide Installationen Gültigkeit haben sollen. Auch bei der Verwendung von ACAD-BAU sind DOS-Umgebungsvariablen zu setzen, da für das Einrichten der Umgebung keine entsprechenden Befehlszeilenparameter oder Dialogfenstereinstellungen zur Verfügung stehen.

Die folgende Tabelle 7-1 zeigt die möglichen Einstellmöglichkeiten der AutoCAD für Windows - Umgebung.

Dialogfenster-eintrag	Umgebungs-variable	Befehls-zeilen-parameter	Funktion
kein Eintrag	ACADCFGW	/c	Festlegen, wo AutoCAD die Dateien ACAD.CFG und ACAD.INI ablegt bzw. sucht
Support-Verz.	ACAD	/s	Angabe der Verzeichnisse, in denen zusätzlich zum aktuellen Verzeichnis eine Suche nach Dateien erfolgt
Treiber-Verz.	ACADDRV	/d	Angabe der Verzeichnisse, in denen nach ADI-Treibern gesucht werden soll
Max. Speicher	ACADMAXMEM	/m	Bestimmung des maximalen Speicherplatzes in Byte, welcher vom Pager angefordert wird
Alternat.	ACADALTMENU		Angabe von Pfad und Namen eines alternativen Menüs für die Option „Schablonen wechseln" auf dem AutoCAD-Tablettmenü

Protokoll-Datei	ACADLOGFILE		Sie legen Pfad und Namen für die AutoCAD-Protokolldatei fest.
Page-Datei	ACADPAGEDIR		Das Verzeichnis für die erste Page-Datei wird festgelegt.
Max. Bytes in Page	ACADMAXPAGE		Bestimmung der maximalen Anzahl von Bytes für die erste Page-Datei
Plotspooler	ACADPLCMD		Bestimmung des Shell-Befehls, welcher nach dem Spoolen eines Plots in eine Datei durchgeführt werden soll (normalerweise ein Befehl für das Einreihen des Plots in die Plotterwarteschlange)
Hilfe-Datei	ACADHLP		Es wird das Verzeichnis und der Dateinamen der AutoCAD-Hilfedatei bestimmt.
Render-Einstellungen			
Konfig-Datei	AVECFG		Festlegung des Verzeichnisses für das Speichern und Suchen der Render-Konfigurationsdatei AVE.CFG, in welcher die Konfiguration von Render-Bildschirm und -drucker gespeichert ist
Face-Datei	ACADFACEDIR		Bestimmung des Verzeichnisses für die temporäre Flächendatei
Page-Datei	AVEPAGEDIR		Angabe des Verzeichnisses für die temporäre Page-Datei
AVERDFILE	AVERDFILE		Eine Variable der Render-Druckdatei, es wird in eine RND-Datei auf einem Bildschirmtyp gerendert und das Bild dann auf einem Bildschirm verwendet.

Tabelle 7-1:   AutoCAD für Windows - Umgebungseinstellungen

7.3.2.2 Anlegen der Mehrfachkonfiguration unter Windows

Eine Mehrfachkonfiguration unter MS-Windows weicht von der Vorgehensweise unter DOS ab. Am Beispiel einer existierenden Konfiguration wird das Anlegen einer Mehrfachkonfiguration von AutoCAD unter Windows demonstriert.

Die Ausgangslage stellt sich folgendermaßen dar:

Die Applikation ACAD.BAU wurde nach den Anweisungen des Installations-Tutorials installiert. Die vorhandene und lauffähige Konfiguration von AutoCAD12 für Windows wurde durch die Applikation ACAD-BAU 5 modifiziert. Das heißt, die Einträge für ACAD.CFG und ACAD.INI sind durch die Installation geändert worden. Nun erfolgt bei jedem Start von AutoCAD das Laden der Funktionen dieser Applikation.

Da unterschiedliche Aufgaben zu lösen sind, besteht der Wunsch, auch das „normale" AutoCAD zur Verfügung zu haben. Dazu ist das Anlegen einer Mehrfachkonfiguration sinnvoll und zweckmäßig.

Es sind die folgenden Arbeitsschritte nötig:

- Richten Sie ein Verzeichnis für die alternative Konfiguration ein. Für dieses Beispiel heißt es C:\ACADWIN\ALTCONF.

- Legen Sie Sicherungskopien der Dateien ACAD.INI und ACAD.CFG an!

- Möchten Sie AutoCAD für die alternative Konfiguration nicht noch einmal komplett konfigurieren, kopieren Sie die ACAD.CFG in dieses Verzeichnis. Führen Sie die Mehrfachkonfiguration unmittelbar nach der Installation von ACAD-BAU 5 durch, suchen Sie die Datei ACAD.BAK. In dieser Datei müßte dann die Konfiguration der Gerätetreiber etc. mit dem Stand vor der Installation von ACAD-BAU 5 gesichert sein. Diese ACAD.BAK ist dann nach C:\ACADWIN\ALTCONF\ zu kopieren und in ACAD.CFG umzubenennen.

- Suchen Sie die Datei ACADINI.PRE, diese entspricht der Datei ACAD.INI vor der Installation von ACAD-BAU 5.
  Kopieren Sie diese Datei nach C:\ACADWIN\ALTCONF\ und benennen Sie sie in ACAD.INI um. Finden Sie diese Datei nicht, ist es möglich, die durch die Installation von ACAD.BAU geänderte ACAD.INI in dieses Verzeichnis zu kopieren und mit einem ASCII-Editor (nicht mit MS-Windows Write!) zu bearbeiten. Dazu ist die Datei WIN_ENV.VAR auszudrucken, sie steht im Verzeichnis C:\ACB5. Aus dieser Datei sind die Änderungen ersichtlich, welche an der ACAD.INI durch die Installation von ACAD-BAU 5 vorgenommen wurden.

  Vergleichen Sie die Einträge der ACAD.INI mit der Datei WIN_ENV.VAR und löschen Sie in der Datei ACAD.INI alle Einträge, welche die Umgebung für ACAD-BAU 5 einrichten. Gehen Sie überlegt und vorsichtig an diese Tätigkeit, zum Beispiel darf die Zeile: „ACAD=C:\ACB5\WIN;C:\ACAD12\..." nicht komplett gelöscht werden, lediglich die Angaben zum Suchpfad für die ACAD-BAU 5-Installation sind zu entfernen. Ein anderer Weg ist das Ändern der Werte in der ACAD.INI über das Dialogfenster Voreinstellungen (siehe folgende Seiten).

- Kopieren Sie das AutoCAD-Symbol (siehe auch Bild 7-4).

–   Klicken Sie einmal auf die Kopie des Symbols.

–   Durch das Drücken der Tastenkombination <ALT>-<ENTER> wird das Dialogfenster „Programmeigenschaften" des Programmanagers aufgerufen.

–   Der Parameter /C ist an den Aufruf ACAD.EXE anzufügen. Richten Sie sich nach
    dem Beispiel:

    C:\ACADWIN\ACAD.EXE /C C:\ACADWIN\ALTCONF

–   Um beide Konfigurationen zu unterscheiden, legen Sie über das Dialogfenster
    „Programmeigenschaften" (Bild 7-3) verschiedene Symbole fest. Sie können auch,
    wie in unserem Beispiel, eine andere Bezeichnung in die oberste Zeile dieses Fensters eintragen.

–   Verlassen Sie das Dialogfenster „Programmeigenschaften" durch Drücken des OK-
    Buttons.

–   Rufen Sie nacheinander die unterschiedlichen AutoCAD-Konfigurationen auf, um
    die korrekte Funktionsweise zu überprüfen. So erfolgt zum Beispiel bei der Verwendung identischer ACAD.CFG's beim Aufruf der „Standard"-Installation die
    Fehlermeldung „Kann Prototypzeichnung ACAD-BAU.DWG nicht finden".

    Das Beheben dieses Fehlers erreichen Sie durch das Ausführen des AutoCAD-Befehls „KONFIG" oder Auswahl des Funktion „Konfigurieren" aus dem Menü „Datei". Aus dem erscheinenden Konfigurationsmenü wählen Sie den Punkt 7 (Betriebs-Parameter konfigurieren). Unter dem Punkt 2 (Anfangswerte der Zeichnung)
    des folgenden Untermenüs für die Betriebsparameter ist eine andere Prototypzeichnung festzulegen. Im Normalfall ist die Prototypzeichnung ACAD.DWG zu
    verwenden.

–   Haben Sie bei den durchgeführten Arbeitsschritten einen Fehler gemacht, zum Beispiel die Dateien verschoben statt sie zu kopieren, helfen Ihnen die angelegten Sicherungskopien bei der Wiederherstellung der Ausgangslage.

Sie können eine beliebige Anzahl von Konfigurationen einrichten, dabei braucht jede
Konfiguration ein eigenes Verzeichnis, einen Satz der Dateien ACAD.INI und
ACAD.CFG und ein eigenes Symbol.

Im folgenden finden Sie einige Screenshots und Ausdrucke der Dateien ACAD.INI,
ACADINI.PRE und WIN_ENV.VAR, um die oben gemachten Anweisungen zu verdeutlichen.

Die folgenden Bilder zeigen die vorzunehmenden Veränderungen in der AutoCAD-Programmgruppe im Windows-Programmanager:

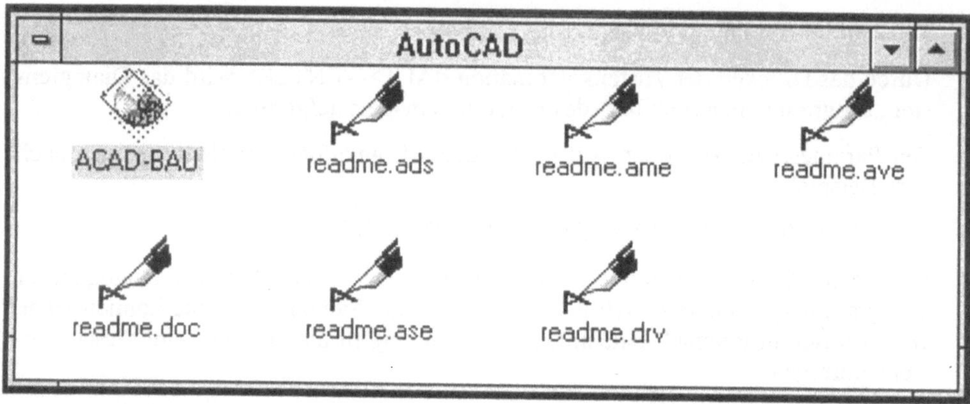

Bild 7-2: Ausgangslage

Die vorherige Abbildung zeigt die Ausgangslage (Bild 7-2). ACAD-BAU 5 wurde installiert, und über das Dialogfenster „Programmeigenschaften" wurde die Bezeichnung „ACAD-BAU" festgelegt (Bild 7-3).

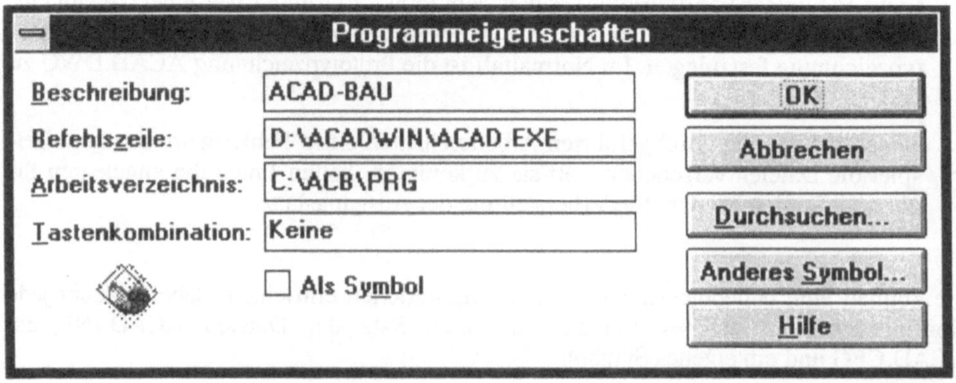

Bild 7-3: Dialogfenster „Programmeigenschaften"

Nach dem Einrichten des alternativen Konfigurationsverzeichnisses und dem Kopieren und Umbenennen der Dateien ACAD.CFG und ACAD.INI wurde das Programmsymbol kopiert und über das Dialogfenster „Programmeigenschaften" der Befehlszeilen-parameter „/C" (/C C:\ACADWIN\ALTCONF) gesetzt und als Symbolbezeichnung „AutoCAD" eingetragen (Bilder 7-4 und 7-5).

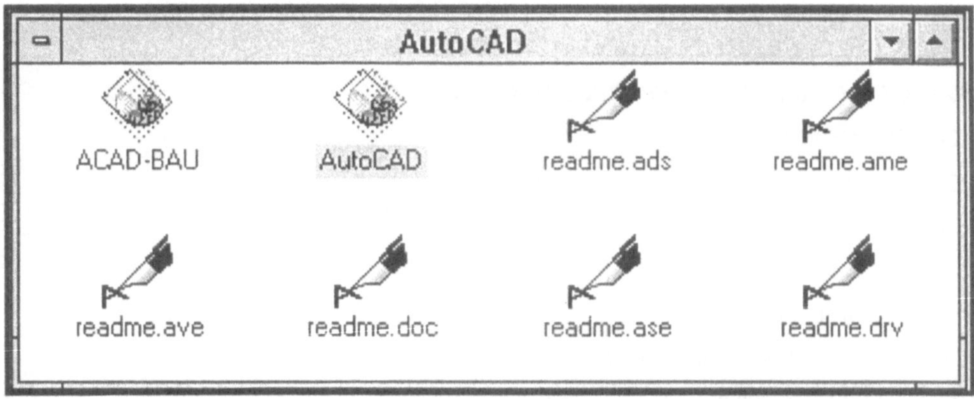

Bild 7-4: Kopiertes und eingerichtetes zweites Programmsymbol

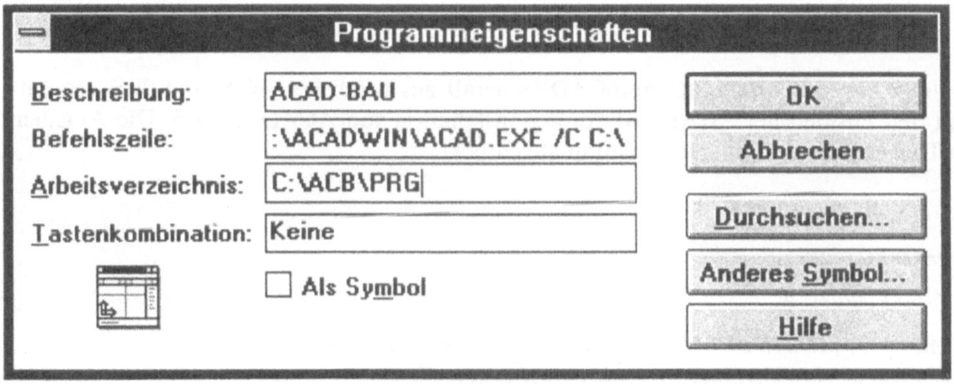

Bild 7-5: Programmeigenschaften der Alternativkonfiguration festlegen

Im weiteren wird der Abschnitt [AutoCAD-General] der Datei ACAD.INI aus dem Verzeichnis C:\ACADWIN nach der Installation von ACAD-BAU 5 gelistet. Die Angaben zur Tool-Bar und zur Tool-Box werden nicht mit abgedruckt, um die Übersicht auf das Wesentliche zu beschränken. Die üblicherweise der Variable ACAD zugewiesenen Verzeichnisse sind um die Pfade für die ACAD-BAU 5-Installation erweitert.

```
[AUTOCAD GENERAL]

MONOVECTORS=0

LOGFILEOPEN=0
```

ACAD=C:\ACB5\WIN;C:\ACADWIN\FONTS;C:\ACADWIN\SAMPLE;C:\ACADWIN\SUPPORT;
C:\ACB5\2D; C:\ACB5\3D;C:\ACB5\3DB;C:\ACB5\RES_WIN

ACADHELP=C:\ACADWIN\SUPPORT\ACADWIN.HLP

ACADDRV=C:\ACADWIN

AVEPAGEDIR=C:\ACADWIN

ACADPAGEDIR=C:\ACADWIN

AVECFG=C:\ACADWIN

AVEFACEDIR=C:\ACADWIN

ACADLOGFILE=C:\ACADWIN\ACAD.LOG

ACADMAXMEM=4000000

ACADALTMENU=

ACADPLCMD=

AVERDFILE=

ACADMAXPAGE=

Es folgt nun der Abschnitt [AutoCAD General] aus der Datei ACADINI.PRE, sie enthält den Zustand der ACAD.INI vor der Installation von ACAD-BAU 5. Die Angaben zu Tool-Box bzw. -Bar sind nicht mit abgedruckt.

[AUTOCAD GENERAL]

MONOVECTORS=0

LOGFILEOPEN=0

ACAD=C:\ACADWIN\SUPPORT;C:\ACADWIN\fonts;C:\ACADWIN\SAMPLE

ACADHELP=C:\ACADWIN\SUPPORT\ACADWIN.hlp

ACADDRV=C:\ACADWIN

AVEPAGEDIR=C:\ACADWIN

ACADPAGEDIR=C:\ACADWIN

AVECFG=C:\ACADWIN

AVEFACEDIR=C:\ACADWIN

ACADLOGFILE=C:\ACADWIN\ACAD.LOG

ACADMAXMEM=4000000

ACADALTMENU=

ACADPLCMD=

AVERDFILE=

ACADMAXPAGE=

Die Datei WIN_ENV.VAR wird mit ACAD-BAU 5 mitgeliefert und ist im Installationshandbuch näher erläutert. Die folgenden Variablen wurden in der AUTOEXEC.BAT als DOS-Umgebungsvariablen gesetzt, da sie vor dem Windows-Start definiert werden müssen. Nur vor dem Windows-Start gesetzte Umgebungsvariablen werden von AutoCAD berücksichtigt.

ECHO UMGEBUNGSVARIABLEN FÜR ACAD-BAU

SET ACB_LANG=049

SET PROJEKTE=C:\ACB5\PRO

SET ELEMENTE=C:\ACB5\ELE_WIN

SET RESI=C:\ACB5\RES_WIN

SET VISUELL=C:\ACB5\VIS;C:\ACB5\VIS\MUSTER

SET DOS4G=QUIET

Für die Version 5.1 kommt hinzu:

SET ACB_UDB=C:\ACB5\UDB

SET ACB_DTF=C:\ACB5\DTF

Bild 7-6:   Dialogfenster „Voreinstellungen"

Die Werte für die Umgebung, welche in der Datei ACAD.INI gespeichert werden, sind im Normalfall über die AutoCAD-Dialogfenster „Voreinstellungen" bzw. „Render-Einstellungen" zu setzen. Diese Dialogfenster sind über das Menü „Datei" zu erreichen.

In diesem Menü ist der Befehl „Voreinstellungen ..." zu wählen und im erscheinenden Dialogfenster der Punkt „Sichern in ACAD.INI" zu aktivieren. Danach ist die Schaltfläche „Voreinstellung ..." anzuklicken. Es öffnet sich das Dialogfenster für die Umgebungseinstellungen (Bild 7-6). Dort lassen sich die gewünschten Werte eingeben.

Die AutoCAD-Render-Umgebung kann über das Dialogfeld „Render-Einstellung" eingerichtet werden (Bild 7-7). Dazu ist im Dialogfenster „Voreinstellungen" (Bild 7-6) die entsprechende Schaltfläche anzuklicken. Danach können Sie gemäß Bild 7-7 Render-Einstellungen vornehmen.

Bild 7-7:
Dialogfeld
„Render-
Einstellung"

Zusätzliche Informationen zur Mehrfachkonfiguration unter Windows:

Wird im Dialogfenster „Programmeigenschaften" des Programmanagers ein anderes Arbeitsverzeichnis festgelegt als der voreingestellte Pfad:

C:\ACADWIN

zum Beispiel:

D:\ARCHIV\PROJEKT

um die Zeichnungsdateien nicht im Programmverzeichnis abzulegen, muß der Pfad „C:\ACADWIN" als zusätzliches Supportverzeichnis über das Dialogfenster „Voreinstellungen" oder das Editieren der folgenden Zeile in der Datei ACAD.INI eingetragen werden:

ACAD=C:\ACADWIN;C:\ACADWIN\SUPPORT\;C:\ACADWIN\FONTS;

C:\ACADWIN\SAMPLE

Die Angabe dieses Verzeichnisses als Supportpfad ist nötig, um die ASE-Funktionen von AutoCAD auch nach der Einrichtung eines anderen Zeichnungsverzeichnisses als „C:\ACADWIN" nutzen zu können. Bei fehlendem Eintrag wird der ASE-Treiber nicht gefunden.

Weiterhin ist zu beachten, daß die Datei AVE.CFG mit der Renderkonfiguration im Arbeitsverzeichnis abgelegt und gesucht wird. Der einfachste Weg, die vorgenommene Renderkonfiguration nach dem Einrichten eines anderen Arbeitsverzeichnisses als „C:\ACADWIN" weiterhin zu benutzen, ist das Kopieren der Datei AVE.CFG in dieses neue Arbeitsverzeichnis. Die Angabe eines anderen Verzeichnisses im Dialogfenster „Render Einrichtung" wird zwar für die aktuelle Sitzung angenommen, aber trotz Aktivieren des Buttons „Sichern in ACAD.INI" unter Umständen nicht gespeichert.

Anhang: Befehlsübersicht von ACAD-BAU 5

3DKANTEN	Sichtbarkeit von 3D-Kanten steuern
3DPOLYTRIMM	Konvertierung von 2D- zu 3D-Polylinien
3DSCHLIESSEN	3D-Flächen schließen
ACB_VARIABLEN	Dialogfenster „Allgemeine ACAD-BAU-Variablen"
AFOBJLAYER_FRIER	Ansichtsfensterlayer von Objekt frieren
AFOBJLAYER_TAUEN	Ansichtsfensterlayer von Objekt tauen
ANSICHT	Außengestaltung für Ansicht wählen und einfügen
ANSICHT_NORD	Ansicht Nord im Papierbereich
ANSICHT_OST	Ansicht Ost im Papierbereich
ANSICHT_SÜD	Ansicht Süd im Papierbereich
ANSICHT_WEST	Ansicht West im Papierbereich
ARBEITSRASTER	Dialogfenster „Arbeitsraster"
ARCHBEM	Architekturbemaßung
ASCIPLOT	Einfügen einer Plotdatei
ATTANGLE	Attribute drehen
ATTMOVE	Attribute verschieben
AUSSEN_2D	Außengestaltung für Grundriß wählen und einfügen
AUSSENWAND	Dialogfenster „Außenwand"
AWAND	Dialogfenster „Außenwand"
BAU_DATEN	Dialogfenster „Umbauter Raum/Umbaute Fläche" (Raumbuch)
BDEF_DATEN	Dialogfenster „Benutzerdefinierte Flächen" (Raumbuch)
BEMAUTO	Automatische Bemaßung
BEMCOPY	Bemaßung auf Maßstab kopieren
BEMEDIT	ACAD-BAU Bemaßung editieren
BEMINNEN	Innenbemaßung
BEMSCHNITT	Schnittlinienbemaßung
BEMVAR	Dialogfenster „ACAD-BAU Bemaßungsvariablen"
BKSEBENE	Setzt BKS auf die aktuelle Ebene
BLENDE19	„Frontblenden (19 cm bodenfrei) wählen und einfügen
BLENDE39	Frontblenden (39 cm bodenfrei) wählen und einfügen
BLOCKTEXTSCHIEB	Blocktexte verschieben
BSCHRANK	Büroschränke mit Schüben oder Schiebetür wählen und einfügen
BTS	Blocktexte verschieben
BW_GEWERK_INIT	Gewerkeintrag für Artifex
BW_IWANDLÖSCH	Raumgrenzmanipulation (Raumbuch)

BW_OUT	Übergabedialog an Artifex
CH3DF	Kantensichtbarkeit (Bitkodierung) vom Mauerwerk einstellen
CLS	Zweitbildschirm löschen (wie in DOS)
CONTAIN	Stühle, Container, Technikelemente wählen und einfügen
DACH	Dialogfenster „Standard-Dachkonstruktion"
DACH_EDIT	Dialogfenster „Dachnebenfunktionen"
DACHANSCHLUß	Dachanschluß
DACHAUFBAU	Dachaufbau
DACHPROFIL	Dachprofil
DACHSEITE	Programm „Freie Dachseite"
DACHÜBERSTAND	Dachüberstand
DAEMMUNG	Dämmungsschraffur erzeugen
DATEN_DEF	Dialogfenster „Datenstruktur definieren" (Raumbuch)
DATEN_EDIT	Dialogfenster „Benutzerdaten editieren" (Raumbuch)
DATEN_TEXT	Dialogfenster „Block betexten" (Raumbuch)
DECKENEED	EED's an Decke zuweisen
DECKENSCHLUSS	Deckenschluß am Außenmauerwerk
DECKENSOLID	Decke solidifizieren
DIALOG_MAT	Dialogfenster „Elementzuordnung", Element/Materialzuordnung
DPOLY	Erweitertes Zeichnen von Polylinien
EBENENSTEUERUNG	Dialogfenster „Ebenensteuerung"
ECOPY	Auf Ebene kopieren
EXPERT_AWAND	Außenwand ohne R- und G-Linie
FLIESEN	Fliesenschraffur erzeugen
FREIHAND	Freihandsimulation HPGL
GAUBE	Gaubenkonstruktion
GESTALTUNG	Dialogfenster „Gestaltung" (Öffnung Gestaltung/Funktion)
GESTALTUNG402	Öffnung Gestaltung/Funktion für Zeichnungen bis Version 4.02
GESTWEG402	Gestaltung löschen für Zeichnungen bis Version 4.02
GEW_ANLEGEN	Dialogfenster „Benutzergewerk anlegen"
GEW_DIALOG	Dialogfenster „ACAD-BAU Gewerke steuern"
GEW_EDIT	Dialogfenster „Gewerkeigenschaften editieren"
GEW_EIGENSCHAFT	Dialogfenster „Gewerkressourcen speichern/löschen"
GEW_GRUPPE	Dialogfenster „Gewerk Gruppen"
GEW_WAHL	Gewerk setzen
GSCHNITT	Grundriß einfügen (Papierbereich)

HAUPTFIRST	Hauptfirst konstruieren
HIDDEN	Verdecktdarstellung erzeugen
HILFSLAYER	Dialogfenster „Hilfs- und Darstellungslayer"
HÖHENKOTEN	Höhenkotenbemaßung erzeugen
HOLZBODEN	Holzfußbodenschraffur erzeugen
HPGLIN	Eingabe HPGL-Datei
INNENWAND	Innenwand konstruieren
ISOMETRIE	Isometrische Darstellung
IWAND	Innenwand konstruieren
IWANDERSETZ	Innenwand ersetzen
IWANDLÖS	Innenwandanschluß aufheben
IWANDLÖSCH	Innenwand löschen
IWANDVERBIND	Innenwandanschluß wiederherstellen
KASSETTE	Dialogfenster „Kassettenwand"
KASSETTENWAND	Dialogfenster „Kassettenwand"
KASSFENSTER	Dialogfenster „Kassettenwand"
KASSTÜR	Dialogfenster „Kassettenwand"
KLIP3DF	Dialogfenster „Mauerwerk mit Dach verschneiden"
KOMPL_MAUERWERK	Schraffur für Material Mauerwerk erzeugen
KOPLAYER	Auf Layer kopieren
KORK	Schraffur für Kork erzeugen
KOTENEDIT	Höhenkotenbemaßung editieren
KTO	Kreis über Tangente konstruieren
KÜCHE_2	Kücheneinrichtung 2D wählen und einfügen
KÜCHE_3	Kücheneinrichtung 3D wählen und einfügen
LFAKTOR	Linienfaktor wählen
LOAD	Programm laden
LOADALL	ACAD-BAU-Programme komplett laden
LOESCHEBENE	Ebene löschen
LÖSCHEBENE	Ebene löschen
LÖSCHLAYER	Elemente auf aktuellem Layer löschen
LP_BORDER	Grenzlinien (Landschaft)
LP_DIGIP	Geländepunkt setzen (Landschaft)
LP_FORCE	Zwangslinien (Landschaft)
LP_PROF	Profillinien (Landschaft)
LP_PSET	Gelände erzeugen (Landschaft)
LP_SYMLIFT	Symbole auf Gelände heben (Landschaft)
LTYPEN	Linientyp für aktuellen Layer ändern

MACHZU402	Flächige Öffnung löschen für Zeichnungen bis Version 4.02
MASSEN	Massenzuordnung, Massenausgabe (Massenermittlung/Raumbuch)
MASSENDRUCKEN	Massenliste drucken (Massenermittlung/Raumbuch)
MASSENIMPORT	Massenliste importieren (Massenermittlung/Raumbuch)
MASSENINFO	Massenliste INFOBOX anzeigen (Massenermittlung/Raumbuch)
MASSENLISTE	Massenliste Textdatei (Massenermittlung/Raumbuch)
MASSSTAB	Maßstabsfaktor festlegen
MAßSTAB	Maßstabsfaktor festlegen
MAT_NEU	Wandaufbau manuell zuweisen
MATERIAL	Dialogfenster „Elementzuordnung", Element/Materialzuordnung
MAUERWERK	Schraffur für Mauerwerk erzeugen
METERLINIE	Einfügen von Meterlinien (für Dachgeschoß)
NEBENFIRST	Nebenfirst konstruieren
NEULADEN	ACAD-BAU neustarten
NORDPFEILE	Nordpfeil wählen und einfügen
OBJLAYER_AUS	Layer eines Objektes ausschalten
OBJLAYER_FRIER	Layer eines Objektes frieren
OBJLAYER_SETZ	Layer eines Objektes setzen
OBJLAYER_ZEIG	Layer eines Objektes zeigen
OEFFNUNGEDIT	Dialogfenster „Öffnung editieren"
ÖFFNUNGEDIT	Dialogfenster „Öffnung editieren"
ÖFFNUNGEN	Dialogfenster „Öffnung konstruieren"
ÖFFNUNGGESTALTUNG	Dialogfenster „Gestaltung" (Öffnung Gestaltung/Funktion)
ÖFFNUNGKOPIER	Öffnung kopieren
ÖFFNUNGKOPIEREN	Öffnung kopieren
ÖFFNUNGLÖSCH	Öffnung löschen
ÖFFNUNGLÖSCHEN	Öffnung löschen
ÖFFNUNGSCHIEB	Öffnung schieben
ÖFFNUNGSCHIEBEN	Öffnung schieben
OLALA	Geheimbefehl, Polylinie „locht" 3D-Flächen ohne Zurück
OLALALA	Geheimbefehl, Polylinie „locht" 3D-Flächen ohne Zurück
PBREITE	2D-Polylinienbreiten ändern
PERSPEKTIVE	Perspektivische Darstellung erzeugen
PFEILER	Dialogfenster „Pfeiler/Stützen"
POLMENGE	Polmengenoperation, Polygonflächen bearbeiten
POLYEDIT	Polylinien editieren, abweichend von PEDIT
POSITION	Symbolposition und Drehwinkel ändern
PSEGM	Polylinie segmentieren

PULT	Stehpulte und Theken, Prospektständer wählen und einfügen
RAUMBUCH	Befehl Raumbuch
RAUMTEILEN	Räume teilen (Raumbuch)
RECHTECK	Rechteck konstruieren mit Drehwinkel
RESIEXTERN	RESI extern aufrufen
REV_POLY	Polylinie reversen
SANITAER	Sanitärausstattung wählen und einfügen
SANITÄR	Sanitärausstattung wählen und einfügen
SATTELDACH	Dialogfenster „Standard-Dachkonstruktion"
SCHLAFEN	Schlafzimmermöbel (Betten und Schränke) wählen und einfügen
SCHNITT	Schnitt einfügen (Papierbereich)
SCHRAFFUR	Schraffieren, mit Schraffurgruppe wählen
SCHRANK	Schranksysteme, Regale und Einzelschränke wählen und einfügen
SCHREIBK	Schreibtisch-Kombi mit Technikelementen wählen und einfügen
SCHREIBT	Schreibtische wählen und einfügen
SITZEN	Sitzmöbel und Tische wählen und einfügen
SPINDELTREPPE	Dialogfenster „Spindeltreppen"
SPLITLEVEL	Splitlevel erzeugen (aus einer Vorkonstruktion)
STAHLTRAEGER	Stahlträgersymbole wählen und einfügen
STANZ_ASATZ	Elemente stanzen
STANZEN	Elemente stanzen
TABLAR	Tablare und Abschirmblenden wählen und einfügen
TECHNIK	Beleuchtung, Heizkörper und Kamine wählen und einfügen
TELL_ME	Wandaufbau prüfen
TEPPICH	Teppichmusterschraffur erzeugen
TEXTEDIT	Texte editieren
TEXTIN	Text-Datei eingeben (ASCII-Datei)
TREPPEN	Dialogfenter „Treppenkonstruktion"
TREPPENEDIT	Dialogfenster „Treppe" für Treppe editieren
TREPPENVERZUG	Dialogfenster „Verzugs-Variablen" für Treppen
TREPPENVORKON	Sondertreppe, Treppe aus Vorkonstruktion erzeugen
UNTERZUG	Dialogfenster „Unterzüge"
VERBINDP	Tisch-Verbindungsplatten wählen und einfügen
VERBLENDER	Materialschraffur für Verblender erzeugen
VERSCHNEIDEN	Dialogfenster „Mauerwerk mit Dach verschneiden"
VISUELL	Dialogfenster „ACAD-BAU visuell"
VORKON_AUF_3D	2D-Polylinie an 3D-Fläche ausrichten

VPTODXB	Ansichtsfenster im Papierbereich als Binärdatei ausgeben
VPTOHPGL	Ansichtsfenster im Papierbereich als HPGL-Datei ausgeben
WALMDACH	Dialogfenster „Standard-Dachkonstruktion"
WANDBRUCH	Wandschale brechen
WANDEDIT	Wandverlauf/-aufbau editieren
WANDLOCH	Loch in Wand einbringen
WANDSCHALE	Wandschale konstruieren
WANDSCHLIESS	Wandverlauf schließen
WANDTRENN	Wandverlauf trennen
WEG	Weg konstruieren und/oder schraffieren
WOHNEINHEIT	Wohneinheit bearbeiten (Raumbuch)
ZEICHNUNGSRAHMEN	Zeichnungsgröße festlegen und Zeichnungsrahmen einfügen
ZUBEHÖR	Einrichtungszubehör wählen und einfügen
ZUSATZ	Tisch-Zubehör, Brücken wählen und einfügen

Tabellenverzeichnis

Literaturverzeichnis

/1-1/   H. Schröter: Vom Bleistift zur Maus.
          Architektur spezial 94/95, 14-17. IWT Magazin Verlag-GmbH, Vaterstetten.

/1-2/   Unter die Lupe genommen.
          Architektur spezial 94/95, 20-27. IWT Magazin Verlag-GmbH, Vaterstetten.

/2-1/   R. Anderl: CAD-Schnittstellen: Methoden und Werkzeuge zur CA-Integration. Carl-Hanser Verlag, München Wien, 1993.

/2-2/   S. Vajna; Ch. Weber; J. Schlingensiepen; D. Schlottmann:
          CAD/CAM für Ingenieure: Hardware, Software, Strategien.
          Friedr. Vieweg & Sohn Verlagsgesellschaft mbh,
          Braunschweig Wiesbaden, 1994

/2-3/   T. Friedel; W. Lüneburg; G. Reinemann: Planen und Entwerfen mit AutoCAD. SYBEX-Verlag Düsseldorf, 1992.

/2-4/   R. Bäurle: Das rechte Maß.
          Architektur spezial 94/95, 6-13. IWT Magazin Verlag-GmbH, Vaterstetten.

/4-1/   Batran u.a.: Fachwissen Bau.
          Verlag Handwerk und Technik Hamburg, 1989.

/4-2/   P. Böttcher: Technisches Zeichnen.
          B.G. Teubner Stuttgart, Beuth Verlag Berlin und Köln, 1990 (21. Auflage).

/4-3/   H.-J. Dahmlos, K.-H. Witte: Bauzeichnen.
          Schroedel Schulbuchverlag GmbH Hannover, 1993.

/4-4/   S. Jeppener-Haltenhoff, Ch. Recht: Baulexikon.
          Orbis Verlag für Publizistik GmbH München, 1993.

/4-5/   Schneider: Bautabellen mit Berechnungshinweisen und Beispielen.
          Werner-Verlag, 9. Auflage.

/4-6/   BauGB Baugesetzbuch mit Verordnung über Grundsätze für die Ermittlung des Verkehrswertes von Grundstücken, Baunutzungsverordnung, Planzeichenverordnung, Raumordnungsgesetz u.a.
          dtv Deutscher Taschenbuchverlag, Band 5018 Beck-Texte.

/5-1/   DIN Taschenbuch 114: Kosten im Hochbau, Flächen, Rauminhalte.
          Beuth Verlag GmbH, Berlin Wien Zürich, 1993

/7-1/   ACAD-BAU 5.0 Installations-Tutorial.
          Computertechnik Buchholz.

/7-2/   AutoCAD 12 Interface, Installation and Performance Guide.
            Autodesk, Inc.

/7-3/   AutoCAD 12 Customization Manual.
            Autodesk, Inc.

Zitierte und relevante DIN-Normen:

DIN 5   Zeichnungen, Axonometrische Projektionen

DIN 6 Teil 1 und 2   Technische Zeichnungen, Darstellungen in Normalprojektion

DIN 105   Mauerziegel

DIN 106   Kalksandsteine

DIN 201   Technische Zeichnungen, Schraffuren

DIN 406 Teil 10   Technische Zeichnungen, Maßeintragung, Begriffe, Grundlagen

DIN 406 Teil 11   Technische Zeichnungen, Maßeintragung, Grundlagen der
                        Anwendung

DIN 476   Papier-Endformate

DIN 824   Technische Zeichnungen, Faltung auf Ablageformat

DIN 1045   Beton und Stahlbeton

DIN 1053   Mauerwerk

DIN 1353 Teil 2   Abkürzungen von Benennungen für Halbzeug

DIN 1356   Bauzeichnungen

DIN 4023   Baugrund- und Wasserbohrungen, Zeichnerische Darstellung der
                        Ergebnisse

DIN 4172   Maßordnung im Hochbau

DIN 6776   Technische Zeichnungen, Beschriftung

DIN 18000   Modulordnung im Bauwesen

DIN 18201   Toleranzen im Bauwesen, Begriffe, Grundsätze, Anwendung und
                        Prüfung

DIN 18202   Toleranzen im Hochbau

DIN ISO 4069   Zeichnungen für das Bauwesen, Darstellung von Flächen in
                        Schnitten und Ansichten, Allgemeine Grundregeln

DIN ISO 4157 Teil 1   Zeichnungen für das Bauwesen, Bezeichnung von Gebäuden und
                        Teilen und Gebäuden

DIN ISO 7518   Zeichnungen für das Bauwesen, Vereinfachte Darstellungen von
                        Abriß und Wiederaufbau

ISO 2594   Building drawings projection methods

Register

CAD/CAM für Ingenieure

Hardware, Software, Strategien

von Sandor Vajna, Christian Weber,
Jürgen Schlingensiepen und Dieter Schlottmann

*1994. X, 351 Seiten mit 178 Abbildungen.
(Studium Technik) Kartoniert.
ISBN 3-528-06476-5*

Aus dem Inhalt: Aufbau von Hard- und Software – Schnittstellen – Netzwerke – Arbeitstechniken – Einführung –
Ausbau – Organisatorische Maßnahmen – Wirtschaftlich-
keit.

Dieses Buch vermittelt dem Studierenden systemneutrale
Kenntnisse von CAD-/CAM-Systemen, wie sie heute im
Studium vermittelt werden. Im Vordergrund stehen dabei
weniger Marktübersichten oder theoretische Grundlagen,
als vielmehr Kenntnisse, wie sie von Führungskräften benötigt werden.

Verlag Vieweg · Postfach 58 29 · 65048 Wiesbaden